高等职业教育通信类系列教材

宽带城域网组建

主　编　李　洁　丁秀锋

副主编　张方园　郑映昆

西安电子科技大学出版社

内 容 简 介

　　本书以宽带接入技术的发展为背景，全面介绍了宽带接入网常用技术及典型应用案例。全书分为 5 个模块，主要内容涵盖认识接入网与宽带城域网拓扑规划、以太网接入技术、光纤接入技术与业务、无线接入技术与业务、混合光纤/同轴电缆接入技术。

　　本书配有丰富的网络教学资源，方便教师开展线上+线下混合式教学和翻转课堂教学。网络教学资源位于中国大学 MOOC 网站，网址为 https://www.icourse163.org，读者进入网站后搜索"宽带接入技术"课程，选择最新开课期数即可。书中附有视频资源二维码，读者可通过各类移动终端随时观看，实现自主化、碎片化学习。

　　本书可作为高等职业院校通信专业相关必修课以及选修课的教材，也可以为广大接入网建设和运维人员提供参考，还可为读者学习宽带接入技术和技能提供学习资料和素材。

图书在版编目（CIP）数据

　　宽带城域网组建 / 李洁，丁秀锋主编. -- 西安 ：西安电子科技大学出版社，2025. 6. -- ISBN 978-7-5606-7521-3

　　Ⅰ. TN915.142

　　中国国家版本馆 CIP 数据核字第 2024EK5329 号

策　　划　高　樱
责任编辑　高　樱
出版发行　西安电子科技大学出版社（西安市太白南路 2 号）
电　　话　（029）88202421　88201467　　　　邮　　编　710071
网　　址　www.xduph.com　　　　　　　　　　电子邮箱　xdupfxb001@163.com
经　　销　新华书店
印刷单位　陕西精工印务有限公司
版　　次　2025 年 6 月第 1 版　　　　　　　2025 年 6 月第 1 次印刷
开　　本　787 毫米×1092 毫米　1/16　　　印　　张　16
字　　数　377 千字
定　　价　43.00 元

ISBN 978-7-5606-7521-3

XDUP 7822001-1

*** 如有印装问题可调换 ***

前　言

为了培养信息与通信行业应用型高技能复合型人才，编者结合高职高专教学特点和人才培养标准，依据宽带接入网的发展现状编写了本书。

本书理论与技能训练并重，以宽带接入网规划和部署为主线，全方位介绍了宽带接入网的关键技术。本书重点培养学生宽带接入网规划设计、部署与运维的相关工作技能，将实际设备与虚拟仿真相结合，以提高学生处理宽带接入网实际工程问题的能力。本书内容如下：

(1) 模块 1 介绍城域网的分层结构、接入网基本理论，重点介绍城域网的拓扑结构规划。

(2) 模块 2 介绍以太网接入技术、常用协议与相关设备，重点介绍路由的配置和 IP 接入业务的开通。

(3) 模块 3 介绍光纤接入技术与业务。

(4) 模块 4 介绍无线接入技术与业务，重点讨论 WLAN 业务的开通。

(5) 模块 5 介绍混合光纤/同轴电缆接入(HFC)技术，重点介绍 HFC 网络规划与设计。

本书根据师生的使用反馈，结合课程教学改革和建设成果，不断优化和完善，将通信新技术、新业务、企业典型案例等纳入其中，同时融入课程思政元素，以推动教材建设与信息技术深度融合。

本书依托网络教学资源，采用纸质教材＋数字资源相结合的形式，使学生既可以学习教材内容，还可以通过网络平台实现自主化、碎片化学习。书中附有视频资源二维码，读者可通过各类移动终端随时观看。教师也可根据实际需求，开展线上＋线下混合式教学以及翻转课堂教学。

本书采用校企合作编写模式，以南京信息职业技术学院国家级网络与通讯实训平台为依托，结合 IUV 仿真软件，实现虚实结合，引入典型案例和实际工程项目，聚焦接入网工程师岗位需求，实现"工学结合"与"产教融合"，为读者打下理论和技能基础。

本书适用于高等职业院校通信类专业的学生学习。学生在学习本书前应具备初步的计算机网络基础知识。建议学时不低于 48 学时，教师可根据实际教学情况适当调整进度。通过学习本书，读者能掌握常用的宽带接入网技术原理，可以学习到网络规划、工程部署、数据配置、业务开通、调试与运维等技能，为今后从事接入网设备安装与调试、接入网运维、宽带业务开通以及故障排除等工作打下坚实基础。

本书为南京信息职业技术学院与北京华晟经世信息技术股份有限公司校企合作开发教材。南京信息职业技术学院教师李洁编写模块 1、模块 2 和部分 IUV 实训项目，同时负责本书的统稿工作，丁秀锋编写模块 3；北京华晟经世信息技术股份有限公司工程师张方园编写模块 4 及部分 IUV 实训项目，工程师郑映昆编写模块 5。

在本书编写过程中，得到了南京信息职业技术学院各级领导和同事的鼎力支持，在此表示衷心的感谢。

由于通信技术发展迅速，加之编者水平有限，书中难免有不妥之处，敬请广大读者指正。

编 者

2025 年 2 月

目　录

模块 1　认识接入网与宽带城域网拓扑规划

知识目标

- 理解城域网的分层结构。
- 掌握接入网的定义、接口类型和功能模型。
- 掌握接入网的传输介质和拓扑结构。
- 熟知汇聚层与核心层的典型设备。

能力目标

- 掌握城域网拓扑规划的技能。
- 具备城域网网络规划的能力。

任务　认识接入网

一、城域网的分层结构

（一）电信网的定义

1. 电信网的定义

电信网(Telecommunication Network)是用户相互通信的多个电信系统互联的通信体系，是人类实现远距离通信的重要基础设施；电信网利用电缆、无线、光纤或者其他电磁系统传送、发射和接收标识、文字、图像、声音或其他信号，其主要功能是按用户的需要传递和交流信息。

电信网由一定数量的电信节点(包括终端设备和交换设备)和连接节点的传输链路相互有机地组合在一起，以实现两个或多个电信端点之间的信息传输。

2. 电信网的组成

一个完整的电信网包括硬件和软件两大部分。电信网的硬件是构成通信网的物理实体，

城域网分层结构

一般包括交换设备、传输设备、终端设备及通信线路。电信网的硬件组成如图 1-1 所示。

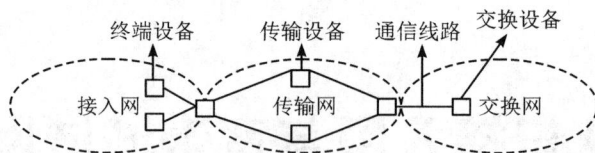

图 1-1　电信网的硬件组成

1) 终端设备

终端设备一般装在用户处，是用于提供用户实现接入协议所必需的功能的设备(电信端点)。它的作用是将语音、文字、数据、视频和图像(静止的或活动的)信息转变为电信号或光信号发出去，并将接收到的电信号或光信号复原为原来的语音、文字、数据、视频和图像信息。典型的终端设备有电话机、计算机、传真机、电视机和物联网终端等。有的终端本身也可以是一个局部的或小型的电信系统，对公用电信网来说，它们就作为终端设备接入，如用户专用交换机、局域网和办公室自动化系统等。

2) 传输设备

传输设备是一种用于将电信号或光信号从一个地点传送到另一个地点的设备。它构成电信网中的传输链路，包括无线传输设备和有线传输设备。无线传输设备包括短波、超短波、微波收发信机以及卫星通信系统(包括卫星和地球站设备)等。有线传输设备包括架空明线、地下光/电缆、海底光缆等传输系统以及装在上述系统中的各种传输设备。中继附属设备、监控设备等也属于传输设备。

3) 交换设备

交换设备是用于实现一个终端和另一个或多个终端之间的连接或无连接传输选路的设备和系统，是构成电信网中节点的主要设备。交换设备包括移动通信交换机和以太网交换机等。

电信网的软件是为了保证很好地完成信息传送和交换所必需的一整套协议和标准，一般包括电信网的网络结构、信令、协议和接口、技术体制及技术标准等，是电信网实现电信服务和运行支撑的重要组成部分。

3. 电信网的分类

电信网的分类方式有多种。按照传输的信息类型，电信网可以分为电话网和数据通信网。按照网络的作用，电信网可以分为业务网、传送网和支撑网。按照网络的功能，电信网可以分为交换网、传输网和接入网。按照网络的规模，电信网可以分为广域网和城域网。

(二) 城域网的分层结构

城域网可以分为接入层、汇聚层与核心层，如图 1-2 所示。

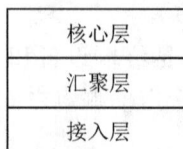

图 1-2　城域网的分层结构

1. 核心层

核心层是网络的高速交换主干，对整个网络的连通起到至关重要的作用。核心网络数据传输容量大，传输距离长，传输速度快，对传输的安全性也有很高的要求。因此核心网应该具有可靠性、高效性、冗余性、容错性、可管理性、适应性和低延时等特性。核心层的功能主要是实现骨干网络之间的优化传输(骨干网络设计任务的考虑重点通常是冗余能力、可靠性和高速传输)。核心层是所有流量的最终承受者和汇聚者，所以对核心层的设计以及网络设备的要求十分严格，设计时需要充分考虑冗余。

2. 汇聚层

汇聚层是网络接入层和核心层的"中介"，为接入层提供数据的汇聚、传输、管理和分发处理等。汇聚层要求能够处理来自接入层设备的所有通信量并提供到核心层的上行链路。因此汇聚层的交换机与接入层的交换机相比，需要较少的接口、更高的交换速率和更好的性能。

汇聚层连接接入层和核心层，为接入层提供基于策略的连接，如地址合并、协议过滤、路由服务和认证管理等。通过网段划分(如 VLAN)与网络隔离可以防止某些网段的问题蔓延和影响到核心层。汇聚层可以提供接入层虚拟网之间的互联，控制和限制接入层对核心层的访问，保证核心层的安全和稳定。

汇聚层设备一般采用可管理的三层交换机或路由器，以满足带宽和传输性能的要求。其性能较好，但价格高于接入层设备，而且对环境的要求也较高，对电磁辐射、温度、湿度和空气洁净度等都有一定的要求。汇聚层设备之间以及汇聚层设备与核心层设备之间多采用光纤互联，以提高系统的传输性能和吞吐量。

3. 接入层

接入层是网络中直接面向用户的部分。接入层的任务是采用适当的技术将用户数据传输至汇聚层。接入层传输数据量较小，传输距离较近，接入技术多种多样，用户应根据具体情况进行接入技术的选择。接入层设备直接面向用户，类型多样，数量庞大，具有低成本和高端口密度的特性。接入层设备的安装和使用地点多种多样，与核心层设备和汇聚层设备相比，对环境要求较低。

二、接入网的定义、接口和功能模型

(一) 接入网的定义

接入网(Access Network，AN)在电信网中的位置如图 1-3 所示。图中的交换网和传输网合起来称为核心网。

接入网的定义、接口和功能模型

图 1-3　接入网在电信网中的位置

接入网解决"最后 1 公里"的接入问题。这里的"最后 1 公里"为形象的说法。国际电信联盟于 1995 年 7 月通过了关于接入网框架结构方面的建议 G.902。其中对接

入网的定义是：接入网由业务节点接口(Service Node Interface，SNI)和用户网络接口(User Network Interface, UNI)之间的一系列传送实体(如线路设施和传输设施)组成，是为电信业务提供所需传送承载能力的实施系统。接入网的定义和接口如图1-4所示。

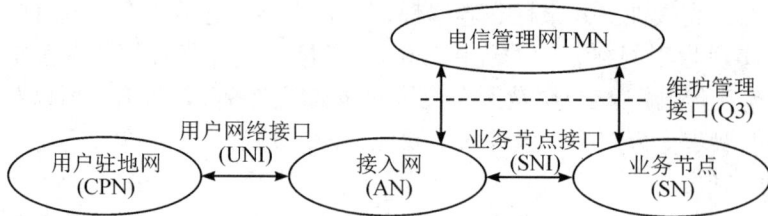

图1-4　接入网的定义和接口

业务节点(Service Node，SN)：可以是电信交换机，也可以是路由器或特定配置情况下的点播电视、广播电视、软交换设备及其他业务服务器等。

电信管理网(Telecommunication Management Network，TMN)：用于管理电信网络，包括电信设备、网络和业务的计划(Planning)、指配(Provisioning)、安装(Installation)、维护(Maintenance)、运行(Operation)和管理(Administration)功能。TMN在概念上是一个独立的网络，它在几个不同的点上与电信网络相连，以发送/接收信息并控制其操作。

用户驻地网(Customer Premises Network，CPN)：一般是指用户终端至用户网络接口所包含的一系列设备和线路。CPN提供用户业务接入，位于用户侧。

在接入网中与用户关系最密切的是用户终端。用户终端数量大，种类多，使用的接入技术多种多样。常见的用户终端有固定电话、智能终端(手机和平板电脑等)、家庭网关、光网络终端(俗称光猫)及物联网终端等。

(二) 接入网的三种接口

从图1-4中可以看出，接入网有三种接口。图1-4中的用户网络接口(UNI)位于用户终端和接入网之间，业务节点接口(SNI)位于接入网和业务节点之间，维护管理接口(Q3)位于接入网和电信管理网之间。

SNI独立于业务节点(SN)和交换设备。不同业务的SN可通过不同的SNI与接入网相连，以向用户提供多种不同的业务服务。SNI可以分为支持单一接入的SNI和支持综合接入的SNI。

UNI应该支持目前网络所能提供的各种接入类型和业务。UNI分为独立式和共享式两种。独立式UNI中，一个UNI支持一个业务节点(SN)的接入；共享式UNI中，一个UNI支持多个业务节点的接入。

Q3是接入网接入电信管理网的接口。接入网不但要完成接入网各功能块的管理，还要完成用户线的测试和故障定位。

根据接入网框架和体制要求，可将接入网的重要特征归纳为以下四点：

(1) 接入网对于所接入的业务提供承载能力，实现业务的透明传输。

(2) 接入网对于用户信令是透明的，除了一些用户信令的格式转换外，信令和业务处理功能依然在业务节点中实现。

(3) 接入网不应限制现有的各种接入类型和业务，接入网应通过有限的标准化接口与业务节点相连。

(4) 接入网独立于电信管理网，接入网通过标准化的接口连接电信管理网，电信管理网对接入网进行操作、维护和管理。

(三) 接入网的功能模块

接入网有 5 个基本功能模块，包括用户接口功能(UPF)模块、业务接口功能(SPF)模块、核心功能(CF)模块、传送功能(TF)模块和接入网系统管理功能(AN-SMF)模块。各种功能模块之间的关系如图 1-5 所示。

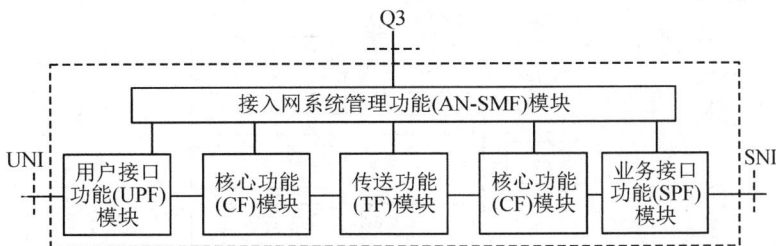

图 1-5 接入网功能模块之间的关系

用户接口功能(UPF)模块的主要作用是将特定的 UNI 要求与核心功能模块、管理功能模块相适配，其具体功能有：① 终结 UNI 功能；② A/D 变换和信令转换功能；③ UNI 的激活与去激活功能；④ UNI 承载通路/承载能力处理功能；⑤ UNI 的测试和用户接口的维护、管理和控制功能。

业务接口功能(SPF) 模块的主要作用是将特定 SNI 规定的要求与公用承载通路相适配以便送入核心功能模块进行处理，同时负责选择有关的信息以便在接入网系统管理功能模块中进行处理。其具体功能有：① 终结 SNI 功能；② 把承载通路要求、时限管理和运行要求及时映射进核心功能(CF)模块；③ 特定 SNI 所需的协议映射功能；④ SNI 的测试和 SPF 模块的维护、管理及控制功能。

核心功能(CF)模块处于 UPF 模块和 SPF 模块之间，其主要作用是负责将个别用户承载通路或业务口承载通路的要求与公用传送承载通路相适配。其具体功能有：① 接入承载通路处理功能；② 承载通路的集中功能；③ 信令和分组信息的复用功能；④ ATM (Asynchronous Transfer Mode，异步传输模式)传送承载通路的电路模拟功能；⑤ 管理和控制功能。

传送功能(TF)模块既为接入网中不同地点之间公用承载通路的传送提供通道，也为所用传输媒介提供媒介适配功能。其具体功能有：① 复用功能；② 交叉连接功能；③ 物理介质功能；④ 管理功能。

接入网系统管理功能(AN-SMF)模块的主要作用是协调接入网内 UPF 模块、SPF 模块、CF 模块和 TF 模块的指配、操作和维护，也负责协调用户终端(经 UNI)和业务节点(经 SNI)的操作功能。其具体功能有：① 配置和控制功能；② 业务提供的协调功能；③ 用户信息和性能数据的收集功能；④ 协调 UPF 模块和 SN 的时限管理功能；⑤ 资源管理功能；⑥ 故障检测和指示功能；⑦ 安全控制功能。

三、接入网的分类、传输介质和特点

（一）接入网的分类

1. 按照传输介质分类

如图 1-6 所示，按照传输介质类型，接入网可以分为有线接入网和无线接入网。有线接入网使用的传输介质为双绞线(电话线和五类线)、同轴电缆和光纤。无线接入网使用的传输介质为无线电波。

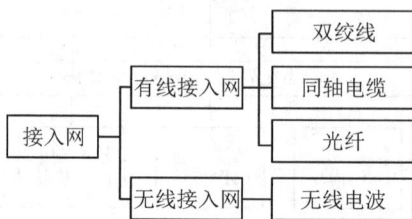

图 1-6   有线接入网与无线接入网

有线接入网的接入技术包括 IP 接入、xDSL 接入和光纤接入技术。无线接入网的接入技术可以进一步分为固定无线接入和移动无线接入两类。

1) IP 接入

IP 接入技术是基于五类线(即网线)传输的接入网技术。IP 接入网中的主要交换设备有交换机和路由器等。根据 Y.1231 的建议，IP 接入网是指由网络实体组成的提供所需接入能力的实施系统，用于在一个"IP 用户"和一个"IP 服务者"之间提供 IP 业务所需的承载能力。IP 接入网统一由参考点(RP)定界。IP 接入网的结构如图 1-7 所示。

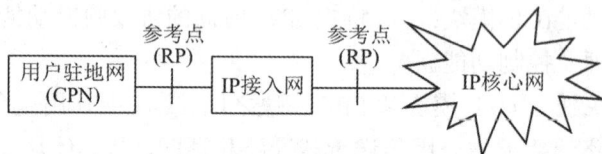

图 1-7   IP 接入网的结构

2) xDSL 接入

xDSL 接入是各种类型数字用户线路(Digital Subscriber Line，DSL)的总称。ADSL 和 VDSL 技术是其中应用较为广泛的两种 xDSL 技术。通过使用 xDSL 技术数据业务和语音业务共享一条电话线并且相互不干扰。以 ADSL 为例，ADSL 接入网络的结构如图 1-8 所示。

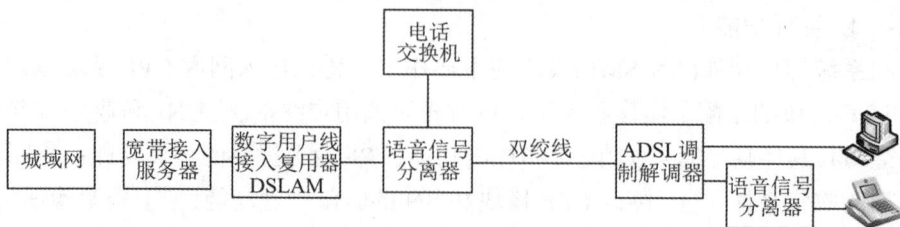

图 1-8   ADSL 接入网络的结构

3) 光纤接入

光纤接入采用光纤作为传输介质，通过光网络单元(ONU)提供用户侧接口。与铜线(包括双绞线和同轴电缆)接入技术相比，光纤接入技术具有带宽大和传输距离长的优势。光纤接入网的结构如图 1-9 所示。图 1-9 中的光纤接入网分为无源光网络(PON)和有源光网络(AON)两类。

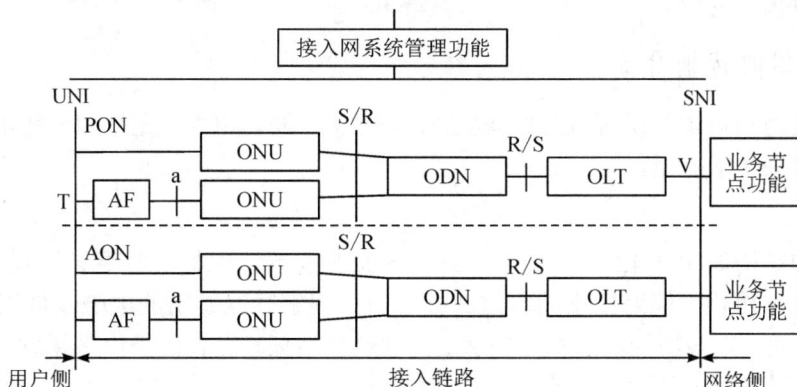

图 1-9　光纤接入网的结构

4) 混合光纤同轴电缆网(HFC)

混合光纤同轴网(HFC)用光纤和同轴电缆作为传输介质，主要用于有线电视网(CATV)。HFC 的用户接入部分采用同轴电缆，主干传输部分采用光纤。混合光纤同轴电缆网的结构如图 1-10 所示。

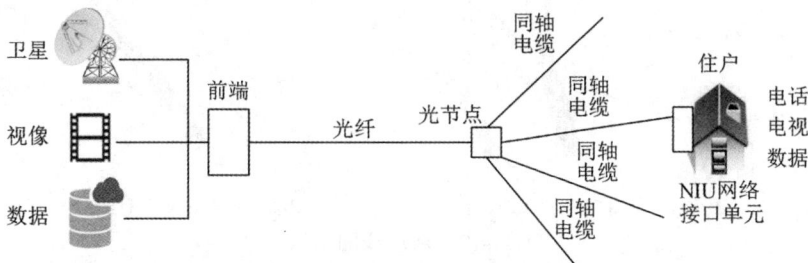

图 1-10　混合光纤同轴电缆网的结构

5) 无线接入

无线接入技术采用无线电电磁波作为传输介质。无线接入网可全部或部分替代有线接入网。无线接入技术具有组网灵活、使用方便和成本较低等优势。无线接入网的拓扑有无中心拓扑和有中心拓扑两种，如图 1-11 所示。有中心拓扑中的中心点就是无线基站或接入点(AP)。

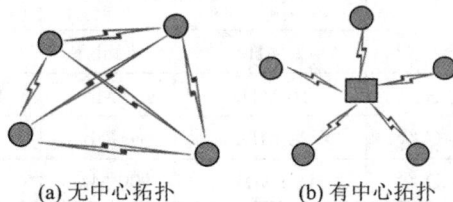

(a) 无中心拓扑　　　　　(b) 有中心拓扑

图 1-11　无线接入网的拓扑类型

无线接入可以分为固定无线接入和移动无线接入两类。固定无线接入主要为固定位置的用户或仅在小范围内慢速移动的用户提供服务。无线局域网(WLAN)为固定无线接入。移动无线接入为较大范围内、较高速度移动的用户提供各种电信业务。蜂窝移动通信系统(含3G/4G/5G)和卫星移动通信系统采用移动无线接入。

2. 按照接入带宽分类

按照接入带宽大小，接入技术可以分为窄带接入技术和宽带接入技术两类。窄带接入技术的传输带宽一般小于 2 Mb/s。目前，绝大部分接入技术属于宽带接入。

(二) 常用的传输介质

接入网使用的传输介质有双绞线(电话线和网线)、同轴电缆、光纤和无线电电磁波。以下分别介绍这些传输介质。

1. 双绞线

双绞线的结构如图 1-12 所示。双绞线由两根具有绝缘保护层的铜导线互相绞合而成。每一根铜导线在传输中辐射出来的电磁波会被另一根铜导线发出的电磁波抵消，能有效降低信号干扰程度。双绞线的线路损耗较大、传输速率较低，优势在于价格便宜、安装容易，常用于对通信速率要求不高的场合。

双绞线可分为屏蔽双绞线(Shielded Twisted Pair，STP)和非屏蔽双绞线(Unshielded Twisted Pair，UTP)两大类。STP 比 UTP 多了层金属箔作为屏蔽层，以减少芯线间的干扰和串音。

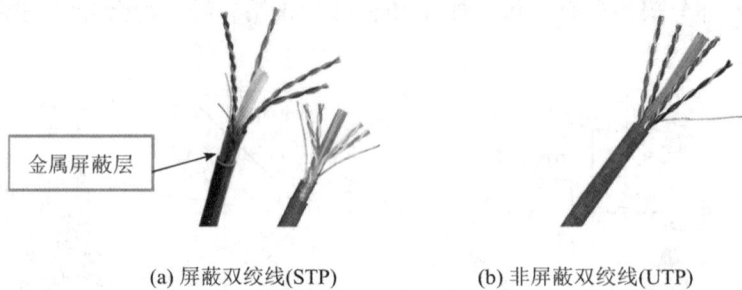

金属屏蔽层

(a) 屏蔽双绞线(STP)   (b) 非屏蔽双绞线(UTP)

图 1-12   双绞线的结构

双绞线最早在电话交换网中传输模拟信号，后来用于数据信号传输，其相应的材质和标准都不一样。双绞线技术标准由美国电信工业协会(TIA)的 EIA/TIA-568A 或 EIA/TIA-568B 定义，具体标准见表 1-1。双绞线的类别数字越大，版本越新，带宽越大，性能越好。

表 1-1   EIA/TIA-568 标准

线缆类别	标准名称	带宽	传输速率	用途
1 类线	568A	—	—	电话语音通信
2 类线	568A/ISO 2 类 A 级	1 MHz	4 Mb/s	令牌总线网
3 类线	568A/ISO 3 类 B 级	16 MHz	10 Mb/s	10Base-T 以太网，非屏蔽线
4 类线	568A/ISO 4 类 C 级	20 MHz	16 Mb/s	令牌环网，非屏蔽线
5 类线	568A/ISO 5 类 D 级	100 MHz	100 Mb/s	快速以太网、FDDI
超 5 类线	568B.1/ISO 5 类 D 级	100 MHz	100 Mb/s	快速以太网
6 类线	568B.2/ISO 6 类 E 级	200~250 MHz	1000 Mb/s	千兆以太网
7 类线	ISO 7 类 F 级	500 MHz	10 Gb/s	万兆以太网，屏蔽双绞线

568A 双绞线的线序排列从左到右依次为白绿、绿、白橙、蓝、白蓝、橙、白棕、棕；568B 双绞线的线序排列从左到右则为白橙、橙、白绿、蓝、白蓝、绿、白棕、棕。我们利用 568A 和 568B 制作两类双绞线，分别是直通线和交叉线。交叉线是指一端是 568A 标准，另一端是 568B 标准的双绞线。直连线则指两端都是 568A 或 568B 标准的双绞线。

常见的双绞线有电话线和网线两类。电话线里含两根绞合在一起的铜导线，传输距离一般不超过 5 km，传输带宽不高于 100 Mb/s，一般用于低速、短距离接入。网线里含 8 根铜导线(每两根铜导线绞合在一起)，传输距离一般不超过 100 m，传输带宽不高于 1000 Mb/s，可用于中低速率、中短距离的接入。网线接头的型号为 RJ-45，安装有 RJ-45 接头的双绞线实物如图 1-13 所示。

图 1-13　安装有 RJ-45 接头的双绞线

2. 同轴电缆

同轴电缆(Coaxial Cable)由一对同轴导线组成，实物如图 1-14 所示。同轴电缆频带宽，损耗小，具有比双绞线更强的抗干扰能力和更好的传输性能。按照特征阻抗值不同，同轴电缆可分为基带(用于传输单路信号，50 Ω)和宽带(用于同时传输多路信号，75 Ω)两种。

以太网的细同轴电缆符合 10Base-2 介质标准，直接连到网卡的 T 形接头(BNC 接头)，如图 1-15 所示。同轴电缆主要用于混合光纤同轴电缆网中的用户接入部分。

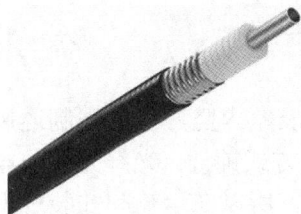

图 1-14　同轴电缆

图 1-15　BNC 接头

3. 光纤及其主要附件

1) 光纤和光缆

光导纤维(Optical Fiber)俗称光纤，由纤芯、包层和涂覆层组成。纤芯和包层的主要材料是石英，二者的区别在于掺杂不同，折射率不同。光纤、加强件和护层等材料经过一定的工艺和程序可以做成光缆。光纤的分类标准有传输模式、工作波长、折射率分布、原材料和制造方法等。下面介绍常见的分类标准。

(1) 按传输模式来分。光传输模式是指光波在光纤中传播时电磁场的分布形式，一个角度就是一种模式。根据传输模式，光纤可以分为单模光纤和多模光纤两类。单模光纤纤芯直径一般很小(8～10 μm)，只用来传输一种模式的光信号。单模光纤损耗很小，色散很小，适合于长距离的光纤通信。多模光纤可以同时传输几种模式的光信号，纤芯直径较粗(50 pm 或 62.5 pm)。多模光纤损耗较大，色散较大，主要适合于短距离传输。

(2) 按纤芯直径来分，光纤可以分为缓变型多模光纤[50/125 pm(内径/外径)]、缓变增强型多模光纤(62.5/125 μm)和缓变型单模光纤(8.3/125 μm)。

(3) 按光纤芯的折射率来分，光纤可分为阶跃型光纤、渐变型光纤、单模环形光纤、单模 W 形光纤、单模三角形光纤和单模椭圆形光纤。

(4) 按光纤的套塑层来分，光纤可以分为紧套光纤和松套光纤两类。

光缆(Optical Cable)是指含有光纤并符合现场实际使用要求的线缆。光缆按照用途一般可分为室内光缆和室外光缆两种，无论哪一种，都是由光纤、加强件和外护层构成的，其实物外观如图 1-16(a)所示。图 1-16(b)、(c)所示为单芯光缆和多芯光缆的剖面结构。

(a) 光缆实物外观　　(b) 单芯光缆的剖面结构

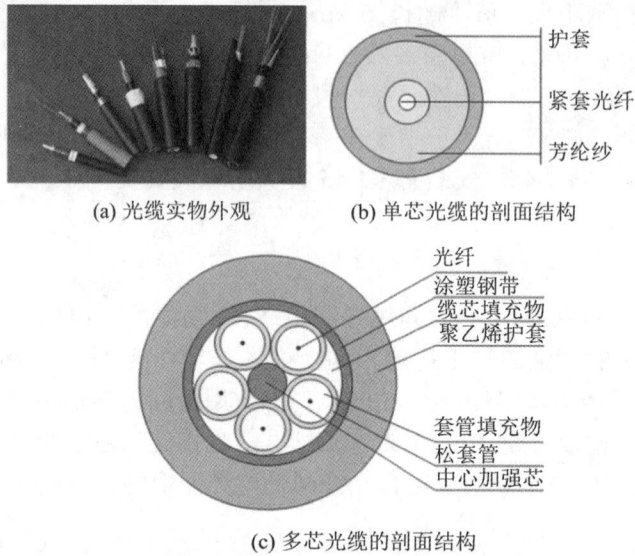

(c) 多芯光缆的剖面结构

图 1-16　光缆示例

单芯光缆主要应用于光纤活动连接跳线或尾线以及室内竖井级和强制通风级布线，其单端最长距离在 2 km 左右。多芯光缆适合管道、架空方式铺设。光纤光缆与电缆线的一个很大的区别就是光纤一旦损坏，很难修复，只能报废，所以在运输和安装过程中，要特别注意拉伸力、弯曲半径、变形和连接头保护等问题。

2) 光纤模块

在光发射端使用发光二极管(Light Emitting Diode，LED)或激光器(Laser)完成电/光转换，在光接收端使用光电检测器进行光/电转换。在光纤通信中，承担光/电转换作用的器件就是光纤模块。

常见的两种光纤模块是千兆位接口转换器(GigaBit rate Interface Converter，GBIC)和小型可拔插件(Small Form-factor Pluggable，SFP)，如图 1-17(a)、(b) 所示。两者功能基本相同，都是将千兆位电信号转换为光信号的接口器件。光纤模块可以插入到千兆位以太网端

(a) GBIC　　　　　　　　(b) SFP

图 1-17　光纤模块

口/插槽内，负责将端口与光纤网络连接在一起，支持热插拔。目前使用较多的是 SFP 模块，因为它体积小，可扩展更多端口数。

目前大多数光纤模块使用单端口进行接收和发送，原因是采用了波分复用技术(发送和接收使用不同的波长，这些波长在同一根光纤中传输)进行全双工传输。举例来说，万兆(10 Gb/s)以太网使用支持 10 Gb/s 速率的光纤模块 XFP(X 代表 "10"，F 代表光纤，P 代表可插拔)，该光纤模块利用波分复用技术实现全双工。

3) 光纤连接器

光纤连接器就是接入光模块的光纤接头，有很多种类型且不可互用。SFP 模块连接 LC 连接器，GBIC 模块连接 SC 连接器。除以上两种连接器外，常用的还有 ST、FC、MU 连接器，如图 1-18 所示。

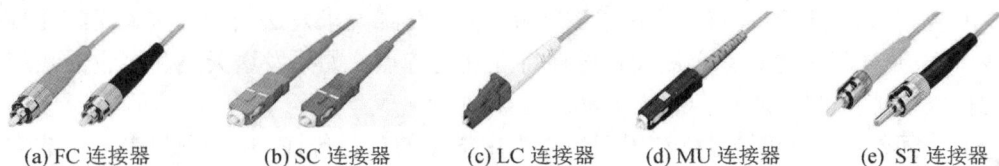

(a) FC 连接器　　(b) SC 连接器　　(c) LC 连接器　　(d) MU 连接器　　(e) ST 连接器

图 1-18　光纤连接器

图 1-18 中，SC 连接器价格低廉，插拔操作方便，插入损耗波动小，抗压强度高，安装密度高，多用于路由器和交换机等网络设备。

4. 无线电电磁波

无线电电磁波(无线电波)用于无线通信。无线通信不使用物理导体来传输电磁波，而是将信号以电磁波形式通过空间传输。按通信设备的工作频率不同，无线通信可分为长波通信、中波通信、短波通信、微波通信和光通信等。表 1-2 列出了通信使用的无线电电磁波频段及用途。

表 1-2　通信使用的频段及主要用途

名称	频率范围	波长	主要用途
甚低频(VLF)	3～30 kHz	10^4～10^5 m	音频、电话、数据终端、长距离导航
低频(LF)	30～300 kHz	10^3～10^4 m	导航、信标
中频(MF)	300 kHz～3 MHz	10^2～10^3 m	调幅广播、海事通信、业余无线电
高频(HF)	3～30 MHz	10～10^2 m	移动无线电话、短波广播、军事通信、业余无线电
甚高频(VHF)	30～300 MHz	1～10 m	电视、调频广播、空中管制、车辆通信、导航
特高频(UHF)	300 MHz～3 GHz	10～100 cm	微波接力、卫星和空间通信、雷达
超高频(SHF)	3～30 GHz	1～10 cm	微波接力、卫星和空间通信、雷达
极高频(EHF)	30～300 GHz	1～10 mm	微波接力、雷达、射电天文学

工作波长和频段的换算公式为

$$\lambda = \frac{c}{f} = \frac{3 \times 10^8 \, \text{m} / \text{s}}{f} \tag{1-1}$$

式中，λ 为工作波长，f 为工作频率，c 为光速。

无线电波有 5 种传播方式：地表传播、对流层传播、电离层反射传播、视距传播和空间传播。

(1) 地表传播。在地表传播方式中，无线电波的传播通过大气的最底层进行，紧靠地球表面。信号由天线发出后，沿着地球表面传播，信号能量主要由地表吸收。

(2) 对流层传播。对流层传播有两种方式：第一种方式，信号以直线方式由发送天线传到接收天线。这种方式要求发送和接收天线在视距范围内。由于受地球表面曲度和天线高度的影响，因此这种方式的传输距离较近。第二种方式，通过对流层反射使信号由发送天线传输到接收天线。这种方式的传输距离较远，传输距离为几百公里。

(3) 电离层反射传播。在高频波段，电离层可以对无线电波产生反射，从而实现电离层的反射传播。这种传播方式可以使信号以较低的能量传输更远的距离。

(4) 视距传播。微波具有直线传播的特性，视距传播要求发送天线和接收天线在视距范围之内。微波视距传播具有容量大和传播特性好的特点。如果发送天线和接收天线超出视距范围，则接收信号的质量会急剧下降。

(5) 空间传播。空间传播是利用卫星作为中继站的视距传播。由于卫星是一个非常高的转发平台，因此极大地拓展了信号的传播范围。

下面主要介绍几种常见的无线通信方式。

(1) 无线短波通信。

无线短波通信的实现主要靠电离层的反射。短波信号的频率低于 100 MHz，但电离层不稳定所产生的衰落现象和电离层反射所产生的多径效应，使得短波信道的通信质量较差。无线短波通信广泛应用于无线电话、无线局域网等场合。

(2) 地面微波接力通信。

微波频段的频率范围一般在几百 MHz 至几十 GHz，地面微波通信的频率范围为 300 MHz～300 GHz，其传输特点是在自由空间沿视距传输。由于受地形和天线高度的限制，地面微波接力通信一般在距离 50～100 km 的地面站之间进行，如图 1-19 所示。当进行长距离通信时，需要在中间建立多个中继站。地面微波接力通信用于传输电话、图像、数据等信息，对雨和雾等环境影响的敏感度较低。

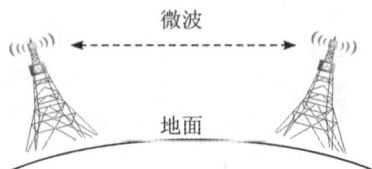
图 1-19 地面微波接力通信

(3) 卫星通信。

卫星通信利用地球卫星作为中继站来转发微波信号。三颗同步卫星就可以覆盖全球的通信，能够克服地面微波的限制。卫星信道采用 C 波段(4～6 GHz)和 Ku 波段(12～14 GHz)。卫星通信具有通信容量大、传输质量稳定、传输距离远、覆盖区域广等优点。另外，由于卫星轨道离地面较远，因此信号衰减大，电波往返所需要的时间较长。对于静止卫星来说，由地球站至通信卫星再回到地球站，这样一次往返需要 0.26 s 左右，在传输语音信号时会感到明显的延迟。目前，卫星中继信道主要用来传输电话、电视和数据。

（三）接入网的特点

接入网具有以下特点：

(1) 成本敏感。接入网直接面向用户，接入设备数量多，接入网规模庞大，其建设和维护成本与所选技术有很大的相关性。

(2) 业务类型多样化和数据化。宽带接入网可以承载语音、数据和各类多媒体业务，所传输的信号以数字化信号为主。

(3) 业务具有不对称性和突发性。在宽带接入网中，大量业务是数据业务和多媒体业务，这些业务是不对称的，并且突发性很大，上行和下行需要采用不一样的带宽。因此，如何动态分配带宽是接入网的关键技术之一。

(4) 接入手段多样化。接入网的接入技术种类繁多，大体可分为有线接入技术和无线接入技术，按照传输带宽可以分为窄带接入和宽带接入两类。

四、接入网的拓扑结构

组成网络的各个节点通过某种连接方式互相连接后形成的总体物理形态或逻辑形态，称为物理拓扑结构或逻辑拓扑结构。电信网的基本结构形式有网状网、星形、复合型、总线型、环形和树形。在选择拓扑结构时，一般需要考虑以下几个因素：安装难易程度；重新配置的难易程度，即适应性、灵活性；网络维护难易程度；系统可靠性；建设费用，即经济性。

接入网的拓扑结构

（一）有线接入网的拓扑结构

有线接入网常用的拓扑结构有如下几种。

1. 总线型拓扑结构

将涉及通信的所有点串联起来并使首末两个点开放就形成了链形拓扑结构，当中间各个点可以有上下业务时又称为总线型拓扑结构，也称为 T 形拓扑结构，如图 1-20 所示。这种拓扑结构的优点是共享主干链路，节约线路投资，增删节点容易，彼此干扰较小；缺点是损耗积累，用户对主干链路的依赖性强。

2. 环形拓扑结构

将涉及通信的所有节点串联起来并首尾相连，且没有任何点开放就形成了环形拓扑结构，如图 1-21 所示。这种拓扑结构的优点是可实现自愈，即无须外界干预，网络可在较短的时间内自动从失效故障中恢复所传业务，可靠性高；缺点是多环互通较为复杂，不适合 CATV 等分配型业务。

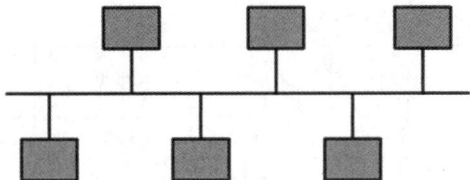

图 1-20　总线型拓扑结构　　　　　图 1-21　环形拓扑结构

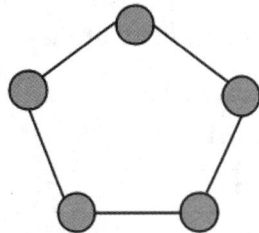

3. 星形拓扑结构

星形拓扑结构实际上是点到点的方式，在涉及通信的所有节点中有一个特殊点(即枢纽点)与其他所有节点直接相连，而其余节点之间不能直接相连，如图 1-22 所示。这种拓扑结构的优点是结构简单，使用维护方便，易于升级和扩容，各用户之间相对独立，保密性好，业务适应性强；缺点是所需链路代价较高，组网灵活性较差，对中央节点的可靠性要求极高。

4. 树形拓扑结构

树形拓扑结构的形状类似于树枝，呈分级结构，在交接箱和分线盒处采用多个分路器，将信号逐级向下分配，最高级的端局具有很强的控制协调能力，如图1-23所示。这种拓扑结构的优点是适用于广播业务；缺点是功率损耗较大，双向通信难度较大。

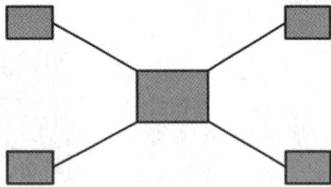

图1-22　星形拓扑结构　　　　图1-23　树形拓扑结构

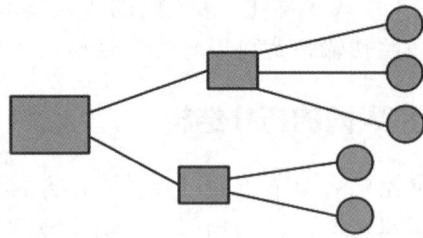

5. 网状网拓扑结构

网状网拓扑结构主要指各节点通过传输线互相连接，并且每一个节点至少与其他两个节点相连，如图1-24所示。网状网拓扑结构具有较高的可靠性，但其结构复杂，实现起来费用较高，不易管理和维护，常用于核心网。

6. 复合型拓扑结构

复合型拓扑结构由以上几种拓扑结构组合而成，根据用户的需求，因地制宜进行拓扑连接。图1-25所示为环形拓扑结构和星形拓扑结构组成的复合型拓扑结构。

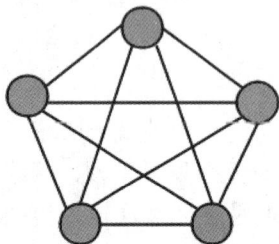

图1-24　网状网拓扑结构　　　　图1-25　复合型拓扑结构

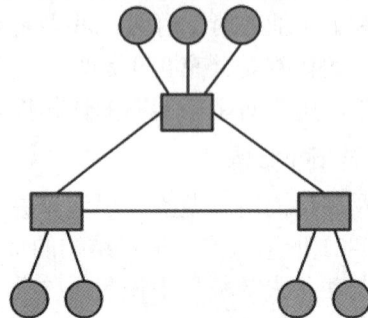

不同拓扑结构的性能对比见表1-3。

表1-3　不同拓扑结构的性能对比

对比项目	网状网	星形网	复合型网	环形网	总线型网	树形网
经济性	差	好	较好	好	较好	较好
可靠性	好	差	较好	较好	较差	较差
扩展性	较好	好	较好	差	很好	较好
对节点的要求	高	高	较好	较高	低	较高
L与N的关系	$L=N(N-1)/L$	$L=N-1$		$L=N$	$L=N+1$	

说明：L表示链路数；N表示节点数。

（二）无线接入网的拓扑结构

无线接入网常用的拓扑结构有无中心拓扑结构和有中心拓扑结构两类。

1. 无中心拓扑结构

在无中心拓扑结构中，所有站点都使用公共的无线广播信道，并采用相同的协议争用无线信道，任意两个站点间可以直接通信，如图 1-26 所示。这种拓扑结构的特点是组网简单，成本费用低，网络稳定性好；缺点是当站点增加时，网络服务质量会下降，网络布局受限制。无中心拓扑结构适用于用户数较少的情况。

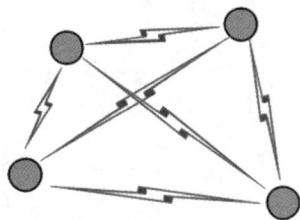

2. 有中心拓扑结构

在有中心拓扑结构中需要设立中心站点，所有站点对网络的访问均由其控制，如图 1-27 所示。这种拓扑结构的优点是当站点增加时，网络服务质量不会急剧下降，网络的布局受限制小，扩容方便；缺点是网络的稳定性差，一旦中心站点出现故障，网络就陷入瘫痪，并且中心站点的引入增加了网络成本。

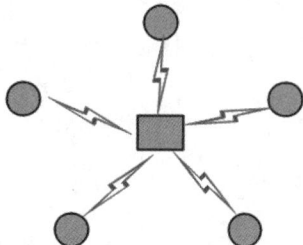

图 1-26　无中心拓扑结构　　　　　　　图 1-27　有中心拓扑结构

五、接入网的发展趋势

（一）接入网的发展趋势

目前，电信网面临国内外的激烈竞争和挑战。在电信网中，作为离用户最近的接入网，同样面临升级换代的需求。近年来，接入网的发展趋势可以总结为以下四点。

接入网的发展趋势

1. 宽带化

从业务发展现状来看，高带宽的业务逐步涌现，带宽提速成为迫切需求，随着高带宽业务不断涌现，带宽需求还将不断提升。

按照带宽增大的顺序，有线接入技术依次为电话线接入技术、同轴电缆接入技术和光纤接入技术。无线接入技术也在向宽带化发展，蓝牙和无线局域网(WLAN)等已广泛应用；移动通信技术从 3G、4G 向 5G 迈进，未来还将出现 6G，带宽也会随之越来越大。

2. 业务综合化

各种传统网络技术逐步走向融合，向着多业务承载的方向发展。这不仅要求接入网能实现各种接入技术，更需要一个平台能承载和管理各类业务，保证业务质量。目前宽带接入网已经能实现电视、电话和互联网业务的统一承载，今后还将继续与其他通信技术和计

算机技术融合，成为统一的 ICT 业务接入平台。

3. 光纤化

最初，光纤用于长途传输网。随着光电子技术逐步成熟，价格不断下降，加上接入带宽的需求越来越高，光纤逐步渗透到城域网和接入网。目前，光纤已经在接入网的配线段和引入线部分大量应用，光纤入户已成为主流。

4. 无线化、移动化

为了满足用户在移动状态下使用通信业务的需求，移动通信技术、无线局域网和蓝牙等无线接入技术应运而生。无线接入技术具有组网灵活、成本较低和管理维护方便等优势，能满足用户在移动状态下接入网络的需求。目前，无线传输已经部分替代有线传输。

进入 21 世纪以来，用户需求、技术和法规等因素共同推动传统通信网络——语音、电视和互联网逐步融合为一个统一的、提供高带宽接入的网络——宽带接入网。宽带接入技术的出现推动了语音、视频和数据业务的融合，即"三网融合"。三网融合示意图如图 1-28 所示。

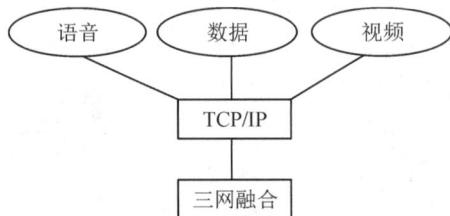

图 1-28　三网融合示意图

（二）接入网与新技术融合

当前，新的信息通信技术不断涌现，如 5G、物联网和大数据等。新技术的发展为接入网带来了新的机遇和挑战。

1. 5G 技术

5G 时代，网速在数千兆级，延迟缩短至毫秒级，将实现万物之间的连接。5G 技术可以承载人机之间的无线通信、4K/8K 高清视频、无人驾驶和工业互联网等应用。5G 将使人类的生活更加智能与美好。

5G 采用多项关键技术，如三维多输入多输出(3D Multi Input Multi Output，3D-MIMO)天线、非正交多址接入(Non-Orthogonal Multiple Access，NOMA)技术和毫米波技术等，并且采用了更加扁平化的网络结构。

5G 将为生产和生活带来颠覆性变革。万物互联与经济社会各领域深度融合，引发了生产生活方式的深刻变革。以 5G 技术为核心，将会形成一个庞大的产业链，拉动上万亿美元的投资。由 5G 技术驱动的行业应用将更加庞大，创造更多的社会财富。

2. 物联网技术

物联网(the Internet of Things，IoT)是新一代信息技术的重要组成部分。顾名思义，物联网就是物物相连的互联网。物联网是通过射频识别(RFID)、红外感应器、全球定位系统、激光扫描器等信息传感设备，按约定的协议，把任何物品与互联网相连接，进行信息交换和通信，以实现对物品的智能化识别、定位、跟踪、监控和管理的一种网络。物联网的定义包含两层意思：第一，物联网的核心和基础仍然是互联网，是在互联网基础上延伸和扩展的网络；第二，其用户端延伸和扩展到了任何物品与物品之间，进行信息交换和通信。

物联网技术的发展将为我们带来很多便利，改变生产和生活方式。物联网的应用包括智慧城市、智慧水电、车联网和无人驾驶等。物联网包括了传感器、接入与传输网络、网络设备和应用服务器等硬件设施，还包括应用层软件、嵌入式软件和维护管理平台等软件。物联网是一个庞大的产业链，将会显著拉动 ICT 产业的发展。

随着光纤的大规模普及、5G 网络的完善和物联网的广泛应用，接入网从为客户提供业务接入转向为传感器等硬件提供接入。也就是说，接入网的服务对象不限于人类客户，还有各式各样的终端，如车辆、水表、燃气表、电表和各类传感器等。接入网将会与新技术不断融合发展，步入万物互联时代，为各类用户提供更好的通信服务。

六、实训：规划宽带城域网的典型拓扑图

宽带城域网拓扑
规划(IUV 实训)

【实训目的】

掌握宽带城域网拓扑的组成。

【实训要求】

利用 IUV-TPS 仿真实训平台规划语音业务、数据业务和 IPTV 业务的拓扑图。

【实训内容】

(1) 应包括 IP 接入、无源光网络接入(PON)和 WLAN 接入三种方式。

(2) 包含语音、数据和 IPTV(网络电视)三种业务。

(3) 在接入层、汇聚层和核心层布放必要的设备、器件和终端。

(4) 至少使用三个街区，并使用街区对应的接入机房和汇聚机房。

(5) 规划为一张完整的拓扑图。

习　题

1. 城域网分为哪三层？简述每层的功能。

2. 简述接入网三种接口的功能。

3. 画出接入网功能模块图，并简述图中各模块的功能。

4. 简述接入网的传输介质类型。

5. 接入网的特点有哪些？

6. 有线接入网的拓扑结构有哪些类型？简述每种类型的特点。

7. 无线接入网的拓扑结构有哪些类型？简述每种类型的特点。

8. 简述接入网的发展趋势。

模块 2　以太网接入技术

知识目标

- 熟知 TCP/IP 协议栈分层结构和常用协议。
- 掌握 IP 地址的表示方法、分类。
- 掌握掩码和子网的概念。
- 熟知以太网标准和帧结构。
- 理解以太网交换机的工作原理。
- 理解 VLAN 的工作原理。
- 熟知 VLAN 端口类型和应用场景。
- 掌握路由表的构成和路由的分类。
- 熟知 OSPF 协议的工作过程。
- 理解路由器和三层交换机的工作原理。
- 理解宽带远程接入服务器的功能与工作原理。
- 熟知 PPP 协议、AAA 认证和 RADIUS 协议的工作原理和应用。
- 熟知 DHCP+Web 接入方式的工作流程与应用。

能力目标

- 掌握子网划分计算方法。
- 掌握静态路由配置的方法。
- 掌握 OSPF 路由配置的方法。
- 掌握 IP 接入业务开通技能。

任务 2.1　网络基础知识

一、TCP/IP 协议

（一）网络协议模型

1. OSI 参考模型

TCP/IP 协议

计算机之间要交换信息，实现通信，需要彼此遵守共同的约定和规则，即网络协议。国

际标准化组织 ISO 提出了开放系统互联参考模型(Open System Interconnection Reference Model，OSI-RM)，OSI 参考模型很快成为计算机网络通信的基础模型。

OSI 参考模型定义了开放系统的层次结构、层次之间的关系和各层包含的服务内容。OSI 参考模型如图 2-1 所示。它采用分层结构化技术，将整个网络的通信功能分为 7 层，由低层至高层分别是物理层、数据链路层、网络层、运输层、会话层、表示层、应用层。每一层都有特定的功能，并且上一层利用下一层的功能所提供的服务。OSI 参考模型的分层原则是：根据不同层次进行抽象分层，每层都可以实现一个明确的功能，层次明确并且避免各层的功能混

| 应用层 |
| 表示层 |
| 会话层 |
| 传输层 |
| 网络层 |
| 数据链路层 |
| 物理层 |

图 2-1   OSI 参考模型

乱。分层的好处是利用层次结构可以把开放系统的信息交换问题分解到各层中，而各层可以根据需要独立进行修改或扩充；同时，有利于不同制造厂家的设备互联，也有利于用户学习、理解和使用计算机网络。

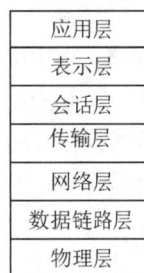

在 OSI 参考模型中，各层的数据并不是从一端的第 N 层直接送到另一端的第 N 层，而是在垂直的层次中自上而下地逐层传递直至物理层，在物理层的两个端点间进行物理通信，我们把这种通信称为实通信。而对等层间的通信由于并不是直接进行的，因而称为虚拟通信。层间的通信如图 2-2 所示。

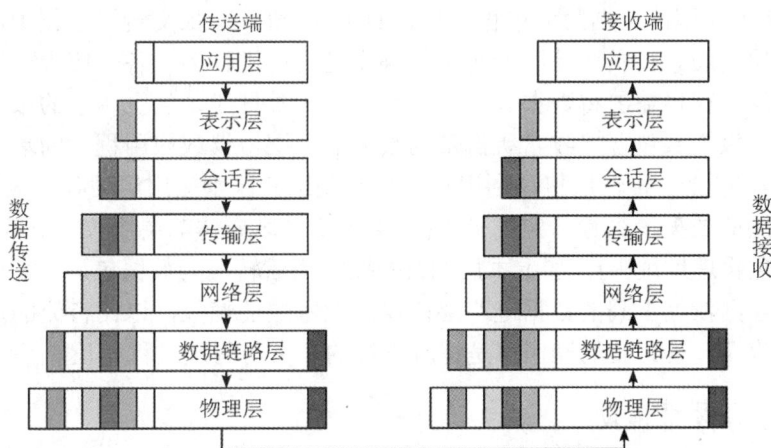

图 2-2   OSI 参考模型层间通信

OSI 参考模型的每一层都与对端的对等层之间有相应的协议，对等层之间交换信息需要用到下一层提供的服务，即应用层用到表示层提供的服务，表示层用到会话层提供的服务，数据链路层用到物理层提供的服务，以此类推。OSI 参考模型不同层的协议之间是相互独立的。在传送端，每个层次接收到上层传递过来的数据后都要将本层次的控制信息加入数据单元的头部，一些层次还要将校验和等信息附加到数据单元的尾部，这个过程叫作封装。当数据到达接收端时，每一层读取相应的控制信息并根据控制信息中的内容向上层传递至数据单元，而且在向上层传递之前会去掉本层的控制头部信息和尾部信息(如果有的话)，此过程叫作解封装。

2. TCP/IP 协议栈

TCP/IP 协议栈分为四层，模型如图 2-3 所示。与 OSI 参考模型一样，TCP(Transmission

Control Protocol)/IP(Internet Protocol)协议(传输控制协议/网络互联协议)也分为不同的层次，每一层负责不同的通信功能。TCP/IP 协议栈简化了层次设计，将原来的七层模型合并为四层协议的体系结构，自上向下分别是应用层、传输层、网络层和网络接口层。从图 2-3 中可以看出，TCP/IP 协议栈与 OSI 参考模型有着清晰的对应关系，TCP/IP 协议栈的应用层对应 OSI 参考模型的会话层、表示层和应用层，TCP/IP 协议栈的传输层和网络层分别对应 OSI 参考模型的传输层和网络层，TCP/IP 协议栈的网络接口层对应 OSI 参考模型的数据链路层和物理层。

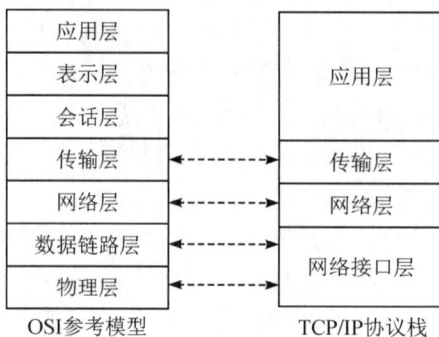

图 2-3　TCP/IP 协议栈模型

　　同 OSI 参考模型的数据封装过程一样，TCP/IP 协议在报文转发过程中，封装和去封装也发生在各层之间。在发送端，加封装的操作是逐层进行的。各个应用程序将要发送的数据送给传输层。在传输层将数据分段为大小一定的数据段，加上本层的报文头，发送给网络层。传输层报文头包含接收它所携带的数据的上层协议或应用程序的端口号。例如，Telnet 的端口号是 23。传输层协议利用端口号来调用和区别应用层的各种应用程序。网络层对来自传输层的数据段进行一定的处理(利用协议号区分传输层协议、寻找下一跳地址、解析数据链路层物理地址等)，加上本层的 IP 报文头后转换为数据包，再发送给网络接口层；网络接口层则依据不同的数据链路层协议加上本层的帧头，以比特流的形式将报文发送出去。在接收端，解封装的操作也是逐层进行的，它与封装过程相反。

（二）常用的网络协议

　　TCP/IP 协议栈中各层常用的网络协议如图 2-4 所示。

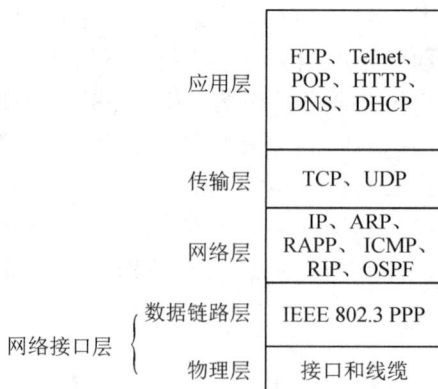

图 2-4　TCP/IP 协议栈中各层常用的网络协议

1. 应用层协议

应用层定义了应用程序使用的互联网协议，相关的进程/应用协议充当用户接口在主机间传输数据。应用层常用协议如下所述。

FTP(文件传输协议)：用户使用该协议可以在本地主机和远程主机间传输文本文件(如ASCII、二进制等)和面向字节流的文件。

Telnet(远程登录)：为远程用户提供登录到服务器主机的服务。

POP(邮局协议)：定义用户邮件客户机软件和电子邮件服务器之间的简单接口，用于将邮件从服务器下载到客户机并允许用户管理邮箱。

HTTP(超文本传输协议)：用于在客户端和服务器之间传输数据。

DNS(域名系统)：定义网站的名称，并将网站名称与 IP 地址绑定。

DHCP(动态主机配置协议)：将 IP 地址、网关地址和其他相关信息动态分配给主机的协议。

2. 传输层协议

传输层位于应用层和网络层之间，为终端主机提供端到端连接，以及流量控制、可靠性等功能，支持全双工传输。传输层协议有两种：TCP 和 UDP。TCP 协议和 UDP 协议使用 16 比特端口号来表示和区别网络中的不同应用程序。

TCP(传输控制协议)：为应用程序提供可靠的面向连接的通信服务，适用于要求得到响应的应用程序。

UDP(用户数据报协议)：提供了无连接通信且不对传送数据包进行可靠性保证，可靠性由应用层程序来负责。

3. 网络层协议

网络层位于网络接口层和传输层之间，网络层接收传输层的数据报文，将其分段为合适的大小，用 IP 报文头部封装，交给网络接口层。网络层为了保证数据包的成功转发，主要定义了以下协议。

(1) 网络互联协议(Internet Protocol，IP)：主要负责主机和网络之间数据包的寻址和路由。IP 协议是网络层最核心的协议。IP 协议是尽力而为型协议，可提供无连接的、不可靠的数据传输服务。IP 协议不关心数据报文的内容，不保证数据包是否成功到达目的地，也不保证数据包到达目的地的顺序。

(2) 地址解析协议(Address Resolution Protocol，ARP)：将已知的 IP 地址解析为 MAC 地址。

(3) 反向地址解析协议(Reverse Address Resolution Protocol，RARP)：将 MAC 地址解析为 IP 地址。

(4) 网络控制消息协议(Internet Control Message Protocol，ICMP)：主要用于与其他主机或路由器交换错误报文和其他重要信息。ICMP 协议有两个诊断工具：Ping 和 tracert。

(5) 路由信息协议(Routing Information Protocol，RIP)：定期向其他路由器发送完整路由表的距离向量路由发现协议。

(6) 开放最短路径优先协议(Open Shortest Path First protocol，OSPF)：属于链路状态型路由发现协议，在该协议中，各个路由器定期向其他路由器发送链路状态信息，每台路由器根据链路状态库生成路由表。

4. 网络接口协议层

网络接口层协议定义了将 IP 数据包封装成帧并以比特流形式在物理介质上传输的协议。常用的数据链路层技术和物理介质都能用网络接口层协议。

二、IP 地址和子网划分

（一）IP 地址

连接到互联网的设备必须有全球唯一的 IP 地址。IP 地址与链路类型、设备硬件无关，因此也称为逻辑地址。每台主机可以安装多个网络接口卡，也可以同时配置多个 IP 地址。路由器可以看作一种多端口的特殊主机，每个接口必须处于不同的 IP 网络。

IP 地址和子网掩码

1. IP 地址的格式

IP 地址用二进制表示，每个 IP 地址长 32 比特。由于二进制表示法不方便记忆，因此一个 IP 地址可以用 0~255 之内的 4 个十进制数表示，数之间用逗点"."隔开。这些十进制数中的每一个都代表 32 位地址的其中 8 位，即所谓的八位位组，称为点分表示法。

IP 地址采用结构化方案，分为网络部分和主机部分。区分网络部分和主机部分要借助于网络掩码(mask)。IP 地址的网络部分对应掩码前面的连续二进制"1"，主机部分对应掩码后面的连续二进制"0"。网络部分代表一个网段，主机部分代表网络里的一台设备。两级 IP 地址结构如图 2-5 所示。

网络地址	主机地址

图 2-5　两级 IP 地址结构

网络地址又称为网络号，用于区分不同的 IP 网络，即该 IP 所属的网段。一个网络中所有设备的 IP 地址有着相同的网络号。

主机地址又称为主机号，用于标识该网络内的一个主机或路由器的接口。在一个网络内部，主机号唯一。

2. IP 地址的分类

根据网络规模的大小，IP 地址分为 A、B、C、D 和 E 五类，如图 2-6 所示。

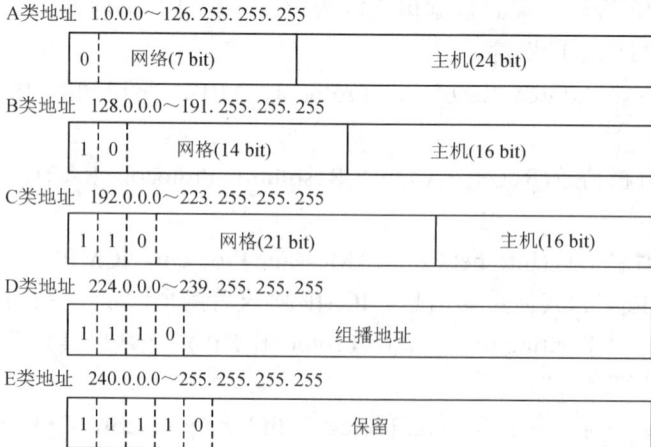

A 类地址　1.0.0.0~126.255.255.255

0	网络(7 bit)	主机(24 bit)

B 类地址　128.0.0.0~191.255.255.255

1 0	网格(14 bit)	主机(16 bit)

C 类地址　192.0.0.0~223.255.255.255

1 1 0	网格(21 bit)	主机(16 bit)

D 类地址　224.0.0.0~239.255.255.255

1 1 1 0	组播地址

E 类地址　240.0.0.0~255.255.255.255

1 1 1 1 0	保留

图 2-6　IP 地址的分类

A 类地址的网络地址为第一个 8 位数组,第一个字节以 0 开始,因此, A 类网络地址的有效位数为 8-1=7 位, A 类地址的第一个字节在 1~126 之间(127 留作他用)。 A 类地址的主机地址为后面的三个字节,共 24 位。A 类地址的范围为 1.0.0.0~126.255.255.255,每个 A 类网络共有 2^{24} 个 A 类地址。

B 类地址的网络地址为前两个 8 位数组,第一个字节以 10 开始,因此,B 类网络地址的有效位数为 16-2=14 位,B 类地址的第一个字节在 128~191 之间。B 类地址的主机地址为后面的两个字节,共 16 位。B 类地址的范围为 128.0.0.0~191.255.255.255,每个 B 类网络共有 2^{16} 个 B 类地址。

C 类地址的网络地址为前三个 8 位数组,第一个字节以 110 开始,因此, C 类网络地址的有效位数为 24-3=21 位,C 类地址的第一个字节在 192~223 之间。 C 类地址的主机地址为后面的一个字节,共 8 位。C 类地址的范围为 192.0.0.0~223.255.255.255,每个 C 类网络共有 2^8 个 C 类地址。

D 类地址的第一个 8 位数组以 1110 开头,因此,D 类地址的第一个字节在 224~239 之间。 D 类地址通常作为组播地址。

E 类地址的第一个字节在 240~255 之间,E 类地址通常保留用于科学研究。

以上五类 IP 地址中,经常用到的是 A、B、C 三类地址。

IP 地址用于唯一标识一台网络设备,但并不是每一个 IP 地址都是可用的,一些特殊的 IP 地址用于其他用途,不能用于标识网络设备,见表 2-1。

3. 保留的 IP 地址

部分 IP 地址不能用于标识网络设备,留作他用。特殊用途的 IP 地址如表 2-1 所示。

表 2-1 特殊用途的 IP 地址

网络部分	主机部分	地址类型	用途
任意	全 0	网络地址	代表一个网段
任意	全 1	广播地址	特定网段的所有节点
127	任意	环回地址	环回测试
全 0		所有网络	用于指定默认路由
全 1		广播网络	本网段的所有节点

主机部分全 0 的 IP 地址代表一个网段本身。

主机部分全 1 的 IP 地址称为网段广播地址,用于标识一个网络的所有主机,如 10.255.255.255、192.168.1.255 等。路由器可以在 10.0.0.0 或者 192.168.1.0 等网段转发广播包。广播地址可作为目的 IP 地址向本网段的所有节点发送数据包。

网络部分为 127 的 IP 地址,如 127.0.0.1,往往用于环路测试。

全 0 的 IP 地址 0.0.0.0 代表所有主机,0.0.0.0 地址用于指定默认路由。

全 1 的 IP 地址 255.255.255.255 也是广播地址,但 255.255.255.255 代表所有主机,用于向网络的所有节点发送数据包,这样的广播不能被路由器转发。

4. 公有 IP 地址和私有 IP 地址

公有 IP 地址(Public Address)由 InterNIC 负责。该类 IP 属于广域网范畴,在访问互联网时需要配置公有 IP 地址。

私有 IP 地址(Private Address)专门在组织机构内部使用,该类 IP 地址属于局域网范畴,一旦离开所在的局域网就无法访问互联网。

保留的私有地址目前主要有以下三类:

A 类:10.0.0.0～10.255.255.255。

B 类:172.16.0.0～172.31.255.255。

C 类:192.168.0.0～192.168.255.255。

5. 固定 IP 地址和动态 IP 地址

固定 IP 地址也可称为静态 IP 地址,是长期固定分配给一台计算机使用的 IP 地址,一般只有特殊的服务器才拥有固定 IP 地址。

由于 IP 地址资源非常短缺,因此普通宽带接入用户一般不具备固定 IP 地址,而是通过动态主机配置协议(Dynamic Host Configuration Protocol,DHCP)动态分配一个临时 IP 地址,这类 IP 称为动态 IP 地址。

IP 地址的分配方式

6. 可用 IP 地址的计算

对于一个网段,假设其主机部分的位数为 n,则其可用的主机地址个数为 2^n-2 个。

例如,B 类网段 172.16.0.0 有 16 个主机位,因此有 2^{16} 个主机 IP 地址,去掉一个网络地址 172.16.0.0 和一个广播地址 172.16.255.255(不能用作标识主机),共有 $2^{16}-2$ 个可用的主机 IP 地址。

(二) 子网划分和子网掩码

1. 子网划分

早期的 IP 地址是简单的两级结构,即分为网络地址和主机地址两部分。为接入互联网的机构分配一个 A、B 或 C 类 IP 地址,能满足当时的需求。例如,172.16.X.X 是 B 类地址,分给某个接入互联网的机构使用,这个网段是一个整体,可用主机的 IP 有 $2^{16}-2$ 个。这种分配方法存在以下问题:第一,IP 地址浪费严重;第二,IP 网络数量不够分配;第三,业务扩展缺乏灵活性。因此两级划分 IP 地址的方案无法满足众多机构接入互联网的需求。解决办法是进行子网划分,就是把某个 A、B 和 C 类 IP 地址根据业务需求分解为多个子网。

子网划分

如图 2-7 所示,划分子网的方法是从 IP 地址的主机号部分借用若干位作为子网号,剩余的位作为主机位。于是,两级划分的 IP 地址变为三级划分的 IP 地址。子网划分是组织机构的内部事务,外部网络不需要了解机构内有多少个子网。从外部网络发送给本机构某个主机的数据,可以仍然根据原来的选路规则发送到本机构连接外部网络的路由器上。此路由器在收到 IP 数据包后,再按网络号和子网号找到目的子网,将 IP 数据包交付给目的主机。

子网划分便于地址的有效利用、分配和管理。

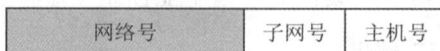

网络号	子网号	主机号

图 2-7　三级划分的 IP 地址

2. 子网掩码

子网掩码(Subnet Mask，也称为网络掩码)的作用是把主机号、网络号和子网号区分开。子网掩码和 IP 地址一样都是 32 位长度，由一串连续的二进制"1"和一串连续的二进制"0"组成，1 和 0 不能交叉出现。子网掩码可以用点分十进制表示。子网掩码中的"1"对应于 IP 地址中的网络号和子网号，子网掩码中的"0"对应于 IP 地址中的主机号。将子网掩码和 IP 地址进行逐位逻辑与运算，就能得出该 IP 地址的子网地址。

所有网络都必须有一个掩码(Address Mask)。如果一个网络没有划分子网，那么该网络使用默认掩码。A 类地址的默认掩码为 255.0.0.0，B 类地址的默认掩码为 255.255.0.0，C 类地址的默认掩码为 255.255.255.0。需要说明的是，IP 子网划分并不会改变 IP 地址分类地址的规定。例如，一个 IP 地址为 2.1.1.1，其子网掩码为 255.255.255.0，它仍然是一个 A 类地址，而并非 C 类地址。

子网掩码有以下两种表示方式。

点分十进制表示法：将二进制的子网掩码用点分十进制表示。例如，C 类地址的默认掩码 11111111111111111111111100000000 可以表示为 255.255.255.0。

位数表示法：也称为斜线表示法，即在 IP 地址后面加上一个斜线"/"，然后写上子网掩码中二进制数 1 的位数。例如，C 类地址的默认掩码 11111111111111111111111100000000 可以表示为/24。

3. 地址计算示例

如图 2-8 所示，B 类 IP 地址 172.16.2.160，其子网掩码为 255.255.255.192，要求计算该 IP 地址所处的子网的网络地址、子网的广播地址及可用的 IP 地址范围。

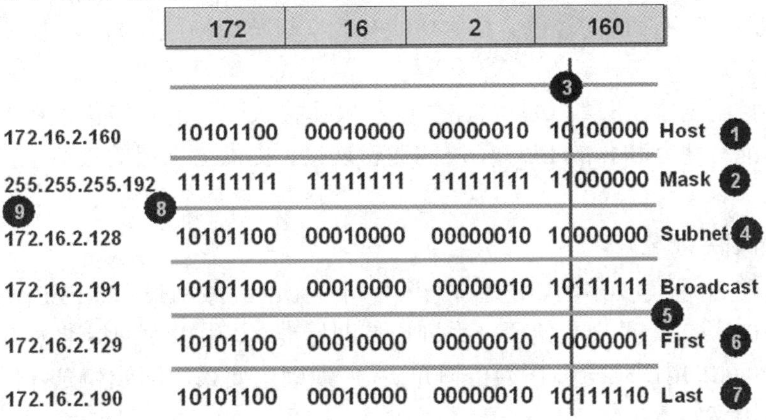

172	16	2	160

172.16.2.160	10101100	00010000	00000010	10100000	Host ①
255.255.255.192	11111111	11111111	11111111	11000000	Mask ②
172.16.2.128	10101100	00010000	00000010	10000000	Subnet ④
172.16.2.191	10101100	00010000	00000010	10111111	Broadcast
172.16.2.129	10101100	00010000	00000010	10000001	First ⑥
172.16.2.190	10101100	00010000	00000010	10111110	Last ⑦

图 2-8　地址计算示例

地址计算过程如下：

(1) 将 IP 地址转换为二进制表示。

(2) 将子网掩码也转换成二进制表示。

(3) 在子网掩码的 1 与 0 之间画一条竖线，竖线左边为网络位和子网位，竖线右边为主机位。

(4) 将主机位全部置 0，网络位和子网位照写，即为子网的网络地址。

(5) 将主机位全部置 1，网络位和子网位照写，即为子网的广播地址。

(6) 介于子网的网络地址与子网的广播地址之间的即为子网内可用 IP 地址范围。

(7) 将网络位和主机位地址写全。

(8) 转换成十进制表示形式。

三、以太网标准和技术

（一）以太网相关标准和帧结构

以太网标准和技术

1. 局域网参考模型

局域网只包括 OSI 参考模型的最低两层，即物理层和数据链路层，其中数据链路层进一步分为逻辑链路控制子层(LLC)和媒体接入控制子层(MAC)，如图 2-9 所示。

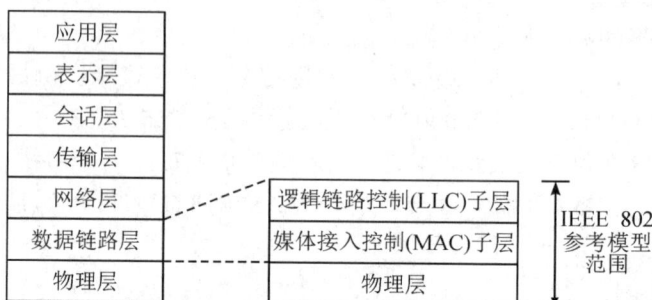

图 2-9   局域网参考模型

媒体接入控制(MAC)子层：数据链路层中与媒体接入有关的功能集中在 MAC 子层。MAC 子层主要负责媒体访问控制，具体功能有数据封装成帧或解封装、比特差错控制和寻址等。

逻辑链路控制(LLC)子层：数据链路层中与媒体接入无关的功能集中在 LLC 子层。LLC 子层的主要功能有建立和释放 LLC 子层的逻辑连接、提供与高层的接口、差错控制以及给帧加序号等。

2. 以太网相关标准

以太网是在 20 世纪 70 年代由美国施乐公司推出的局域网技术。IEEE(电气电子工程师学会)下属的 802 协议委员会制定了一系列局域网标准，其中以太网标准为 IEEE 802.3 系列协议。早期以太网采用同轴电缆作为传输介质，后期则主要采用网线和光纤作为传输介质。常用的以太网协议如下：

IEEE 802.3：以太网标准；

IEEE 802.2：LLC(逻辑链路控制)标准；

IEEE 802.3u：100 Mb/s 以太网标准；

IEEE 802.3z/ab：1000 Mb/s 以太网标准；

IEEE 802.3ae：10 Gb/s 以太网标准。

随着以太网技术的不断进步与带宽的提升，还将有其他以太网标准出现。目前在很多情况下以太网成为局域网的代名词。

3. MAC 地址

MAC 地址是 MAC 层的地址，也叫硬件地址或物理地址，含 48 比特。它可以转换成 12 位十六进制数，这个十六进制数分成三组，每组有 4 个十六进制数字，中间以逗点分开。MAC 地址一般存入 NIC(网络接口控制器)中，不可更改。MAC 地址由两部分组成，分别是供应商代码和序列号。供应商代码代表 NIC 制造商的名称，它占用 MAC 地址的前 6 位十六进制数字，即 24 位二进制数字。序列号由 NIC 制造商命名，它占用剩余的 6 位十六进制数字，即最后的 24 位二进制数字。

4. 以太网的帧结构

以太网的帧结构如图 2-10 所示。

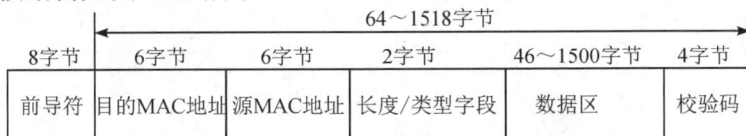

				64～1518字节	
8字节	6字节	6字节	2字节	46～1500字节	4字节
前导符	目的MAC地址	源MAC地址	长度/类型字段	数据区	校验码

图 2-10　以太网的帧结构

前导符：前 7 个字节交替由 0 和 1 组成，用作同步，后 1 个字节为帧定界符的开始(Start of Frame Delimiter)，特殊模式 10101011 表示帧的开始。

目的 MAC 地址：表示目的节点的 48 比特 MAC 地址。

源 MAC 地址：表示源节点的 48 比特 MAC 地址。

长度/类型字段：说明数据区的长度或类型。

校验码：使用 32 位循环冗余校验码(CRC)检测误码。

(二) 以太网交换机的原理

在交换式以太网技术出现以前是传统共享式以太网技术。共享式以太网采用 CSMA/CD (Carrier Sense Multiple Access with Collision Detection，带冲突检测的载波监听多址访问)协议。采用共享式以太网技术的设备是集线器，集线器连接的所有站点都属于同一个冲突域。集线器连接的设备越多，冲突越严重。

交换式以太网技术解决了共享式以太网的缺陷，采用交换式以太网技术的设备是以太网交换机。在以太网交换机中，一个端口是一个冲突域，其解决了集线器中冲突严重的问题，能显著提升网络性能。本节介绍的是二层交换原理，三层交换原理将在任务 2.1 的第五节中介绍。

以太网交换机维护一张 MAC 地址表，表中存储交换端口与该端口所连接设备的 MAC 地址之间的映射关系，如图 2-11 所示。以太网交换机根据 MAC 地址表完成数据帧的转发。

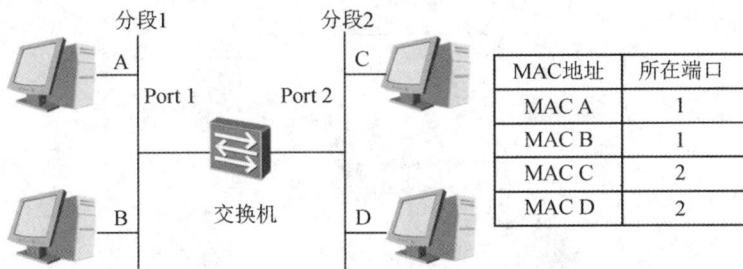

图 2-11　MAC 地址表示例

当以太网交换机收到数据帧以后，交换机会查找内存中的 MAC 地址表以确定目的 MAC 的站点连接在哪个端口上，再通过内部交换矩阵迅速将数据包传送到目的端口；若 MAC 地址表中无目的 MAC 地址，则交换机将数据包广播到所有端口，接收端口回应后，交换机会"学习"新的地址，并把它添加到 MAC 地址表中。

(1) 以太网交换机加电启动时，其 MAC 地址表是空的。此时交换机会根据默认规则将不知道目的 MAC 地址对应哪个端口的数据帧发送到除源端口以外的其他所有端口上。

例如，在图 2-12 所示的过程中，站点 A 向站点 C 发送一个帧，站点 C 的 MAC 地址对应的端口是未知的，于是这个帧将被发送到交换机除源端口以外的其他端口上。

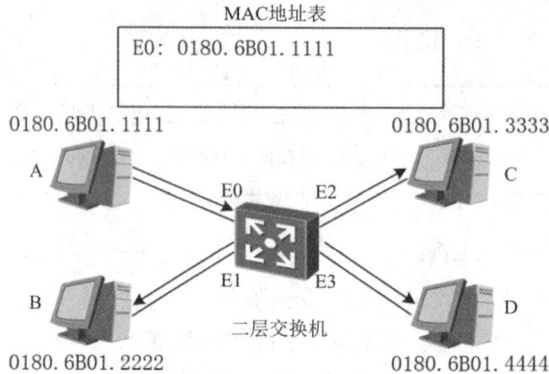

图 2-12　MAC 地址表的建立

(2) 交换机基于数据帧的源 MAC 地址建立 MAC 地址表。当交换机从某个端口接收到数据帧时，首先检查其发送站点的 MAC 地址与交换机端口之间的对应关系是否已记录在 MAC 地址表中，若无，则在 MAC 地址表中加入该表项。

在图 2-12 中，交换机收到站点 A 发来的数据帧，在读取其 MAC 地址的过程中，它会将站点 A 的 MAC 地址连同 E0 端口的位置一起加入 MAC 地址表中。以此类推，交换机很快就会建立起一张包括局域网上大多数活跃站点的 MAC 地址同端口之间映射关系的表。

(3) 交换机基于目的 MAC 地址来转发数据帧。对收到的每一个数据帧，交换机会查看 MAC 地址表，看其是否已经记录了目的 MAC 地址与交换机端口间的对应关系，若查找到该表项，则可将数据帧由目的地转发到指定的端口，从而实现数据帧的过滤转发。

如图 2-13 所示，假设站点 A 向站点 B 发送一个帧，此时站点 B 的 MAC 地址是已知的，因此该数据帧将直接转发到 E1 端口，而不会发送到 E2 端口和 E3 端口。

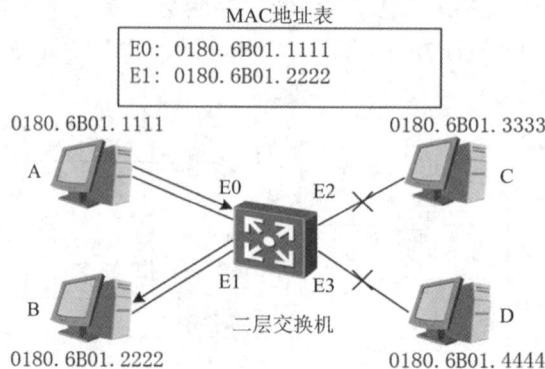

图 2-13　MAC 地址表的使用

　　交换机应该能够适应网络构成的变化。为了做到这一点，对于每个新学习到的地址，在加入 MAC 地址表中时，都会赋予一个老化值(一般为 300 s)。如果该 MAC 地址在老化值规定的时间内没有任何流量，则其将从 MAC 表中被删除。而且，每次重新出现该 MAC 地址时，　MAC 表中的老化值将被重置为 0。

　　根据上述二层交换的原理，可以归纳出以太网交换机具有以下功能。

　　(1) 地址学习功能。从上述可以看出，交换机在转发数据帧时基于数据帧的源 MAC 地址建立 MAC 地址表，即将 MAC 地址与交换机端口之间的对应关系记录在 MAC 地址表中。

　　(2) 数据帧的转发与过滤功能。交换机必须监视其端口所连的网段上发送的每个帧的目的 MAC 地址，避免不必要的数据帧转发，以减轻网络中的拥塞。所以，交换机需要将每个端口上接收到的所有帧都读取到存储器中，并处理数据帧头中的相关字段，查看某个站点的目的 MAC 地址。

　　交换机对所收到的数据帧的处理有如下 3 种情况。

　　① 丢弃该帧。如果交换机识别出某个帧的目的 MAC 地址与源站点处于同一个端口上，则它不处理此帧，因为目的站点(源、目的站点处于同一网段)已经接收到此帧，在这种情况下，该帧被丢弃。

　　② 将该帧转发到某个特定端口上。如果检查 MAC 表发现目的 MAC 地址标识的站点处于另一个网段(即另一个端口)上，则交换机将把此帧转发到相应的端口上。

　　③ 将帧发送到除源端口以外的其他端口上。当交换机查不到目的 MAC 地址标识的站点时，它会将数据帧发送到除源端口以外的其他端口上，以确保目的站点能够接收到该信息，此举即为广播。

　　(3) 广播或组播数据帧。二层交换机支持广播或组播数据帧。

　　广播数据帧是从一个站点发送到其他所有站点的。许多情况下需要广播，比如当交换机不知道目的 MAC 标识的站点时，若向所有设备发送单播，效率显然是很低的，广播是最好的办法。每个接收到广播数据帧的站点将完整地处理该帧。

　　广播数据帧的目的 MAC 地址为二进制全 1，如果用十六进制表示为全 F，即"FF-FF-FF-FF-FF-FF"。

　　当交换机收到目的地址位为二进制全 1 的数据包后，它将把数据包发送到除源端口以外的其他端口上。如图 2-14 所示，站点 D 发送一个广播帧，该数据帧被发送到除源端口 E3 之外的所有端口，所以广播域中的所有站点都将接收到同一个广播帧。

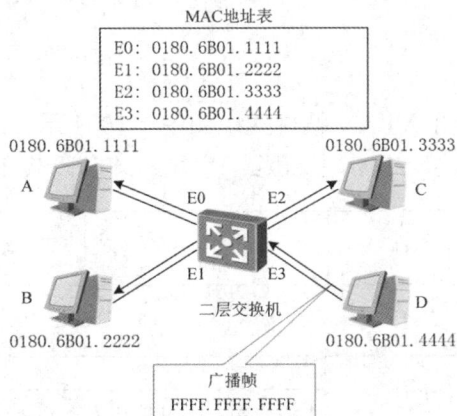

图 2-14　广播帧示意图

组播类似于广播，组播的目的地址不是所有站点，而是一组站点。

以太网交换机不能隔离广播和组播，交换机中的所有端口都属于同一个广播域。

四、VLAN 原理

VLAN 原理

（一）VLAN 原理

VLAN(Virtual Local Area Network)称为虚拟局域网，是指在以太网交换机上采用网络管理软件构建的可跨越不同网段、不同网络的端到端的逻辑网络。一个 VLAN 组成一个逻辑子网，即一个逻辑广播域，它可以覆盖多个网络设备，允许处于不同地理位置的网络用户加入一个逻辑子网中。需要注意的是，VLAN 属于第 2 层数据链路层技术，VLAN 之间的通信需要通过网络层的路由功能实现。

1. 划分 VLAN 的优点

(1) 控制广播风暴：一个 VLAN 就是一个广播域，广播数据包局限在一个 VLAN 内部。

(2) 提高网络整体安全性：通信局限在同一个 VLAN 内部，不同 VLAN 间不能互通数据，减少了数据被窃听的可能性。

(3) 网络管理简单直观：使用 VLAN 技术，不改动物理连接就能组建逻辑子网，免去了移动设备和布线的烦琐任务。

(4) 易于维护：通过网络管理软件就能实现 VLAN 管理与维护。

2. 划分 VLAN 的方式

以太网交换机支持如下四种划分 VLAN 的方式。

(1) 基于端口划分 VLAN：根据以太网交换机的端口划分 VLAN，其优点是简便，只要把所需的端口指定到某个 VLAN 即可。

(2) 基于 MAC 地址划分 VLAN：根据主机的 MAC 地址划分 VLAN。

(3) 基于协议划分 VLAN：根据链路层数据帧的协议字段进行 VLAN 划分。如果一个物理网络中有多种数据帧通信，可以采用这种方式。

(4) 基于 IP 子网划分 VLAN：根据数据包中的 IP 地址决定数据包属于哪个 VLAN，同一个 IP 子网的所有数据包属于同一个 VLAN，这样可以把同一个 IP 子网中的用户划分到同一个 VLAN 中。

3. VLAN 帧格式

IEEE 802.1Q 协议定义了 VLAN 帧格式，如图 2-15 所示。IEEE 802.1Q 帧在标准以太网帧的源 MAC 地址后增加了 VLAN 标记(tag)字段，该字段共 4 字节。

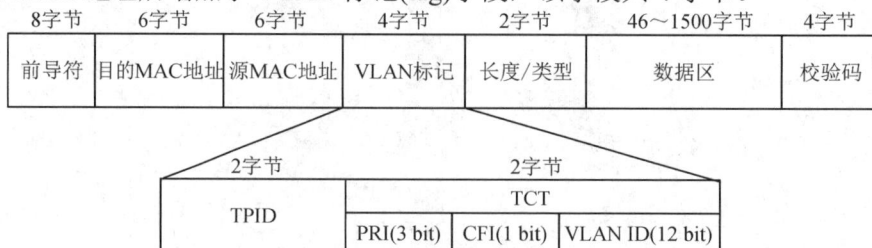

图 2-15　VLAN 帧格式

VLAN 标记(tag)包含以下 4 个字段：

(1) TPID：TypeID，表示帧的类型，长度为 2 个字节。当其取值为 0x8100 时表示 802.1Q 帧，如果不支持 802.1Q 协议，这种帧会被丢弃。

(2) PRI：Priority，长度为 3 比特，表示帧的优先级，取值范围为 0～7，值越大，优先级越高。当交换机阻塞时，优先发送优先级高的数据帧。

(3) CFI：Canonical Format Indictor，长度为 1 比特，表示 MAC 地址是否为经典格式。CFI 为 0，说明数据帧是经典格式；CFI 为 1，说明数据帧是非经典格式。在以太网中，CFI 为 0。

(4) VLAN ID：长度为 12 比特，表示该帧所属的 VLAN。VLAN ID 的取值范围为 0～4095，协议规定 0 和 4095 为保留 VLAN ID，不分配给用户使用。

在使用 VLAN 标记后，以太网帧有两种格式：不加 VLAN 标记的帧，称为标准以太网帧(Untagged Frame)；有 VLAN 标记的帧，称为带 VLAN 标记的帧(Tagged Frame)。

4. VLAN 通信的基本原理

VLAN 技术为了实现转发控制，在待转发的以太网帧中添加 VLAN 标签，然后设定交换机的端口对该标签和帧的处理方式。其处理方式包括丢弃帧、转发帧、添加标签、移除标签。当转发帧时，通过检查以太网报文中携带的 VLAN 标签是否为该端口允许通过的标签，可判断出该以太网帧是否能够从端口转发。这意味着当支持 VLAN 技术的交换机转发以太网帧时，不再仅仅依据目的 MAC 地址，同时还要考虑该端口的 VLAN 配置情况，从而实现对二层转发的控制。　VLAN 通信的基本原理如图 2-16 所示。

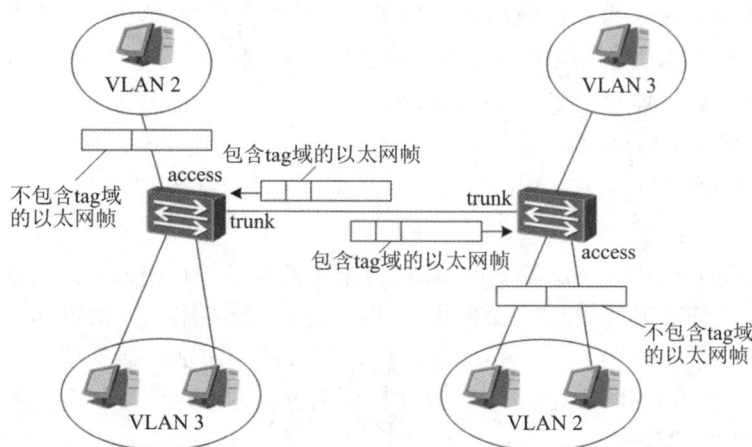

图 2-16　VLAN 通信的基本原理

VLAN 技术通过以太网帧中的 VLAN 标签，结合交换机端口的 VLAN 配置，实现对报文转发的控制。交换机能识别带有 VLAN 标签的帧，但计算机的普通网卡不能识别这种帧，因此在转发过程中，标签的操作类型有以下两种。

添加标签：交换机在收到计算机发出的标准以太网帧后，根据端口的 VLAN 设置添加 PVID (Port-base VLAN ID，基于端口的 VLAN ID)。

移除标签：带有 VLAN 标签的帧在到达对方的交换机后，交换机根据端口的 VLAN

设置判断是否允许该帧通过，并删除帧中的 VLAN 信息，以标准以太网帧的形式发送对端计算机。

正常情况下，交换机不会更改 VLAN ID 的信息。

（二）VLAN 端口类型

为了提高处理效率，交换机内部的数据帧一律带有 VLAN tag，并以统一的方式处理。当一个数据帧进入交换机的端口时，如果没有带 VLAN tag 且该端口上配置了 PVID，那么，该数据帧就会被标记上端口的 PVID。如果数据帧已经带有 VLAN tag，那么，即使该端口上已经配置了 PVID，交换机也不会再给数据帧标记 VLAN tag。

VLAN 端口类型和
VLAN 间通信

由于端口的类型不同，交换机对帧的处理过程也不同。下面根据不同的端口类型分别进行介绍。

1. access 端口

用于连接主机和交换机的链路就是接入(access)链路。通常情况下，主机并不需要知道自己属于哪些 VLAN，主机的硬件也不一定支持带有 VLAN 标记的帧。主机要求发送和接收的帧都是没有打上标记的帧，所以，access 链路接收和发送的都是标准以太网帧。

access 链路属于某一个特定的端口，这个端口就是 access 端口，access 端口属于一个并且只能是一个 VLAN。access 端口不能直接接收其他 VLAN 的信息，也不能直接向其他 VLAN 发送信息。不同 VLAN 的信息必须通过三层路由处理才能转发到 access 端口上。

access 链路和 access 端口的概念总结如下：

(1) access 链路一般是指网络设备与主机之间的链路；

(2) 一个 access 端口只属于一个 VLAN；

(3) access 端口发送不带标签的报文；

(4) 默认所有端口都包含在 VLAN 1 中，且都是 access 类型。

2. trunk 端口

干道(trunk)链路是可以承载多个 VLAN 数据的链路，干道(trunk)链路对应的交换端口是 trunk 端口。干道链路通常用于交换机之间的连接，或者用于交换机和路由器之间的连接。数据帧在干道链路上传输时，交换机必须用一种方法来识别该数据帧属于哪个 VLAN。所有在干道链路上传输的帧都是带有 VLAN 标记的帧。通过这些标记，交换机就可以确定哪些帧分别属于哪个 VLAN。

与接入链路不同，干道链路是用来在不同的设备之间(如交换机和路由器之间、交换机和交换机之间)承载 VLAN 数据的，因此干道链路不属于任何一个具体的 VLAN。通过配置，干道链路可以承载所有的 VLAN 数据，也可以只传输指定的 VLAN 数据。

trunk 链路和 trunk 端口的概念总结如下：

(1) trunk 链路一般是指网络设备与网络设备之间的链路；

(2) 一个 trunk 端口可以属于多个 VLAN；

(3) trunk 端口通过发送带标签的报文来区别某一数据包属于哪个 VLAN；

(4) 标签遵守 IEEE 802.1Q 协议标准。

3. hybrid 端口

hybrid 意为"混合的",在这里,hybrid 端口可以用于交换机之间的连接,也可以用于连接用户的计算机。hybrid 模式的端口可以承载一个或多个 VLAN,是否带标签或带什么标签由用户指定。

以上内容的汇总如表 2-2 所示。

表 2-2　端口类型对比

端口类型	接 收 帧		发 送 帧
	不带 tag	带 tag	
access	打上接口 PVID 后接收	检查该帧所携带的 VLAN ID 是否与接口 PVID 相同。 • 是:接收; • 否:丢弃	剥离 tag 后发送
trunk	打上接口 PVID 并检查该 PVID 是否为接口允许的 VLAN ID。 • 是:直接接收; • 否:丢弃	检查该 PVID 是否为接口允许的 VLAN ID。 • 是:直接接收 • 否:丢	检查该 PVID 是否为接口允许的 VLAN ID • 否:丢弃　• 是:检查该帧所携带的 VLAN ID 是否与接口 PVID 相同。 ◇是:剥离 tag 后发送; ◇否:直接发送
hybrid	同 trunk	同 trunk	检查该 PVID 是否为接口允许的 VLAN ID • 否:丢弃　• 是:检查是否配置剥离 tag。 ◇是:剥离 tag 后发送; ◇否:直接发送

VLAN 内的链路分为接入链路与干道链路。对于上述各端口的类型,access 端口只能连接接入链路;trunk 端口只能连接干道链路;hybrid 端口既可以连接接入链路,又可以连接干道链路。

图 2-17 所示为一个局域网环境,在网络中有两台交换机,并且配置了多个 VLAN。主机和交换机之间的链路是接入链路,交换机之间通过干道链路互联。

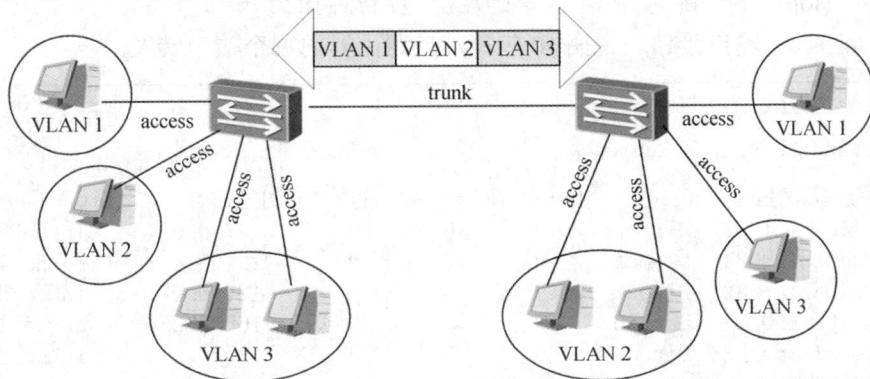

图 2-17　链路类型示例

五、路由与路由协议

(一) 路由原理

路由器工作时依赖路由表进行数据的转发。路由表犹如一张地图，它包含着去往各个目的地的路径信息(路由条目)。对于不同的路由器，其路由表略微存在差别，但每条路由信息至少应该包括以下4项内容。

(1) 目的网络：标明路由器可以到达的网络地址，可理解为去哪里，也称为网络目标或目标网络。

(2) 网络掩码：与目的网络一起标明要到达的网络地址。

(3) 下一跳：有些路由表中也称为网关(gateway)。下一跳(next hop)一般指向去往目的网络的下一个路由器的接口地址，该路由器称为下一跳路由器。

(4) 接口：表明数据包从本路由器的哪个接口发送出去。

华为路由器的路由表如图 2-18 所示，可以看到华为路由表中包含了下列关键项：

(1) Destination：目的地址，用来标识 IP 包的目的地址或目的网络。

(2) Mask：网络掩码，与目的地址一起来标识目的主机或路由器所在网段的地址。掩码由若干个连续 1 构成，既可以用点分十进制表示，也可以用掩码中连续 1 的个数表示。例如，掩码 255.255.255.0 的长度为 24，即可表示为/24。

(3) Proto：协议，即生成、维护路由的协议或者方式方法，如 STATIC、RIP、OSPF、ISIS、BGP 等。

(4) Pre：优先级，即本条路由加入 IP 路由表的优先级。针对同一目的地，可能存在不同下一跳、出接口的若干条路由，这些不同的路由可能是由不同的路由协议发现的，也可以是手工配置的静态路由。优先级高(数值小)者将成为当前的最优路由。

(5) Cost：路由开销。当到达同一目的地的多条路由具有相同的优先级时，路由开销最小的将成为当前的最优路由。Pre 用于不同路由协议间路由优先级的比较，Cost 用于同一种路由协议内部不同路由优先级的比较。

(6) Flags：路由标记，用来显示路由的状态。其中，D 表示该路由下发到 FIB(Forwarding Information Base，转发信息库)表，R 表示该路由是迭代路由。

(7) NextHop：下一跳的 IP 地址，说明 IP 包所经由的下一个设备。

(8) Interface：输出接口，说明 IP 包将从该路由器的哪个接口转发。

```
Routing Tables:Public
    Destinations:5      Routes:5

Destination/Mask    Proto    Pre    Cost    Flags    NextHop              Interface
      1.1.1.1/32    Direct     0       0        D        127.0.0.1         InLoopBack0
  192.168.1.0/24    Direct     0       0        D      192.168.1.1        Ethernet1/0/0
  192.168.1.1/32    Direct     0       0        D        127.0.0.1         InLoopBack0
  192.168.2.0/24    Static    60       0       RD    192.168.1.254        Ethernet1/0/0
192.168.1.255/32    Direct     0       0        D        127.0.0.1         InLoopBack0
```

图 2-18　华为路由器的路由表

一般来说，路由器在查找路由表时会从上往下逐条进行路由的查找。具体过程分为以下几个步骤：

(1) IP 数据包的目的 IP 地址与路由记录的网络掩码进行逐位与运算。

(2) 将运算结果与路由记录的目的网络地址比较，若相同，则代表该路由适合用来转送此 IP 信息包；若不同，则代表该路由不是合适的路由。

(3) 每一条路由记录重复前两个步骤，若找不到合适的记录，则使用默认路由。

(4) 如果有多条路由符合要求，则从中找出网络掩码长度最长的路由。

(5) 按照跃点数最小的路由记录进行转发。

图 2-19 是路由过程的示例。RTA 左侧连接网段 10.3.1.0，RTC 右侧连接网段 10.4.1.0，当 10.3.1.0 网络有数据包要发送到 10.4.1.0 时，其路由过程如下：

(1) 10.3.1.0 网络的数据包被发送给与网络直接相连的 RTA 的 E1 端口，E1 端口收到数据包后查找自己的路由表，找到去往目的网络的下一跳为 10.1.2.2，出接口为 E0。于是，数据包从 E0 接口发出，交给下一跳 10.1.2.2。

(2) RTB 的 10.1.2.2(E0)接口收到数据包后，同样根据数据包的目的网络查找自己的路由表，查找到去往目的网络的下一跳为 10.2.1.2，出接口为 E1。因此，数据包从 E1 接口发出，交给下一跳 10.2.1.2。

(3) RTC 的 10.2.1.2(E0)接口收到数据后，根据数据包的目的网络查找自己的路由表，查找到目的网络是自己的直连网段，并且去往目的网络的下一跳为 10.4.1.1，出接口为 E1。最后，数据包从 E1 接口送出，交给目的网络。

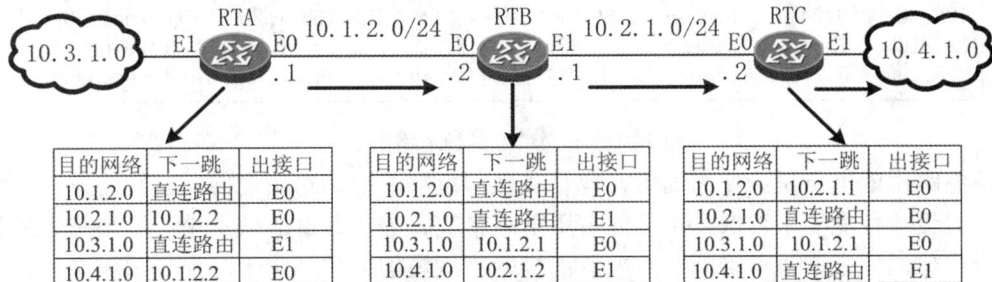

目的网络	下一跳	出接口
10.1.2.0	直连路由	E0
10.2.1.0	10.1.2.2	E0
10.3.1.0	直连路由	E1
10.4.1.0	10.1.2.2	E0

目的网络	下一跳	出接口
10.1.2.0	直连路由	E0
10.2.1.0	直连路由	E1
10.3.1.0	10.1.2.1	E0
10.4.1.0	10.2.1.2	E1

目的网络	下一跳	出接口
10.1.2.0	10.2.1.1	E0
10.2.1.0	直连路由	E0
10.3.1.0	10.1.2.1	E0
10.4.1.0	直连路由	E1

图 2-19 路由过程的示例

(二) 路由的分类

路由的来源主要有 3 种，分别是直连路由、静态路由和动态路由。

1. 直连路由

直连路由是指与路由器直连的网段的路由条目。直连路由不需要特别配置，只需要在路由器的接口上设置 IP 地址，然后由数据链路层发现(路由表中即可出现相应路由条目；反之，相应路由条目消失)。数据链路层发现的路由不需要维护，不足之处是链路层只能发现接口所在的直连网段的路由，无法发现跨网段的路由，跨网段的路由需要用其他方法获得。在路由表中，直连路由的 Proto 字段显示为 Direct，如图 2-20 所示。

```
[Huawei]display ip routing-table
Route Flags: R - relay,D - download to fib
------------------------------------------
Routing Tables:Public
        Destinations:7    Routes:7

Destination/Mask    Proto     Pre   Cost    Flags   NextHop          Interface
127.0.0.0/8         Direct    0     0       D       127.0.0.1        InLoopBack0
127.0.0.1/32        Direct    0     0       D       127.0.0.1        InLoopBack0
127.255.255.255/32  Direct    0     0       D       127.0.0.1        InLoopBack0
192.168.1.0/24      Direct    0     0       D       192.168.1.1      Ethernet1/0/0
192.168.1.1/32      Direct    0     0       D       127.0.0.1        InLoopBack0
192.168.1.255/32    Direct    0     0       D       127.0.0.1        InLoopBack0
255.255.255.255/32  Direct    0     0       D       127.0.0.1        InLoopBack0
```

图 2-20   华为路由器直连路由示例

当给接口 E1/0/0 配置完 IP 地址后，在路由表中出现相应条目。

2. 静态路由

静态路由是由管理员手工配置的。在路由表中，静态路由的 Proto 字段显示为 Static，如图 2-21 所示。

```
Routing Tables:Public
        Destinations:8    Routes:8

Destination/Mask    Proto     Pre   Cost    Flags   NextHop          Interface
127.0.0.0/8         Direct    0     0       D       127.0.0.1        InLoopBack0
127.0.0.1/32        Direct    0     0       D       127.0.0.1        InLoopBack0
127.255.255.255/32  Direct    0     0       D       127.0.0.1        InLoopBack0
192.168.1.0/24      Direct    0     0       D       192.168.1.1      Ethernet1/0/0
192.168.1.1/32      Direct    0     0       D       127.0.0.1        InLoopBack0
192.168.2.0/24      Static    60    0       RD      192.168.1.254    Ethernet1/0/0
192.168.1.255/32    Direct    0     0       D       127.0.0.1        InLoopBack0
255.255.255.255/32  Direct    0     0       D       127.0.0.1        InLoopBack0
```

图 2-21   华为路由器静态路由示例

静态路由的优点是：使用简单，容易实现；可精确控制路由走向，对网络进行最优化调整；对设备性能要求较低，不额外占用链路带宽。静态路由的缺点是：网络是否通畅以及是否优化，完全取决于管理员的配置；当网络规模扩大时，由于路由表项增多，因此将增加配置的繁杂度以及管理员的工作量；当网络拓扑发生变更时，不能自动适应，需要管理员参与修正。静态路由一般应用于小规模网络。

静态路由中有一种特殊路由——缺省路由(或默认路由)。缺省路由的网络地址和子网掩码为全 0。一般来说，管理员可通过手工方式配置缺省路由。图 2-22 为缺省路由示例。

```
Routing Tables:Public
        Destinations:3    Routes:3

Destination/Mask    Proto     Pre   Cost    Flags   NextHop          Interface
0.0.0.0/0           Static    60    0       RD      192.168.1.1      Ethernet1/0/0
127.0.0.0/8         Direct    0     0       D       127.0.0.1        InLoopBack0
127.0.0.1/32        Direct    0     0       D       127.0.0.1        InLoopBack0
```

图 2-22   华为路由器缺省路由示例

缺省路由一般应用于网络末端,如图 2-23 所示。

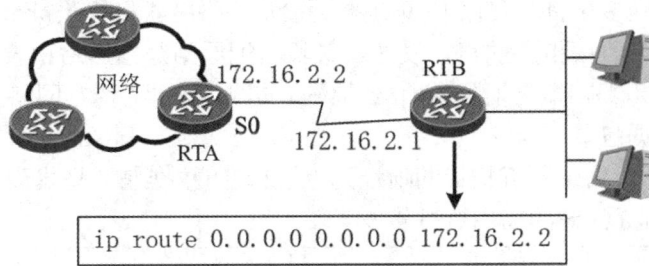

图 2-23 末端网络中缺省路由示例

3. 动态路由

动态路由是指由动态路由协议发现的路由。当网络拓扑结构十分复杂时,手工配置静态路由工作量大而且容易出现错误,这时就可用动态路由协议,让其自动发现和修改路由,无须人工维护;但动态路由协议开销大,配置复杂。

一个自治系统(AS)是一组共享相似的路由策略并在单一管理域中运行的路由器的集合。一个 AS 可以是一些运行单个 IGP(内部网关协议)协议的路由器集合,也可以是一些运行不同路由选择协议但都属于同一个组织机构的路由器集合。不管是哪种情况,外部世界都将整个 AS 看作一个实体。每个自治系统都有一个唯一的自治系统编号。

按照工作在自治系统(AS)内部还是外部,动态路由协议可以分为内部网关协议(Interior Gateway Protocols,IGP)和外部网关协议(Exterior Gateway Protocols,EGP)两种。IGP 的主要目的是发现和计算自治系统内的路由信息,如 OSPF、RIP 和 IS-IS 等。EGP 用于连接不同的自治系统,在不同的自治系统之间交换路由信息,主要使用路由策略和路由过滤等控制路由信息在自治域间的传播,如 BGP 协议。

在路由表中,动态路由的 Proto 字段显示为具体的某种动态路由协议,如图 2-24 所示。

```
Routing Tables:Public
      Destinations:10   Routes:10
Destination/Mask    Proto    Pre   Cost   Flags   NextHop      Interface
1. 1. 1. 1/32       RIP      100      1      D     12. 12. 12. 1   Serial1/0/0
11. 11. 11. 11/32   OSPF      10   1562      D     12. 12. 12. 1   Serial1/0/0
12. 12. 12. 0/24    Direct     0      0      D     12. 12. 12. 2   Serial1/0/0
12. 12. 12. 1/32    Direct     0      0      D     12. 12. 12. 1   Serial1/0/0
12. 12. 12. 2/32    Direct     0      0      D     127. 0. 0. 1    InLoopBack0
12. 12. 12. 255/32  Direct     0      0      D     127. 0. 0. 1    InLoopBack0
127. 0. 0. 0/8      Direct     0      0      D     127. 0. 0. 1    InLoopBack0
127. 0. 0. 1/32     Direct     0      0      D     127. 0. 0. 1    InLoopBack0
127. 255. 255. 255/32 Direct   0      0      D     127. 0. 0. 1    InLoopBack0
255. 255. 255. 255/32 Direct   0      0      D     127. 0. 0. 1    InLoopBack0
```

图 2-24 华为路由器动态路由示例

当查找路由表时,可能会出现两种情况:第一,路由表中出现多条路由与目的 IP 地址相适配,这时需要采用最长匹配原则;第二,路由表中查找不到任何一条路由与目的 IP 地址相适配,这时采用缺省路由,如果没有缺省路由,则数据包被丢弃。

4. 最长匹配原则

当路由表中有众多条目与目的 IP 地址相适合时，路由器将按照最长匹配原则查找出合适的条目，再按照条目中指定的路径发送。最长匹配原则是指当路由表中有众多条目与目的 IP 地址相适合时，路由器会对比所有合适条目的网络掩码，选定网络掩码中二进制"1"最多的条目转发数据包。

如图 2-25 所示，路由器查找目的地址为 9.1.2.1 的数据包，将找到 3 条符合要求的路由，最终将选择 9.1.0.0/16 的路由进行转发。

```
[Quidway]display ip routing-table
Routing Tables:
Destination/Mask   Proto    Pref   Metric   NextHop       Interface
0.0.0.0/0          Static    60       0     120.0.0.2     Serial0/0
8.0.0.0/8          Rip      100       3     120.0.0.2     Serial0/1
9.0.0.0/8          OSPF      10      50      20.0.0.2     Ethernet0/0
9.1.0.0/16         Rip      100       4     120.0.0.2     Serial0/0
11.0.0.0/8         Static    60       0     120.0.0.2     Serial0/1
20.0.0.0/8         Direct     0       0      20.0.0.1     Ethernet0/2
20.0.0.1/32        Direct     0       0     127.0.0.1     LoopBack0
```

图 2-25 最长匹配原则示例

(三) OSPF 协议

OSPF 是开放最短路由优先协议(Open Shortest Path First)的缩写。它是 IETF(Internet Engineering Task Force)组织开发的一个基于链路状态的自治系统内部路由(IGP)协议。OSPF 通过收集和传递自治系统内的链路状态来动态地发现并传播路由。

1. OSPF 协议的特点

OSPF 协议的特点如下：

(1) 适用范围大：OSPF 支持各种规模的网络，最多可支持几百台路由器。

(2) 收敛速度快：如果网络的拓扑结构发生变化，则 OSPF 立即发送更新报文，使这一变化在自治系统中同步。

(3) 无自环：由于 OSPF 通过收集到的链路状态用最短路径树算法计算路由，因此从算法本身保证了不会生成自环路由。

(4) 支持可变长子网掩码(VLSM)：由于 OSPF 在描述路由时携带网段的掩码信息，所以 OSPF 协议不受自然掩码的限制，VLSM 可提供很好的支持。

(5) 区域划分：OSPF 协议允许自治系统(AS)内的网络被划分成区域(Area)来管理，区域间传送的路由信息被进一步压缩，从而减少了占用网络的带宽，区域号为 Area ID。在 OSPF 区域中，必须包含骨干区(Area ID=0)，非骨干区需要与骨干区直连。

(6) 等值路由：OSPF 支持到同一目的地址的多条等值路由。

(7) 路由分级：OSPF 使用 4 类不同的路由，按优先顺序来说分别是区域内路由、区域间路由、第一类外部路由、第二类外部路由。

(8) 支持验证：支持基于接口的报文验证以保证路由计算的安全性。

(9) 组播发送：OSPF 在有组播发送能力的链路层上以组播地址发送协议报文，这样既达到了广播的作用，又最大程度地减少了对其他网络设备的干扰。

2. OSPF 的基本概念

router ID(路由器标识符，路由器 ID)：32 位二进制数，用于标识每个路由器，要求全局唯一。路由器 ID 通常为第一个激活的接口 IP 地址，若有多个已经激活的接口，则其为这些激活接口中的最小 IP 地址。如果在路由器上配置了 loopback 接口，那么路由器 ID 是所有 loopback 接口中的最小 IP 地址，而不管其他物理接口的 IP 地址的值，且激活后不变。

Interface(接口)：路由器和其他网段之间连接的接口，也称为链路(link)。

邻居表(Neighbor Table)：包括所有建立直连关系的邻居路由器。

链路状态数据库(Link State Database，LSDB)：包含了网络中所有路由器的链接状态。它表示整个网络的拓扑结构。同一个 Area 内所有路由器的链路状态数据库都是相同的。

路由表(Routing Table)：在链路状态数据库的基础之上，利用 SPF(最短路径优先)算法计算而来。

3. OSPF 的工作过程

OSPF 的工作过程可分为邻居发现阶段、邻居关系建立阶段、LSDB 同步阶段、路由计算阶段。

1) 邻居发现阶段

在 OSPF 配置初始，每一台路由器都会向其物理直连邻居发送用于发现邻居的 Hello 报文。当一台路由器从它的邻居路由器收到一个 Hello 数据包时，它将检验该 Hello 数据包携带的 Area ID、认证信息、网络掩码、Hello 报文间隔时间、路由器无效时间间隔以及可选项的数值是否和接收端口上配置的对应值相匹配。如果它们不匹配，那么该数据包将被丢弃，并且其邻接关系也无法建立。

如果所有的参数都匹配，那么这个 Hello 数据包就被认为是有效的。如果始发路由器的路由器 ID 已经在接收该 Hello 数据包的接口的邻居表中列出，那么路由器的无效时间间隔计时器将被重置。如果始发路由器的路由器 ID 没有在邻居表中列出，那么就把这个路由器 ID 加入它的邻居表中。Hello 报文结构如图 2-26 所示。

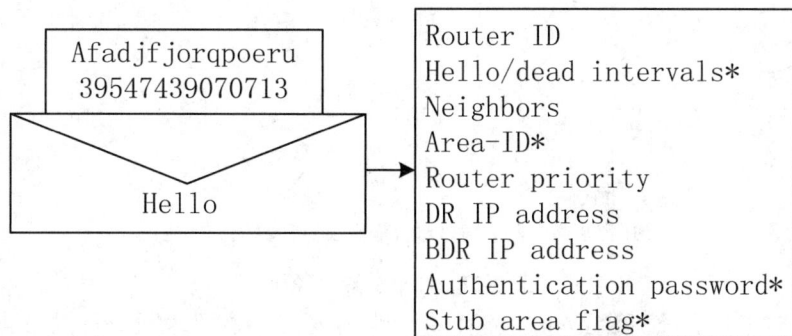

图 2-26　Hello 报文结构

2) 邻居关系建立阶段

如果一台路由器收到了一个有效的 Hello 数据包，并在这个 Hello 数据包中发现了自己的路由器 ID，那么这台路由器就认为是双向通信(Two-Way Communication)建立成功了。

但是，在多路访问网络中，并不是所有物理直连邻居都会形成邻接关系，一般会通过 DR/BDR(指定路由器/备用指定路由器)选举，在多路访问网络中选择出指定的路由器之后，再建立邻接关系。

3) LSDB 同步阶段

建立邻接关系以后，路由器发布 LSA(Link State Advertisement)来交互链路状态信息，通过获得对方的 LSA 来同步 OSPF 区域内的 LSDB。在 OSPF 中，链路状态信息的通告采用增量触发方式更新，每隔 30 分钟通告一次 LSA 摘要信息。

4) 路由计算阶段

(1) 计算路由器之间的每段链路开销，即 cost 值，计算公式是：10^8(b/s)/接口带宽(b/s)。假设每段链路带宽都是 100 Mb/s，那么四台设备之间的每段链路开销就是 10^8(b/s)/(100×10^6) (b/s) =1。计算出的 cost 值 1 没有单位，只是一个数值，用来进行大小的比较。

(2) 利用 OSPF 算法以自身为根节点计算出一棵最短路径树。在此树上，由根到各个节点累计开销最小的路径就是去往各个节点的路由，如图 2-27 所示。

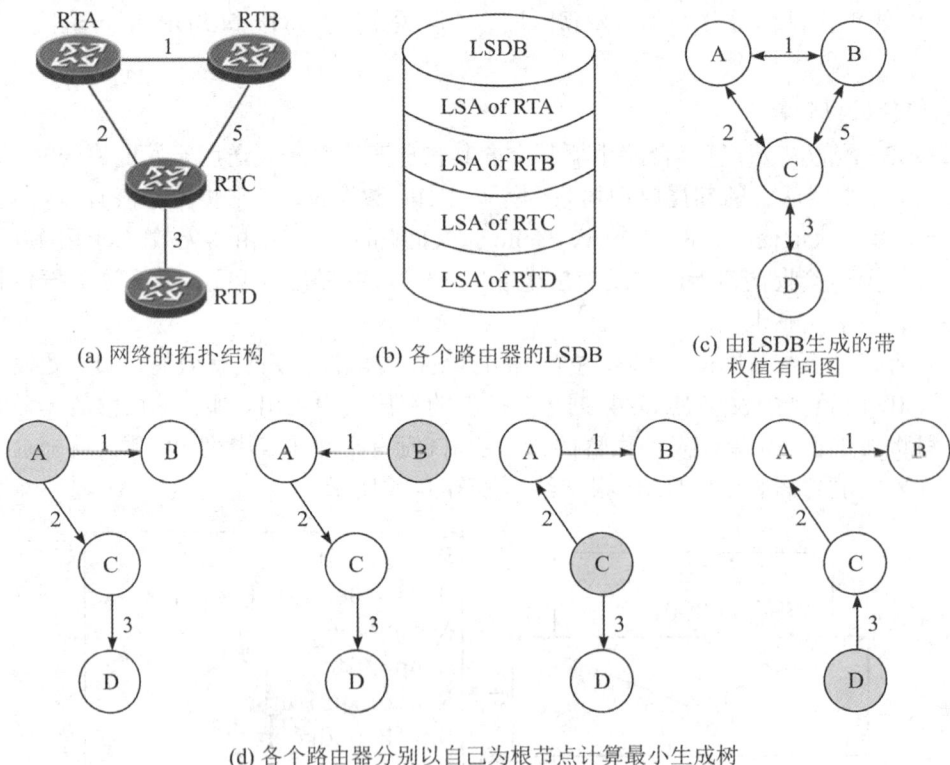

(a) 网络的拓扑结构　　(b) 各个路由器的LSDB　　(c) 由LSDB生成的带权值有向图

(d) 各个路由器分别以自己为根节点计算最小生成树

图 2-27　计算最短路径树

(3) 计算完成后，将开销最小的路径写入路由表。如果到达同一目的节点存在多条开销最小的路径，则会有多条路由到达此节点，使得负载均衡，也就是在路由表中有多个下一跳。

图 2-28 以 R1 路由器为例表示出 OSPF 协议运行的全过程。

器ID：1.1.1.1　　　　　　　　路由器ID：2.2.2.2
R1　　　　　　　　　　　　　　R2
10.1.1.5/30　　10.1.1.6/30
10.1.1.1/30　　　10.1.1.9/30

10.1.1.2/30　　　10.1.1.10/30
R3
路由器ID：3.3.3.3

邻居表

邻居	本端接口IP
2.2.2.2	10.1.1.5
3.3.3.3	10.1.1.1

链路状态表

链路	cost	通告路由器
10.1.1.0/30	1	1.1.1.1
10.1.1.4/30	1	1.1.1.1
10.1.1.4/30	1	2.2.2.2
10.1.1.8/30	1	2.2.2.2
10.1.1.8/30	1	3.3.3.3
10.1.1.0/30	1	3.3.3.3

路由表

目的地址	子网掩码	下一跳
10.1.1.8/30	255.255.255.252	10.1.1.2

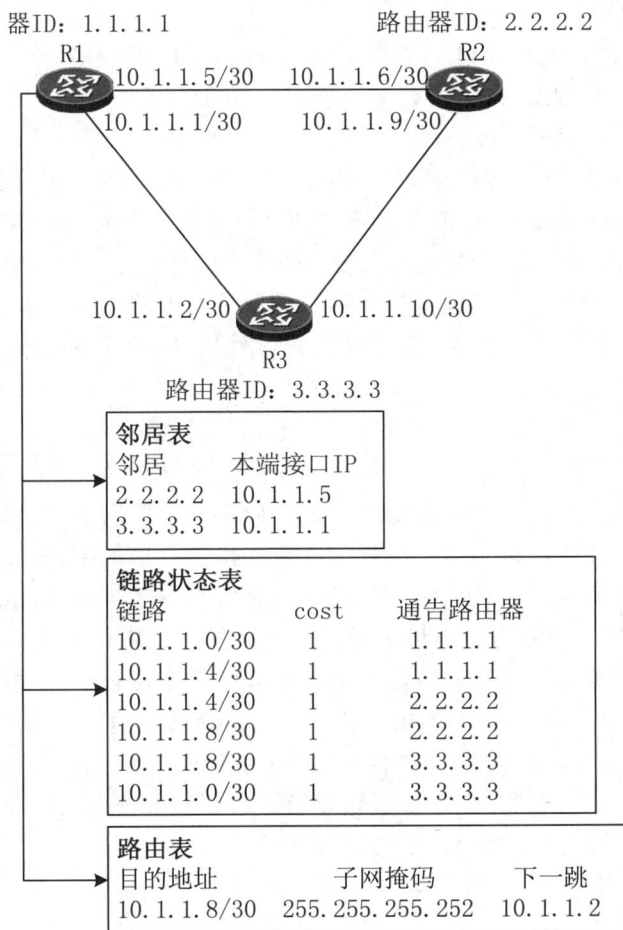

图 2-28　OSPF 协议运行的全过程

（四）路由器的工作原理

路由器是一种常用的网络设备，工作在网络层，能隔离广播域。路由器的核心作用是实现网络互联，在不同网络之间转发数据单元。为实现在不同网络间转发数据单元的功能，路由器必须具备以下条件：首先，路由器上每个三层接口要连接在不同的网络上，每个三层接口连接到一

交换机和路由器

个逻辑网段。这里所说的三层接口可以是物理接口，也可以是各种逻辑接口或子接口。其次，路由器根据目的网络地址进行数据转发，需要维护路由表。再次，路由器必须具有存储、转发、寻径的功能。

路由器需要具备的主要功能如下：

(1) 路由功能(寻径功能)：包括路由表的建立、维护和查找。

(2) 交换功能：路由器的交换功能与以太网交换机执行的交换功能不同，路由器的交换功能是指在网络之间转发分组数据，涉及从接收接口收到数据帧、解封装、对数据包做相应处理、根据目的网络查找路由表、决定转发接口、做新的数据链路层封装等过程。

(3) 隔离广播域，指定访问规则：路由器阻止广播的通过，并且可以设置访问控制列表

(ACL)对流量进行控制。

(4) 异种网络互联：支持不同的数据链路层协议，连接异种网络。

(5) 子网间的速率匹配：路由器有多个接口，不同接口具有不同的速率，路由器需要利用缓存及流控协议进行速率适配。

在以上功能中，最重要的两个基本功能是路由功能与交换/转发功能。

(1) 路由功能：路由器的工作流程是路由器从一个端口收到一个报文后，去除链路层封装，交给网络层处理。网络层首先检查报文是否送给本机的，若是，则去掉网络层封装，送给上层协议处理；若不是，则根据报文的目的地址查找路由表。若找到路由，则将报文交给相应端口的数据链路层，封装端口对应的链路层协议后，发送报文；若找不到路由，则将报文丢弃。

路由器查找的路由表，可以是管理员手工配置的，也可以是通过动态路由协议自动学习形成的。为了实现正确的路由功能，路由器必须负责管理、维护路由表的工作。

(2) 交换/转发功能：数据从路由器的一个接口接收，然后选择合适的接口转发，其间做帧的解封装与封装并对数据包做相应处理。首先，当一个数据帧到达某一端口时，该端口对帧进行校验并检查其目的数据链路层的地址是否与本端口符合，如通过检查则去掉帧的封装并读出 IP 数据包中的目的地址信息，查询路由表，决定转发接口与下一跳地址。获得转发接口与下一跳地址的信息后，路由器将查找缓存中是否已经存储转发接口的数据链路层地址(如 MAC 地址)等信息。如果没有，路由器将通过适当的进程获得这些信息(如启动 ARP 协议)；如果转发接口是广域网接口，则将通过手工配置或自动实现的映射过程获得相应数据链路层的地址信息。然后完成数据链路层封装并依据转发接口上的 QOS 策略使之进入相应的队列，等待端口空闲时完成数据转发。

(五) 三层交换机

三层交换机是一个带有路由功能的二层交换机，但它是路由器与交换机的有机结合，而不是简单地把路由器设备的硬件及软件叠加在二层交换机上。

假设两个已配置 IP 地址的站点要通过三层交换机进行通信。站点 A 在开始发送信息时，已知目的 IP 地址，但不知道在局域网上发送所需要的目的 MAC 地址，要采用地址解析协议(ARP)来确定目的 MAC 地址。这里可以分为以下两种情况进行讨论。

(1) 通信的两个站点位于同一个子网内。如图 2-29 所示，站点 A 要和站点 B 通信，A 在开始发送时，会把自己的 IP 地址与 B 站的 IP 地址比较，从其软件中配置的子网掩码得出子网地址，从而确定目的站点是否与自己在同一个子网内，若是，将根据 MAC 地址完成二层转发。

(2) 通信的两个站点不在同一个子网内。如图 2-29 所示，站点 A 要和站点 C 通信，要向三层交换模块广播一个 ARP 请求，如果三层交换模块在以前的通信过程中已经知道 C 站的 MAC 地址，则向发送站 A 回复 C 站的 MAC 地址，然后 A 通过二层交换模块向 C 站转发数据，如图 2-29(a)所示。若三层交换模块不知道 C 站的 MAC 地址，则会根据路由信息广播一个 ARP 请求，C 站收到此 ARP 请求后向三层交换模块回复其 MAC 地址，三层交换模块便会保存此地址并回复给发送站 A，同时将 C 站的 MAC 地址发送到二层交换引擎的 MAC 地址表中。此后，A 向 C 发送的数据包便全部交给二层交换机处理，信息得以高速交换，如图 2-29(b)所示。

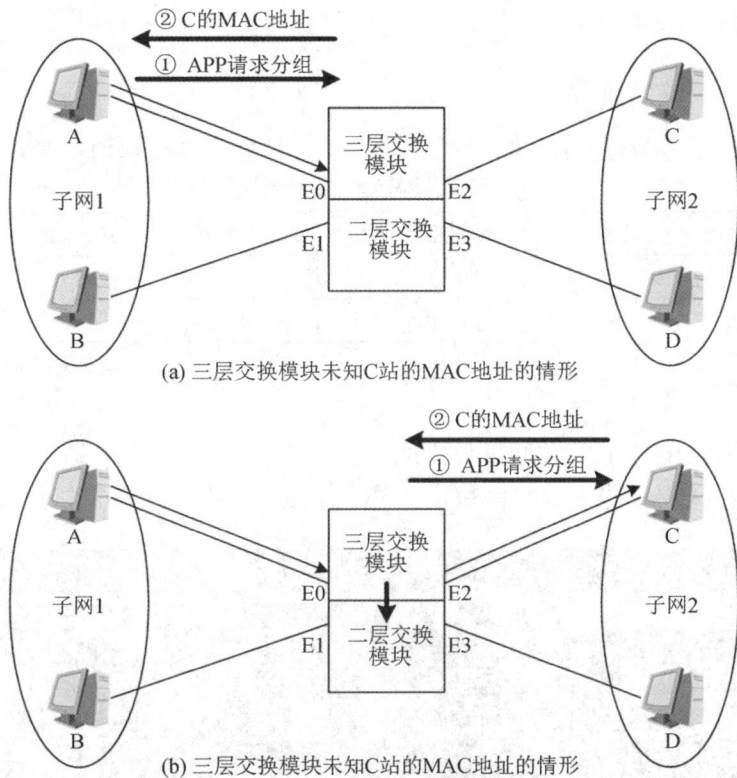

② C的MAC地址

① APP请求分组

(a) 三层交换模块未知C站的MAC地址的情形

② C的MAC地址

① APP请求分组

(b) 三层交换模块未知C站的MAC地址的情形

图 2-29 三层交换机的工作过程

三层交换的优势在于仅仅在路由过程中才需要进行三层处理，绝大部分数据都是通过二层交换转发的，因此，三层交换机的速度很快，接近二层交换机的速度，解决了传统路由器低速、复杂所造成的网络瓶颈问题。

另外，与传统的二层交换技术相比，三层交换能隔离广播域，支持划分子网和 VLAN 技术。传统的通用路由器与二层交换机一起使用也能达到此目的，但是与使用三层交换机的方案相比，三层交换机需要更少的配置、更小的空间、更少的布线，价格更便宜，并能提供更高、更可靠的性能。

六、实训：静态路由配置与 OSPF 路由配置

实训一：静态路由配置

【实训目的】
掌握静态路由的配置方法。

【实训要求】
在 Server 机房的设备间配置静态路由，实现路由互通。

【实训内容】
(1) 完成设备连线。

(2) 在设备上配置静态路由。

(3) 完成路由互通验证。

(一) 静态路由数据规划

在 Server 机房 AAA 认证设备 SW(交换机)上规划静态路由数据，如表 2-3 所示。

表 2-3 静态路由数据规划

序号	机房	设备名称	loopback 地址	对接接口	接口 IP	连接方式
1	Server 机房	AAA	199.1.1.1/32	1/1	192.168.1.1/30	静态路由
2	Server 机房	SW2	1.1.1.1/32	1/1	192.168.1.2/30	静态路由

(二) 静态路由配置过程

以下操作基于 IUV_TPS 仿真软件完成。

(1) 设备配置-AAA 设备连线：按图 2-30 选择双纤连线 1/1 接口。

图 2-30 设备配置-AAA 设备连线

(2) 设备配置-SW2 设备连线：按图 2-31 选择双纤连线 1/1 接口。

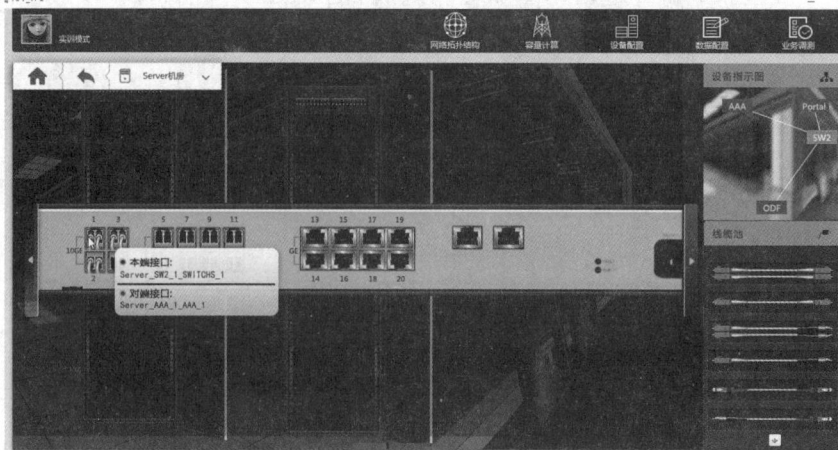

图 2-31 设备配置-AAA 设备连线

（3）数据配置-AAA 设备的物理接口配置：按图 2-32 配置 IP 地址为 192.168.1.1，子网掩码为 255.255.255.252。

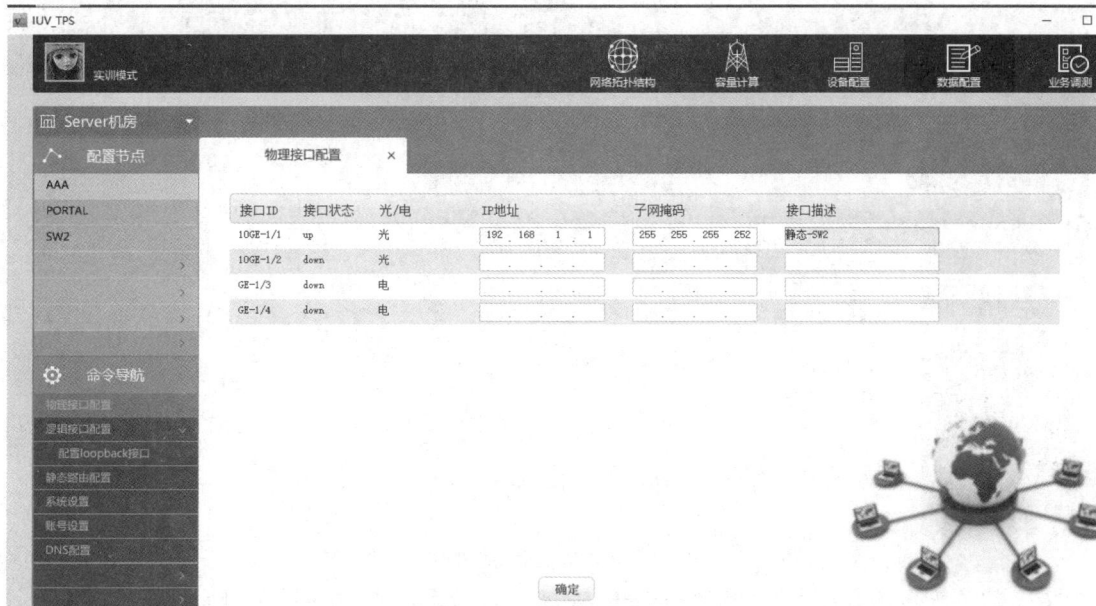

图 2-32　数据配置-AAA 设备的物理接口配置

（4）数据配置-AAA 设备的静态路由配置：按图 2-33 配置目的地址为 1.1.1.1，子网掩码为 255.255.255.255，下一跳地址为 192.168.1.2，优先级为 1。

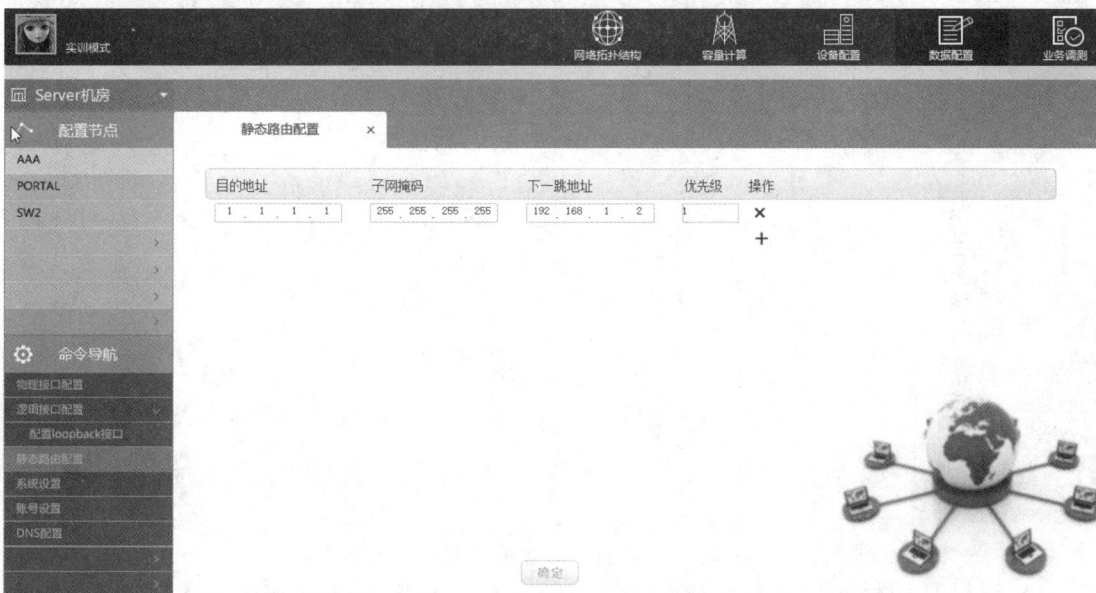

图 2-33　数据配置-AAA 设备的静态路由配置

（5）数据配置-SW2 设备的物理接口配置：按图 2-34 配置 1/1 接口，选择 VLAN 模式为 access，关联 VLAN 111。

图 2-34　数据配置-SW2 设备的物理接口配置

(6) 数据配置-SW2 设备的配置-loopback 接口：按图 2-35 配置，IP 地址为 1.1.1.1，子网掩码为 255.255.255.255。

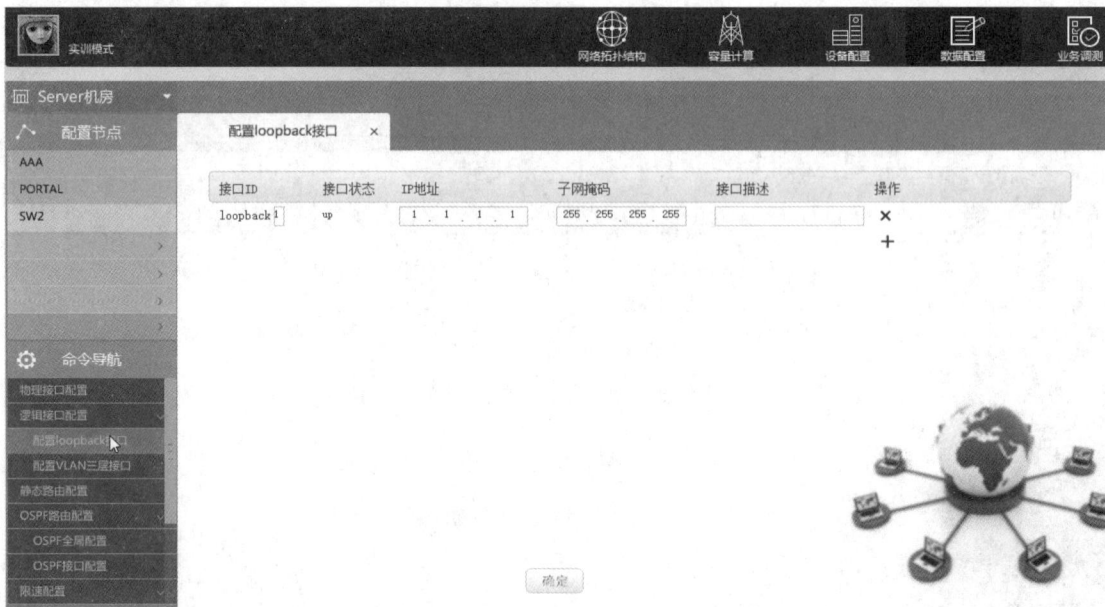

图 2-35　数据配置-SW2 设备的配置 loopback 接口

(7) 数据配置-SW2 设备的配置-VLAN 三层接口：按图 2-36 配置 VLAN 111，IP 地址为 192.168.1.2，子网掩码为 255.255.255.252。

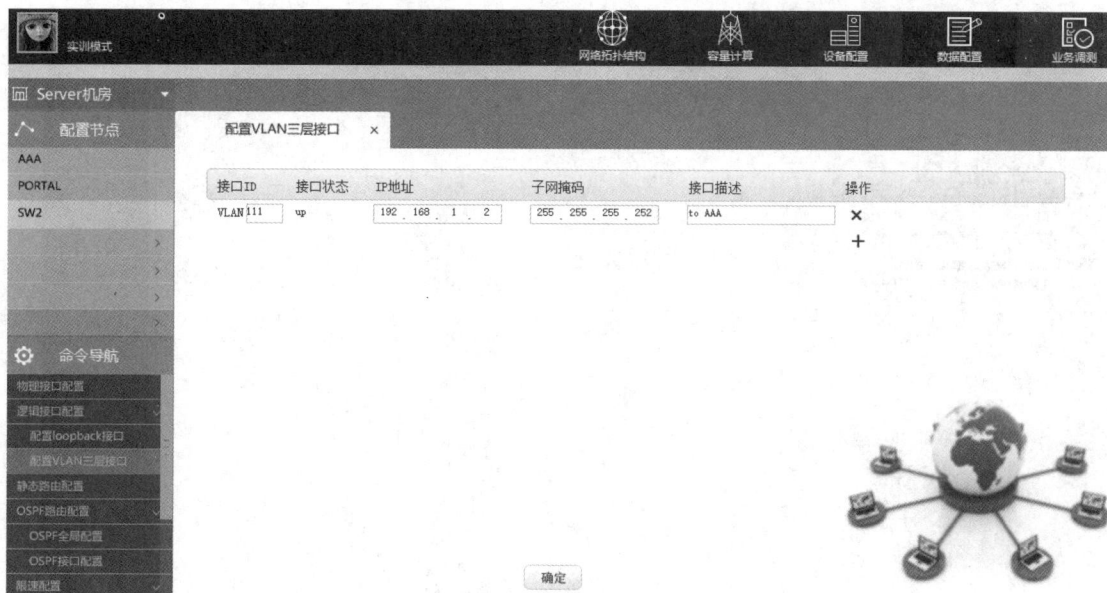

图 2-36 数据配置-SW2 设备的配置 VLAN 三层接口

(8) 数据配置-SW2 设备的静态路由配置: 按图 2-37 配置目的地址为 199.1.1.1, 子网掩码为 255.255.255.255, 下一跳为 192.168.1.1, 优先级为 1。

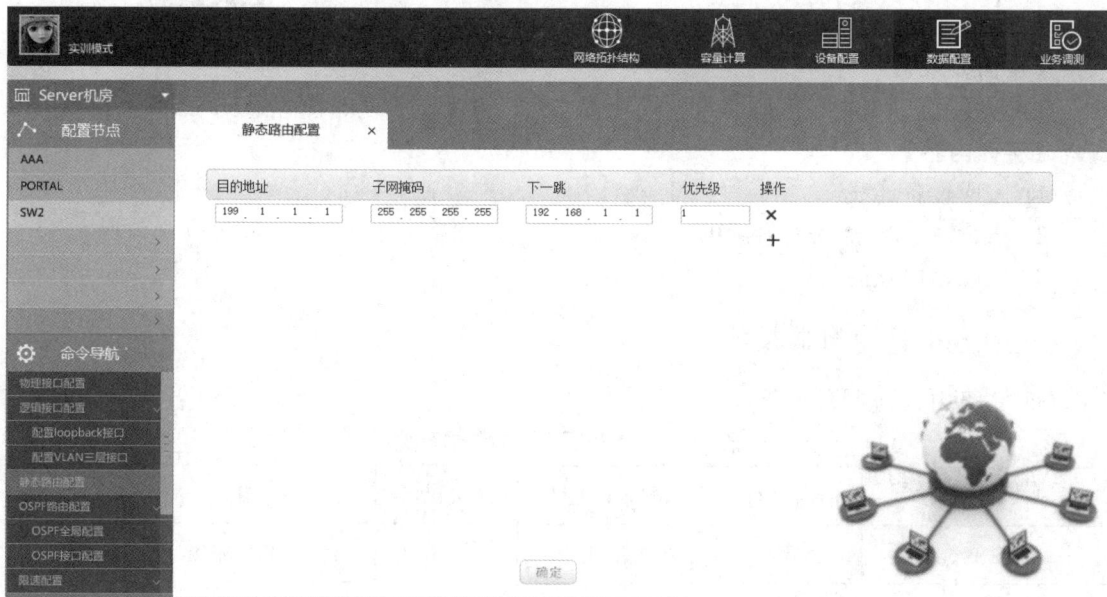

图 2-37 数据配置-SW2 设备的静态路由配置

(9) 业务验证: Ping 设备 AAA 的 loopback——设备 SW2 的 loopback, 验证结果为链路通。 验证结果如图 2-38 所示。

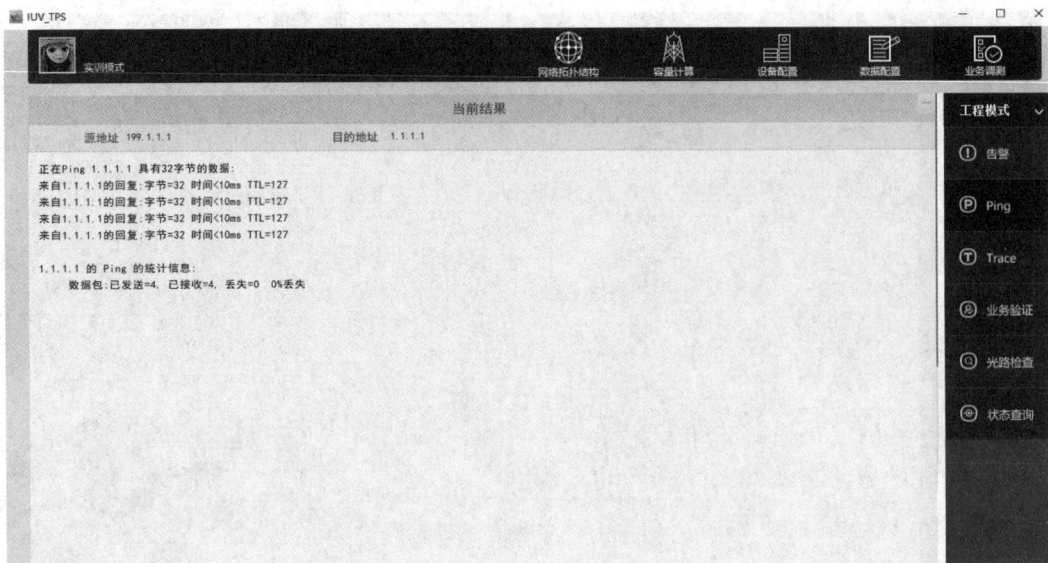

图 2-38   静态路由业务验证结果

实训二：OSPF 路由配置

【实训目的】

掌握 OSPF 路由的配置方法。

【实训要求】

宽带城域网拓扑规划(IUV 实训)

在 Server 机房和中心机房的设备间配置 OSPF 路由，实现路由互通。

【实训内容】

(1) 完成设备连线。

(2) 在设备上配置 OSPF 路由。

(3) 完成路由互通验证。

（一）OSPF 路由数据规划

OSPF 路由数据规划如表 2-4 所示。

表 2-4   OSPF 路由数据规划

序号	机房	设备名称	loopback 地址	对接接口	接口 IP	连接方式
1	Server 机房	SW2	1.1.1.1	1/3	192.168.1.9/30	OSPF
2	中心机房	RT1	2.2.2.2/32	6/1	192.168.1.10/30	OSPF

（二）OSPF 路由配置过程

以下操作基于 IUV_TPS 仿真软件完成。

(1) 设备配置-Server 机房-SW2 设备连线：按图 2-39 双纤连接 1/3 接口。

图 2-39　设备配置-SW2 设备连线

(2) 设备配置-Server 机房 ODF 设备连线：按图 2-40 双纤连接 1T/1R 接口。

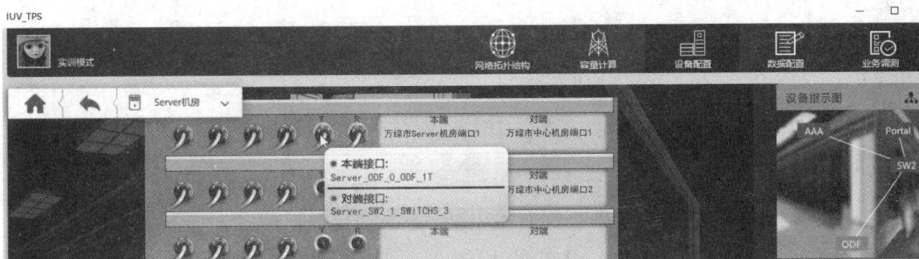

图 2-40　设备配置-Server 机房 ODF 设备连线

(3) 设备配置-中心机房 ODF 设备连线：按图 2-41 双纤连接 1T/1R 接口。

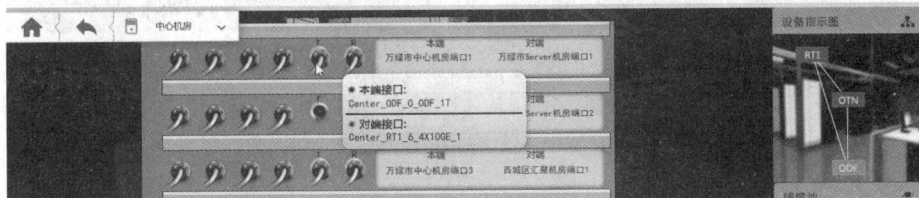

图 2-41　设备配置-中心机房 ODF 设备连线

(4) 设备配置-中心机房 RT1 设备连线：按图 2-42 双纤连接 6/1 接口。

图 2-42　设备配置-中心机房 RT1 设备连线

（5）数据配置-Server 机房 SW2 设备的物理接口配置：按图 2-43 配置 1/3，VLAN 模式为 access，关联 VLAN 为 333。

图 2-43 数据配置-SW2 设备的物理接口配置

（6）数据配置-Server 机房 SW2 设备的配置 loopback 接口：按图 2-44 配置，IP 地址为 1.1.1.1，子网掩码为 255.255.255.255。

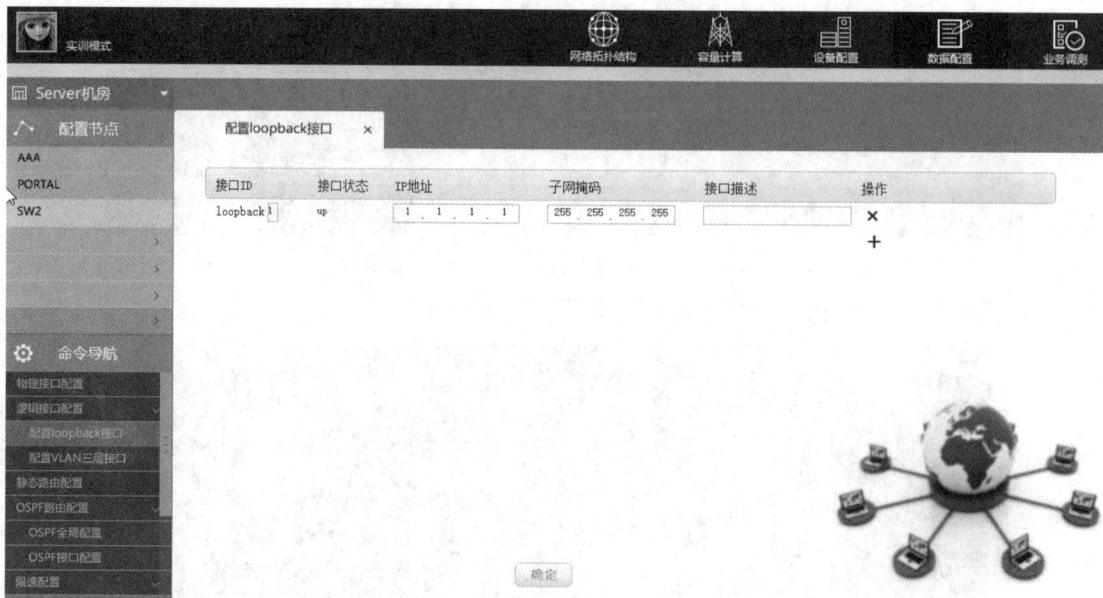

图 2-44 数据配置-SW2 设备的配置 loopback 接口

（7）数据配置-Server 机房-SW2 设备的配置-VLAN 三层接口：按图 2-45 配置，VLAN 为 333，IP 地址为 192.168.1.9，子网掩码为 255.255.255.252。

图 2-45　数据配置-SW2 设备的配置 VLAN 三层接口

(8) 数据配置-Server 机房 SW2 设备的 OSPF 全局配置：按图 2-46 配置，全局 OSPF 状态为启用，进程号为 1，router-id 为 1.1.1.1。

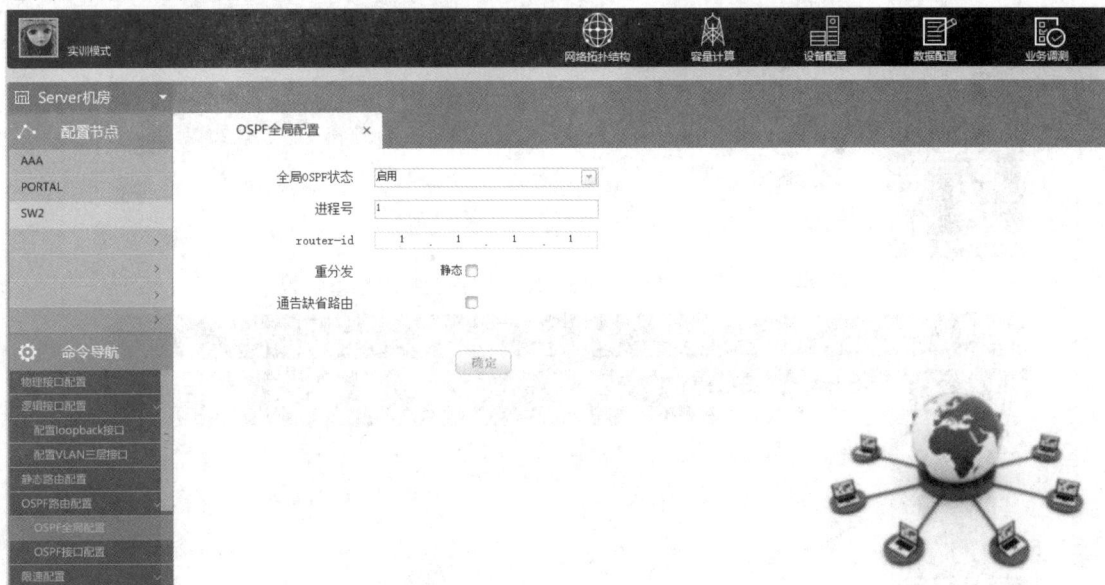

图 2-46　数据配置-SW2 设备的 OSPF 全局配置

(9) 数据配置-Server 机房 SW2 设备的 OSPF 接口配置：按图 2-47 配置，OSPF 状态为启用。

(10) 数据配置-中心机房 RT1 设备的物理接口配置：按图 2-48 配置 6/1 接口，IP 地址为 192.168.1.10，子网掩码为 255.255.255.252。

(11) 数据配置-中心机房 RT1 设备的 loopback 接口配置：按图 2-49 配置，IP 地址为 2.2.2.2，子网掩码为 255.255.255.255。

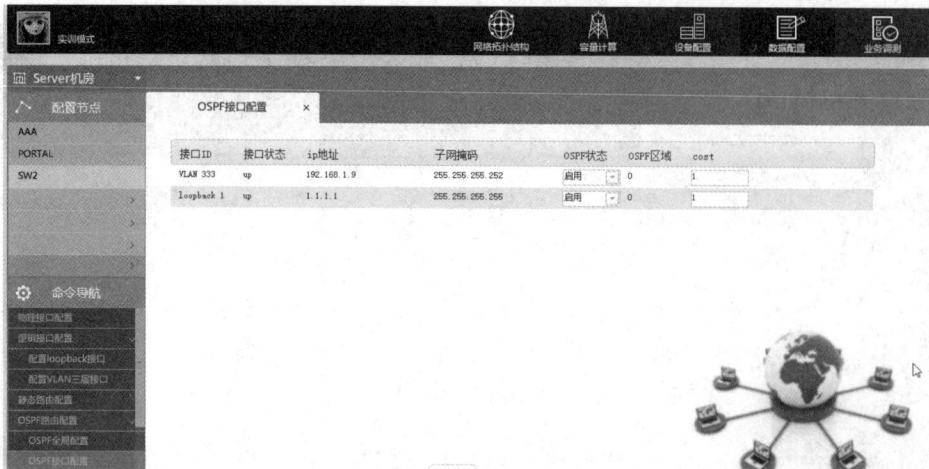

图 2-47　数据配置-SW 设备 OSPF 接口配置

图 2-48　数据配置-中心机房 RT1 设备的物理接口配置

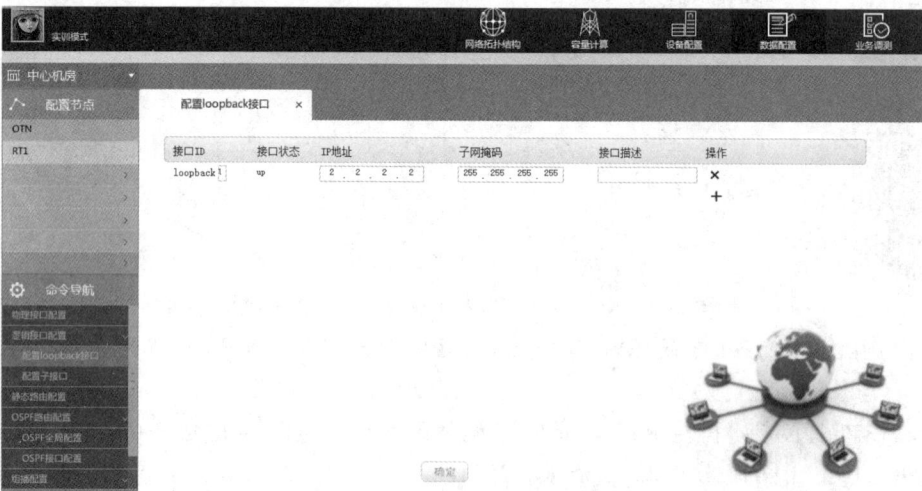

图 2-49　数据配置-中心机房 RT1 设备的 loopback 接口配置

(12) 数据配置-中心机房 RT1 设备的 OSPF 全局配置：按图 2-50 配置全局 OSPF 状态为启用，进程号为 1，router-id 为 2.2.2.2。

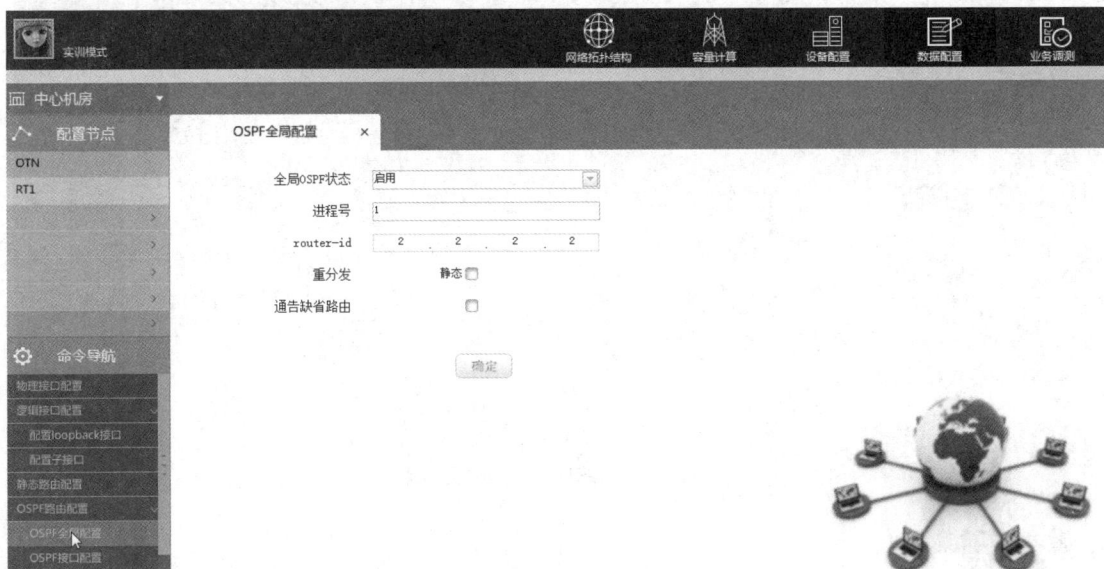

图 2-50 数据配置-中心机房 RT1 设备的 OSPF 全局配置

(13) 数据配置-中心机房 RT1 设备的 OSPF 接口配置：按图 2-51 配置，OSPF 状态为启用。

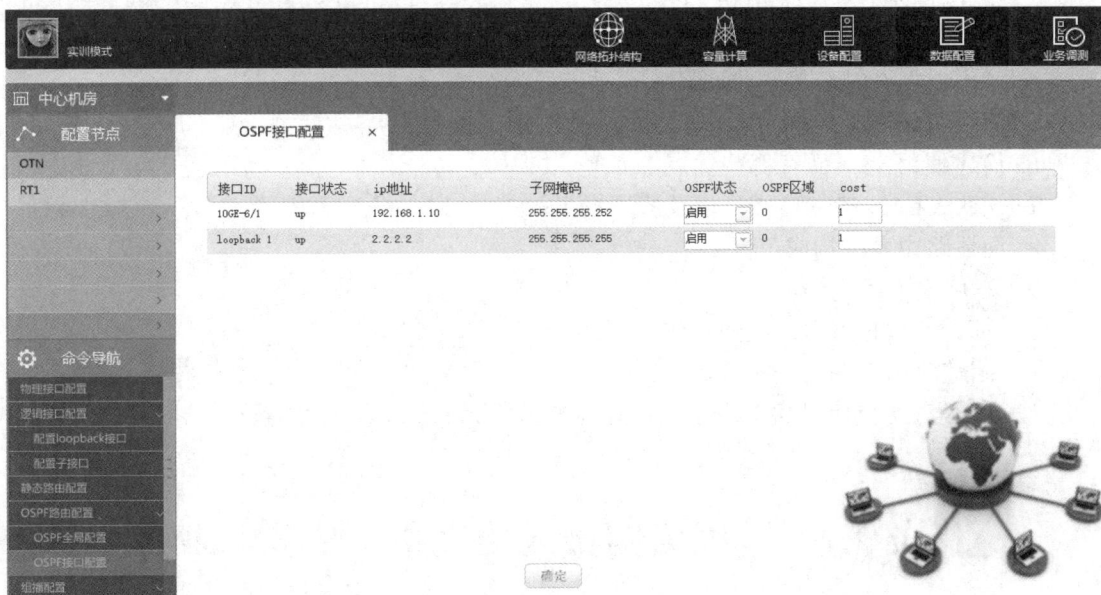

图 2-51 数据配置-中心机房 RT1 设备的 OSPF 接口配置

(14) 业务验证：Ping 设备 Server 机房 SW2 设备的 loopback——中心机房 RT1 设备的 loopback，验证结果如图 2-52 所示。

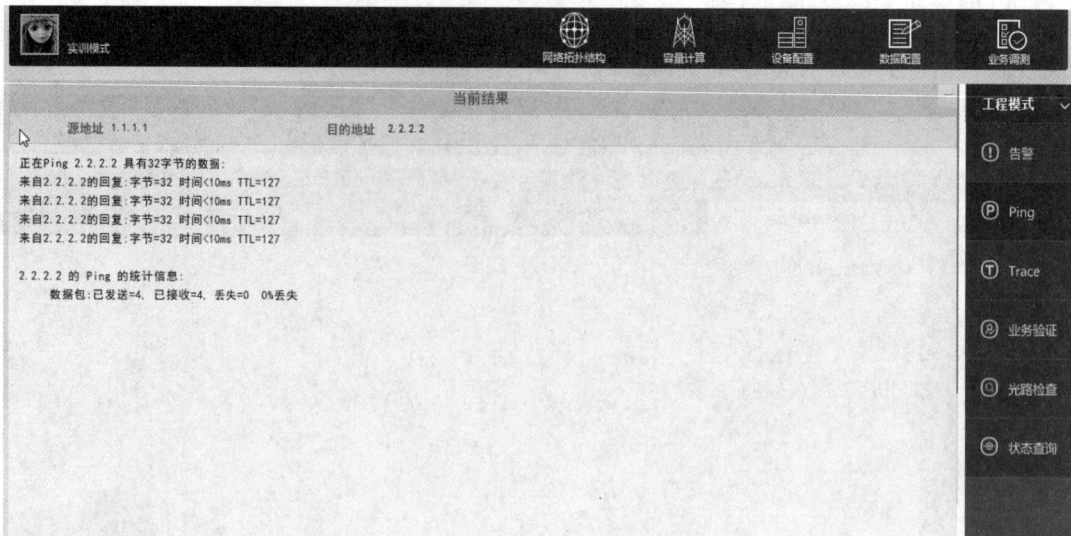

图 2-52　OSPF 业务验证结果

习题

1. 画出 TCP/IP 协议栈分层模型，说明每层常用的协议。
2. IP 地址的分类方式有哪些？
3. 为什么划分子网？
4. 画出以太网帧结构，说明各字段功能。
5. 简述以太网交换机的工作过程。
6. 简述使用 VLAN 有哪些优点。
7. 说明 VLAN 的端口类型以及应用场景。
8. 简述路由表的构成。
9. 说明路由如何分类。
10. 简述 OSPF 路由协议的工作过程。
11. 阐述路由器的工作原理。
12. 阐述三层交换机的工作原理，并与路由器和二层交换机做对比。

任务 2.2　以太网接入的设备、协议与业务

一、宽带远程接入服务器

　　宽带远程接入服务器(Broadband Remote Access Server，BRAS)是一种设置在网络汇聚层的用户接入服务设备，它可以智能化地实现用户的

宽带接入服务器

汇聚、认证、计费等服务，还可以根据用户的需要，方便地提供多种 IP 增值业务。BRAS 对用户接入进行处理，把来自多用户或多条虚通道的业务集中至一个连向服务提供商 ISP 或公司网络的虚通道。同时，BRAS 执行协议转换功能。BRAS 与 RADIUS 服务器配合对用户进行认证、鉴权等工作。在现网中，BRAS 通常与 AAA 服务器、DHCP 服务器共同实现 PPPoE 拨号接入或 DHCP+Web 认证接入。BRAS 功能模块如图 2-53 所示。

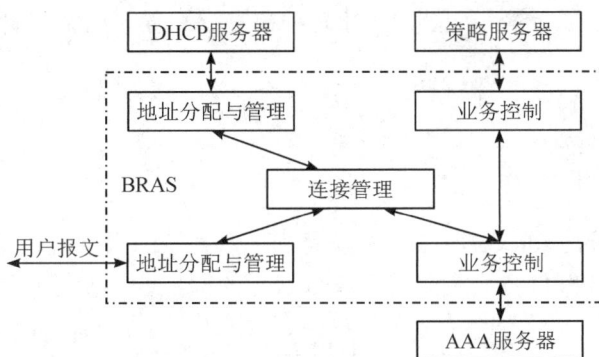

图 2-53　BRAS 功能模块

BRAS 主要完成两方面功能：一是网络承载功能，负责处理用户的 PPPoE 连接、汇聚用户流量；二是控制实现功能，与认证系统、计费系统和客户管理系统及服务策略控制系统相配合实现用户接入的认证、计费和管理。

1. BRAS 业务类型

BRAS 的关键功能特性包含以下四项：

(1) 动态用户接入(动态分配地址)；

(2) 静态用户接入(静态分配地址)；

(3) 用户的认证、计费和授权；

(4) 动态 VLAN 接入。

2. 动态用户接入

动态用户即 IP 地址动态分配的用户。当前 BRAS 业务支持的动态用户主要有 IPoE 用户(DHCP 接入)、PPPoE 用户、VPDN 用户。

3. 静态用户接入

静态用户即使用固定 IP 地址的用户，其地址由手动配置，无论用户是否上线，IP 地址都为该用户保留。

4. 动态 VLAN 接入

鉴于手工静态配置下发接口 VLAN 信息的方式灵活性不足，BRAS 支持用户侧接口动态下发接口 VLAN 信息。

5. BRAS 五大功能模块

BRAS 有五大功能模块：接入功能模块、通信协议处理模块、网络安全模块、业务管理模块和网络管理模块。

(1) 接入功能模块：接入功能模块包括用户侧的接口模块和网络侧的接口模块。

(2) 通信协议处理模块：通信协议处理模块包括用户侧通信协议和网络侧通信协议等处理模块。

(3) 网络安全模块：网络安全模块包括 IP VPN 模块和防火墙模块。

(4) 业务管理模块：业务管理模块包括网络接入认证与授权模块、计费模块和统计模块。

(5) 网络管理模块：网络管理模块包括网管代理功能模块、 Telnet 服务器功能模块和设备监控功能模块。通过这三种模块可对 BRAS 进行配置、控制和管理。

二、PPP 协议

(一) PPP 的基本概念

PPP(Point to Point Protocol，PPP)协议是一种点到点的数据链路层协议，如图 2-54 所示。PPP 协议主要用于在全双工的同步或异步链路上进行点到点的数据传输。

PPPoE 原理

应用层
表示层
会话层
传输层
网络层
数据链路层 ← PPP协议
物理层

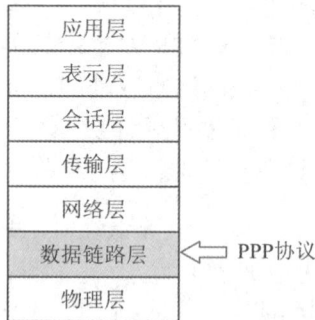

图 2-54 PPP 协议与 ISO 七层模型的对应关系

PPP 协议有如下优点：

(1) PPP 既支持同步传输又支持异步传输。

(2) PPP 协议具有很好的扩展性，例如，当需要在以太网链路上承载 PPP 协议时，PPP 可以扩展为 PPPoE。PPP 提供了 LCP(Link Control Protocol)协议，用于各种链路层参数的协商。PPP 提供了各种 NCP(Network Control Protocol)协议(如 IPCP、IPXCP)，用于各网络层参数的协商，更好地支持了网络层协议。

(3) PPP 提供了认证协议：CHAP(ChallengeHandshake Authentication Protocol)、PAP(Password Authentication Protocol)，更好地保证了网络的安全性。无重传机制，使得网络开销小，速度快。

PPP 协议主要包括三部分：LCP(Link Control Protocol)链路控制协议、NCP(Network Control Protocol)和 PPP 的扩展协议(如 Multilink Protocol)。随着网络技术的不断发展，网络带宽已不再是瓶颈，所以 PPP 扩展协议的应用也就越来越少。

(二) PPP 数据帧格式

PPP 数据帧格式如图 2-55 所示，PPP 数据帧封装格式的说明如下：

(1) 每一个 PPP 数据帧均以一个标志字节起始和结束，该字节为 0x7E。

0x7E	0xFF	0x03				0x7E
标志	地址	控制	协议域	信息域	校验	标志
1字节	1字节	1字节	2字节	缺省1500字节	2字节	1字节

图 2-55 PPP 数据帧格式

(2) 地址域，该字节为 0xFF。由于 PPP 协议应用在点对点链路上，它不像广播或多点访问的网络一样，每个主机都需要一个独一无二的地址标识自己，所以该字节已无任何意义，按照协议的规定将该字节填充为全 1 的广播地址即可。

(3) PPP 数据帧的控制域也没有实际意义，按照协议的规定通信双方将该字节的内容填充为 0x03。

(4) 协议域可用来区分 PPP 数据帧中信息域所承载的数据报文的内容。协议域的内容必须依据 ISO 3309 的地址扩展机制所给出的规定。该机制规定协议域所填充的内容必须为奇数，也即要求低字节的最低位为 "1"，高字节的最低位为 "0"。如果发送端发送的 PPP 数据帧的协议域字段不符合上述规定，则接收端会认为此数据帧是不可识别的，那么接收端会向发送端发送一个 Protocol-Reject 报文，在该报文尾部将完整地填充被拒绝的报文。

(5) 信息域缺省时的最大长度不能超过 1500 字节，其中包括填充域的内容(在图中并未表示，因为它属于信息域的一部分)，1500 字节是 PPP 协议中配置参数选项 MRU (Maximum Receive Unit)的缺省值，在实际应用中可根据需要进行信息域最大封装长度选项的协商。信息域如果不足 1500 字节可被填充，但不是必需的，如果填充则需要通信双方的两端能辨认出有用与无用的信息，方可正常通信。

(6) 校验域主要是对 PPP 数据帧传输的正确性进行检测，当然在数据帧中引入了一些传输的保证机制是好的，但同时也会引入更多的开销，这样可能会增加应用层交互的延迟。

(三) PPP 状态转移

PPP 通信过程中会经过如图 2-56 所示的状态转移。

(1) 链路不可用阶段：有时也称为物理层不可用阶段，PPP 链路都需从这个阶段开始和结束。当通信双方的两端检测到物理线路激活(通常是检测到链路上有载波信号)时，就会从当前这个阶段跃迁至下一个阶段(即链路建立阶段)。在链路建立阶段主要是通过 LCP 协议进行链路参数的配置，LCP 在此阶段的状态机也会根据不同的事件发生变化。当处于在链路不可用阶段时，LCP 的状态机是处于 initial(初始化)状态或 starting(准备启动)

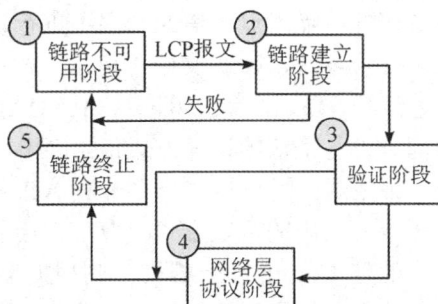

图 2-56 PPP 状态转移图

状态，一旦检测到物理线路可用，则 LCP 的状态机就要发生改变。当然链路在被断开后也同样会返回到这个阶段。

(2) 链路建立阶段：是 PPP 协议最关键和最复杂的阶段。该阶段主要是发送一些配置报文来配置数据链路，这些配置的参数不包括网络层协议所需的参数。当完成数据报文的交换后，则会继续向下一个阶段跃迁。如果链路两端的设备配置为需要认证(通常采用 PAP 或 CHAP 认证协议)，则跃迁到验证阶段；如果链路两端的配置为不需要认证，则跃迁到网终层协议阶段。

(3) 验证阶段：该阶段支持 PAP 和 CHAP 两种认证方式，认证方式的选择依据在链路建立阶段双方进行协商的结果。然而，链路质量的检测也会在这个阶段发生，链路质量的检测无限制地延迟认证过程。在这个阶段仅支持 LCP 协议、认证协议和质量检测数据报文，其他数据报文都会被丢弃。如果在这个阶段再次收到了 Config-Request 报文，则又会返回到链路建立阶段。

(4) 网络层协议阶段：一旦进入该阶段，每种网络层协议(IP、IPX 和 AppleTalk)都会通过各自相应的 NCP 协议进行配置，每个 NCP 协议可在任何时间打开和关闭。当一个 NCP 的状态机变成 Opened(打开)状态时，PPP 就可以开始在链路上承载网络层的数据报文了。如果在这个阶段收到了 Config-Request 报文，则又会返回到链路建立阶段。

(5) 链路终止阶段：PPP 能在任何时候终止链路。载波丢失、授权失败、链路质量检测失败或管理员人为关闭链路等情况均会导致链路终止。链路建立阶段可能通过交换 LCP 协议的链路终止报文来关闭链路，当链路关闭时，链路层会通知网络层做相应的操作，而且也会通过物理层强制关断链路。NCP 协议没有必要去关闭 PPP 链路。

(四) 常用认证协议

PPP 支持两种授权协议：PAP(Password Authentication Protocol)和 CHAP(Challenge Handshake Authentication Protocol)。

1. PAP 认证

PAP 认证如图 2-57 所示，采用明文的方式传输。明文传输是指数据在通信过程中以未加密(不需要加密协议)的原始形式传输，任何截获通信流量的第三方均可直接读取其内容。

PPP 协议提供了可选的认证配置参数选项，在缺省情况下点对点通信的两端不进行认证。在 LCP 的 Config-Request 报文中不可以一次携带多种认证

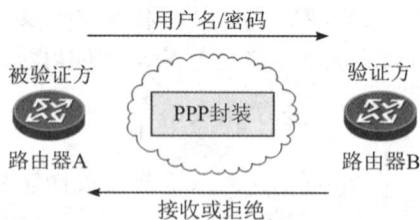

图 2-57   PAP 认证

配置选项，必须两者择其一(PAP/CHAP)，一般设备会默认支持一个缺省的认证方式(PAP 是大部分设备默认的认证方式)。当对端收到该配置请求的报文后，如果支持配置参数选项中的认证方式，则回应一个 Config-Ack 报文；否则回应一个 Config-Nak 报文，并附带上自己希望双方采用的认证方式。当对方接收到 Config-Ack 报文后就可以开始进行认证了。如果收到的是 Config-Nak 报文，则根据自身是否支持 Config-Nak 报文中的认证方式来回应对方。如果支持，则回应一个新的 Config-Request，并携带上 Config-Nak 报文中所希望使用的认证协议；否则将回应一个 Config-Reject 报文，那么双方就无法通过认证，从而不可能建立起 PPP 链路。

两个设备在使用 PAP 进行认证之前，应该确认哪一方是验证方，哪一方是被验证方。实际上使用 PPP 协议互联的两端都既可作为认证方，又可作为被认证方。但通常情况下，PAP 只使用一个方向上的认证。一般在两端设备使用 PAP 协议之前，均会在设备上进行相应的配置。

2. CHAP 认证

如图 2-58 所示，CHAP 认证采用密文的方式传输。密文传输是指双方通过加密算法(需要用到加密协议)的原始形式传输，任何截获通信流量的第三方均可直接读其内容。

与 PAP 认证比起来，CHAP 认证更具有安全性，从前面认证过程的数据包交换过程中不难发现，当采用 PAP 认证时，采用明文的方式直接将用户名和密码发送给验证方的，而对于 CHAP 认证则不一样。

图 2-58　CHAP 认证

CHAP 为三次握手协议，它只是在网络上传送用户名而不传送口令，因此其安全性比 PAP 高。在认证一开始，它不像 PAP 一样是由被验证方发送认证请求报文的，而是由验证方向被验证方发送一段随机的报文并加上自己的主机名，我们通称这个过程叫作挑战。当被验证方收到验证方的验证请求后，会从中提取出验证方所发送过来的主机名，然后根据该主机名在被验证方设备的后台数据库中去查找相同的用户名的记录，当查找到后就使用该用户名所对应的密钥，然后根据这个密钥、报文 ID 和验证方发送的随机报文用 MD5 加密算法生成回应，随后将回应和自己的主机名送回。同样，验证方在收到被验证方发送的回应后，会提取被验证方的用户名，然后去查找本地的数据库，当找到与被验证方一致的用户名后，将该用户名所对应的密钥、保留报文 ID 和随机报文用 MD5 加密算法生成的结果，和刚刚被验证方所传送的回应进行比较，若相同则返回 Ack(确认)，否则返回 Nak(拒绝)。

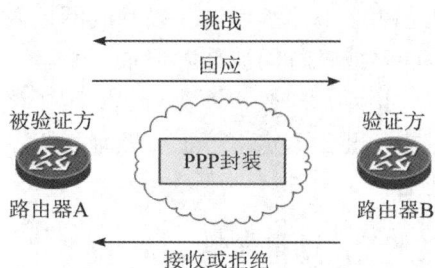

三、AAA 认证

(一) AAA 认证的概念

各类用户的快速发展使互联网面临许多挑战。如何安全、有效、可靠地保证计算机网络信息资源存取及用户如何以合法身份登录，怎样授予相应的权限，又怎样记录用户做过什么操作，这些都是网络服务提供者需要考虑和解决的问题。正是基于此需求，AAA 协议逐渐发展完善起来，成为很多网络设备解决该类问题的标准。

AAA 指的是 Authentication(认证)、Authorization(授权)、Accounting(计费)。网络中各类资源的使用需要完成认证、授权和计费管理。

1. 认证

认证是指用户在使用网络系统中的资源时对用户身份的确认。在这一过程中系统通过与用户的交互获得身份信息(例如用户名-口令组合、生物特征获得等)，然后提交给认证服务器。认证服务器对用户的身份信息与存储在数据库里的用户信息进行核对处理，然后根据处理结果确认用户身份是否正确。例如，网络接入服务器(NAS)能够识别接入的宽带用户。

2. 授权

授权是指网络系统授权用户以特定的方式使用其资源。这一过程指定了被认证的用户在接入网络后能够使用的业务和拥有的权限，如授予的 IP 地址等。

3. 计费

计费是指网络系统收集、记录用户对网络资源的使用，以便向用户收取资源使用费用，或者用于审计等目的。以互联网接入业务供应商 ISP 为例，用户的网络接入使用情况可以按流量或者时间被准确记录下来。

认证、授权和计费一起实现了网络系统对特定用户的网络资源使用情况的准确记录。这样，既在一定程度上有效地保障了合法用户的权益，又能有效地保障网络系统安全可靠地运行。

(二) 通 用 框 架

通常意义上的 AAA 服务器都具有用户认证、授权以及收集用户使用情况相关数据的功能。对一个服务提供商来说，AAA 服务器应该有一个基于特定模式的应用界面(接口)，通过这个界面(接口)的服务必须通过授权。在实际使用中，AAA 服务器都带有一个用户数据库(可以是某系统的用户数据库或独立的数据库系统)，在这个数据库中含有用户的初始化信息，它可以反映合法的属性值以及每个用户所享有的权限，并通过和客户端软件的数据交流来实施相关的操作。

认证通过终端用户的标识属性来判定它是否有进入网络的权限。终端用户一般需要提供一个用户名(该用户名在这个认证系统中应该是唯一的)和该用户名所对应的口令。AAA 服务器将用户提交的信息和储存在数据库中和用户相关联的信息进行比较，如果匹配成功，则该次登录生效，否则拒绝用户请求。

当用户通过认证后，授权就决定了该用户访问网络的权限范围及其享有的服务。在 AAA 管理模式下，认证和授权通常可以一起执行。

计费提供了收集用户使用网络资源情况信息的方法。通过对该类数据的收集，可以提供网络审查以及结构调整的一些依据。

图 2-59 所示为 AAA 解决方案的各个组成部分。多个服务器可以共同被用来作为一个存储中心用于存储和分发信息。NAS(网络接入服务器)有时可能是一台路由器或一台终端服务器或一台计算机。它主要作为一个网络的入口，在 AAA 服务器模式下承担客户端的功能。

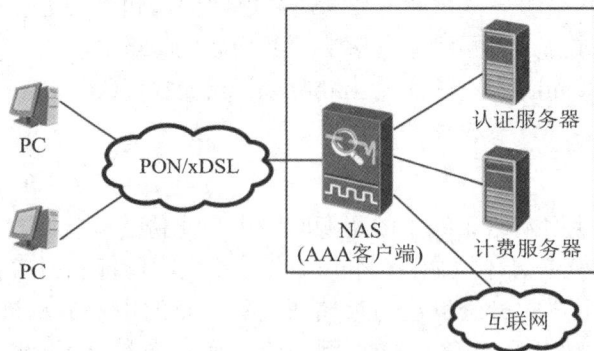

图 2-59　AAA 解决方案的各个组成

AAA 认证的工作过程分为如下步骤：

(1) 终端用户给 AAA 客户端(即 NAS)设备发出网络连接的请求。

(2) AAA 客户端提示用户输入用户名和口令并收集和转发该信息给 AAA 服务器。

(3) AAA 服务器执行程序(与数据库信息匹配)后将结果返回给 AAA 客户端，该结果可能是接受、拒绝或其他相关信息。

(4) AAA 客户端将通知结果发送给终端用户。

(5) 如果认证通过，用户就可以获得上网权限。

(三) AAA 的实现技术

目前有多种 AAA 实现技术，每种技术都有其优缺点和不同的使用场景。比较流行的 AAA 技术有 Diameter、Kerberos、TACACS+和 RADIUS。

Diameter 系列协议是新一代的 AAA 技术，由于其强大的可扩展性和安全性，正在得到越来越多的关注。Diameter 协议采用 AVP(属性值对，采用 attribute-length-value 三元组形式)来实现，其中详细规定了错误处理和 failover(故障处理)机制，协议基于 TCP 协议支持分布式计费。

Kerberos 是一种网络认证协议，其设计目标是通过密钥系统为客户/服务器应用程序提供强大的认证服务。该认证过程的实现不依赖于主机操作系统的认证，无须基于主机地址的信任，不要求网络上所有主机的物理安全，并假定网络上传送的数据包可以被任意地读取、修改和插入数据。在以上情况下，Kerberos 作为一种可信任的第三方认证服务，是通过传统的密码技术(如共享密钥)执行认证服务的。

TACACS+ 和 RADIUS 都支持 AAA 技术，TACACS+协议是 Cisco 的专有协议。TACACS+协议除了提供 RADIUS 认证协议具有的集中认证功能外，还能完成集中授权功能。用户在网络设备上每执行一条命令，网络设备都将向指定的 TACACS+服务器发送命令授权请求，只有接收授权成功的响应报文将执行用户输入的命令。TACACS+服务器也可以在用户成功登录网络设备后，将该用户可执行的命令集下发给网络设备，由网络设备自己来判断用户输入的命令是否在可执行的命令集中。

四、RADIUS 协议

RADIUS 是英文 Remote Authentication Dial In User Service 的缩写，它是网络接入服务器(NAS)、客户以及包含用户认证与配置信息的服务器之间交换信息的协议。

(一) RADIUS 的运行模式

RADIUS 基于客户端/服务器模式，它的客户端最初是 NAS，现在任何运行 RADIUS 客户端软件的计算机都可以成为 RADIUS 的客户端。RADIUS 的基本工作原理是：RADIUS 客户端将认证等信息按照协议的格式通过 UDP 数据包送到 RADIUS 服务器，同时对服务器返回的信息进行解释处理，并将处理结果通知给用户，如图 2-60 所示。

用户　　　　NAS　　　　RADIUS服务器
(RADIUS客户端)

图 2-60　基于 RADIUS 协议的系统

(1) RADIUS 客户端通常运行于 NAS 上，RADIUS 服务器通常运行于一台工作站上，一个 RADIUS 服务器可以同时支持多个 RADIUS 客户端。

(2) RADIUS 服务器上存储着大量的信息，NAS 无须保存这些信息，可通过 RADIUS 协议对这些信息进行访问。这些信息集中统一保存，使得管理更加方便，更加安全。

RADIUS 服务器可以作为一个代理，以客户的身份同其他 RADIUS 服务器或者其他类型的验证服务器进行通信。用户的漫游通常就是通过 RADIUS 代理实现的。

RADIUS 协议认证机制灵活，可以采用 PAP、CHAP 或者 LINUX/UNIX 登录等多种认证方式。RADIUS 的全部工作都基于 attribute-length-value 三元组进行。RADIUS 协议基于 UDP 协议。

（二）RADIUS 的工作流程

图 2-61 为 RADIUS 的认证计费处理流程图。

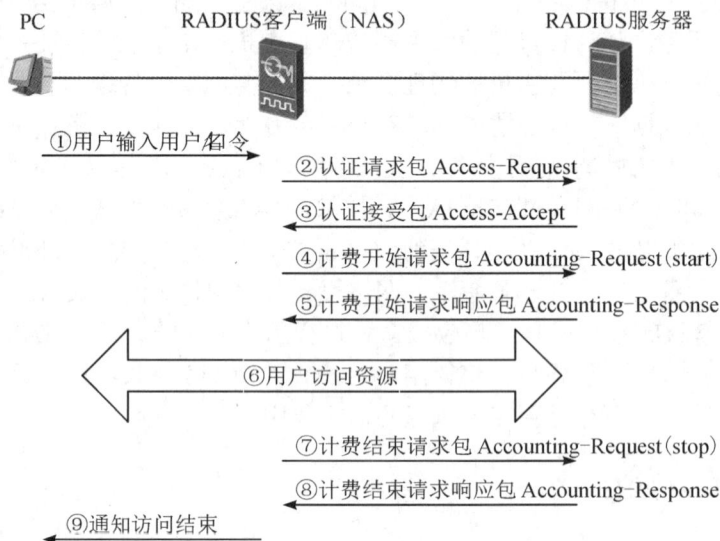

图 2-61　RADIUS 认证计费处理流程图

(1) 当网络用户登录网络时，NAS(RADIUS 客户端)会有一个客户定义的登录提示符要求用户直接输入用户信息(用户名和口令)，或者由远程登录用户输入用户信息，发起接入请求。

(2) 采用 RADIUS 验证的 NAS 在得到用户信息后，将根据 RADIUS 规定的标准格式，向 RADIUS 服务器发出 Access-Request 认证请求包，请求包中包括以下的 RADIUS 属性值：用户名、用户口令、接入服务器的 ID、访问端口的 ID。其中，用户口令采用 MD5 加密处理。

(3) NAS 在发出 Access-Request 包之后，会引发计时器和计数器。当超过重发时间间隔时，计时器会激发 NAS 重发 Access-Request 包。当超过重发次数时，计数器会激发 NAS 向网络中的其他备份 RADIUS 服务器发出 Access-Request 包。

(4) RADIUS 服务器收到 Access-Request 包后，首先验证 NAS 的密码与 RADIUS 服务器中预先设定的密码是否一致，以确认该包是所属的 RADIUS 客户端(NAS)送来的 Access-

Request 包。在查验了包的正确性之后，RADIUS 服务器会依据包中的用户名在用户数据库中查询是否有此用户的记录。若有此用户的数据库记录，RADIUS 服务器则会根据数据库中用户记录的相应验证属性对用户的登录请求做进一步的验证，其中包括用户口令、用户登录访问服务器的 IP、用户登录的物理端口号等。

(5) 若以上提到的各类验证条件不满足，RADIUS 服务器会向 NAS 发出 Access-Reject 访问拒绝包。NAS 在收到拒绝包后，会立即停止用户连接端口的服务请求，用户被强制退出。

(6) 当所有的验证条件和握手会话均通过后，RADIUS 服务器会将数据库中的用户配置信息放在 Access-Accept 包中送回给 NAS，NAS 会根据包中的配置信息限定用户的具体网络访问能力，还包括与服务类型相关的配置信息，如 IP 地址、电话号码、时间限制等。

(7) 如果用户可以访问网络，RADIUS 客户端要向 RADIUS 服务器发送一个计费开始请求包，表明对该用户已经开始计费，RADIUS 服务器在收到并成功记录该请求包后要给予响应。

(8) 当用户断开连接时(连接也可以由 NAS 断开)，RADIUS 客户端向 RADIUS 服务器发送一个计费结束请求包，其中包含用户上网所使用网络资源的统计信息(如上网时长、进出的字节包数等)，RADIUS 服务器收到并成功记录该请求包后要给予响应。

(三) 网络安全与协议扩展性

1. 网络安全

RADIUS 协议使用 MD5 加密算法在 RADIUS 客户端(NAS)和服务器端各保存了一个密钥(key)，RADIUS 协议利用这个密钥使用 MD5 算法对 RADIUS 中的数据进行加密处理。密钥不会在网络上传送，RADIUS 的加密主要体现在如下两方面：

1) 包加密

在 RADIUS 包中，有 16 个字节的验证字(authenticator)用于对包进行签名，收到 RADIUS 包的一方要查看该签名的正确性。如果包的签名不正确，那么该包将被丢弃。对包进行签名时使用的也是 MD5 算法(利用密钥)，没有密钥的人无法构造出该签名。

2) 口令加密

在认证用户时，用户的口令不会在网上明文传送，而是使用了 MD5 算法对口令进行加密。没有密钥的人无法正确加密口令，也无法正确地对加密过的口令进行解密。

2. 协议可扩展性

RADIUS 协议具有很好的扩展性。RADIUS 包是由包头和一定数目的属性(attrib ute)构成的。新属性的增加不会影响现有协议的实现。通常，NAS 厂家在生产 NAS 时，还同时开发与之配套的 RADIUS 服务器。

五、DHCP+Web 接入方式

DHCP(Dynamic Host Configuration)的主要作用是集中管理、分配 IP 地址，使网络环境中的主机动态地获得 IP 地址、网关地址、DNS 服务器地址等信息，并能够提升地址的使用率。

(一) DHCP 的功能

DHCP 采用客户端/服务器模式,主机地址的动态分配任务由主机驱动。当 DHCP 服务器接收到来自主机申请地址的信息时,才会向主机发送相关的地址配置等信息,以实现主机地址信息的动态配置。DHCP 具有以下功能:

(1) 保证任何 IP 地址在同一时刻只能由一台 DHCP 客户机使用。

(2) DHCP 可以给用户分配固定的 IP 地址。

(3) DHCP 可以和用其他方法获得 IP 地址的主机(如手工配置 IP 地址的主机)共存。

(4) DHCP 服务器应向现有的 BOOTP 客户端提供服务。

(二) DHCP 的 IP 地址分配机制

DHCP 有以下三种 IP 地址分配机制。

(1) 自动分配(Automatic Allocation)方式,DHCP 服务器为主机指定一个永久性的 IP 地址,一旦 DHCP 客户端第一次成功地从 DHCP 服务器端租用到 IP 地址后,就可以永久性地使用该地址。

(2) 动态分配(Dynamic Allocation)方式,DHCP 服务器给主机指定一个具有时间限制的 IP 地址,当时间到期或主机明确表示放弃该地址时,该地址可以被其他主机使用。

(3) 手工分配(Manual Allocation)方式,客户端的 IP 地址是由网络管理员指定的,DHCP 服务器只是将指定的 IP 地址告诉客户端主机。

在这三种地址分配方式中,只有动态分配方式可以重复利用 IP 地址。

(三) DHCP 的交互过程

DHCP 采用 UDP 作为传输协议,主机发送请求消息到 DHCP 服务器的 67 号端口,DHCP 服务器应答消息给主机的 68 号端口。DHCP 详细的交互过程如图 2-62 所示。

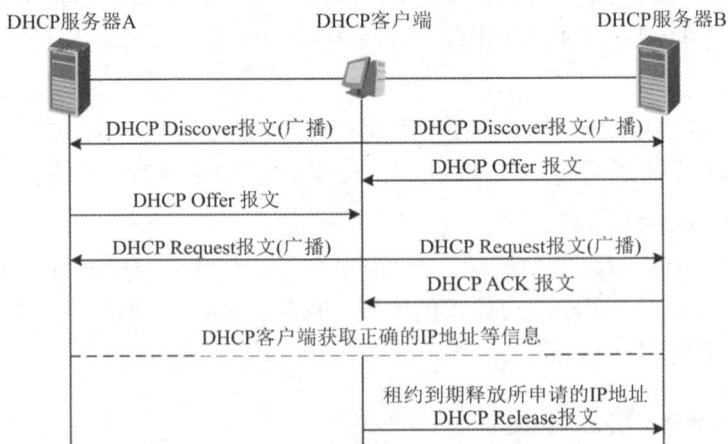

图 2-62 DHCP 交互过程

(1) DHCP 客户端以广播的方式发出 DHCP Discover 报文。

(2) 所有的 DHCP 服务器都能够接收到 DHCP 客户端发送的 DHCP Discover 报文,所有的 DHCP 服务器都会给出响应,并向 DHCP 客户端发送一个 DHCP Offer 报文。DHCP

Offer 报文中的"Your (Client) IP Address"字段就是 DHCP 服务器能够提供给 DHCP 客户端使用的 IP 地址,且 DHCP 服务器会将自己的 IP 地址放在"option"字段中以便 DHCP 客户端区分出不同的 DHCP 服务器。DHCP 服务器在发出此报文后会保存一个已分配 IP 地址的记录。

(3) DHCP 客户端只能处理其中一个 DHCP Offer 报文,一般的原则是 DHCP 客户端处理最先收到的 DHCP Offer 报文。DHCP 客户端会发出一个广播 DHCP Request 报文,在选项字段中会加入选中的 DHCP 服务器的 IP 地址和需要的 IP 地址。

(4) DHCP 服务器在收到 DHCP Request 报文后,会判断选项字段中的 IP 地址是否与自己的地址相同。如果不相同, DHCP 服务器不做任何处理,只清除相应的 IP 地址分配记录;如果相同,DHCP 服务器就会向 DHCP 客户端响应一个 DHCP ACK 报文,并在选项字段中增加 IP 地址的使用租期信息。

(5) DHCP 客户端在接收到 DHCP ACK 报文后,会检查 DHCP 服务器分配的 IP 地址是否能够使用。如果可以使用,则 DHCP 客户端成功获得 IP 地址,并根据 IP 地址使用租期自动启动续延过程;如果 DHCP 客户端发现分配的 IP 地址已经被使用,则 DHCP 客户端向 DHCP 服务器发出 DHCP Decline 报文,通知 DHCP 服务器禁用这个 IP 地址,然后 DHCP 客户端开始新的地址申请过程。

(6) DHCP 客户端在成功获取 IP 地址后,随时可以通过发送 DHCP Release 报文释放自己的 IP 地址,DHCP 服务器在收到 DHCP Release 报文后,会回收相应的 IP 地址并重新分配。

(7) 在使用租期超过 50%时刻处,DHCP 客户端会以单播的形式向 DHCP 服务器发送 DHCP Request 报文来续租 IP 地址。如果 DHCP 客户端成功收到 DHCP 服务器发送的 DHCP ACK 报文,则按相应时间延长 IP 地址租期;如果没有收到 DHCP 服务器发送的 DHCP ACK 报文,则 DHCP 客户端继续使用这个 IP 地址。

(8) 在使用租期超过 87.5%时刻处,DHCP 客户端会以广播形式向 DHCP 服务器发送 DHCP Request 报文来续租 IP 地址。如果 DHCP 客户端成功收到 DHCP 服务器发送的 DHCP ACK 报文,则按相应时间延长 IP 地址租期;如果没有收到 DHCP 服务器发送的 DHCP ACK 报文,则 DHCP 客户端继续使用这个 IP 地址,直到 IP 地址使用租期到期时,DHCP 客户端才会向 DHCP 服务器发送 DHCP Release 报文来释放这个 IP 地址,并开始新的 IP 地址申请过程。

(四) DHCP+Web 的认证过程

Web 认证需要与 DHCP 服务器和 Portal 服务器配合使用, DHCP+Web 的认证过程如图 2-63 所示。

(1) 用户计算机在上网前必须通过 DHCP 方式获得 IP 地址。有时,BRAS 服务器可兼有 DHCP 服务器的功能, 负责给用户计算机分配 IP 地址。

(2) 用户获得 IP 后,在进行认证前只能通过 BRAS 服务器访问 Portal 服务器并打开指定的 Web 界面。

(3) 用户在相关的认证页面上按照要求选择业务,并输用户名和口令。

(4) BRAS 服务器收到 Portal 服务器返回的用户信息后,将用户信息转发至 RADIUS 认证服务器进行认证。

(5) 待认证通过后，BRAS 服务器完成相关的用户权限设定，用户可以使用外部网络或特定的网络服务。

(6) 用户在断开网络前连接到 Portal 服务器上，单击"断开网络"按钮，系统停止计费，删除用户的 ACL 和转发信息，限制用户不能访问外部网络。

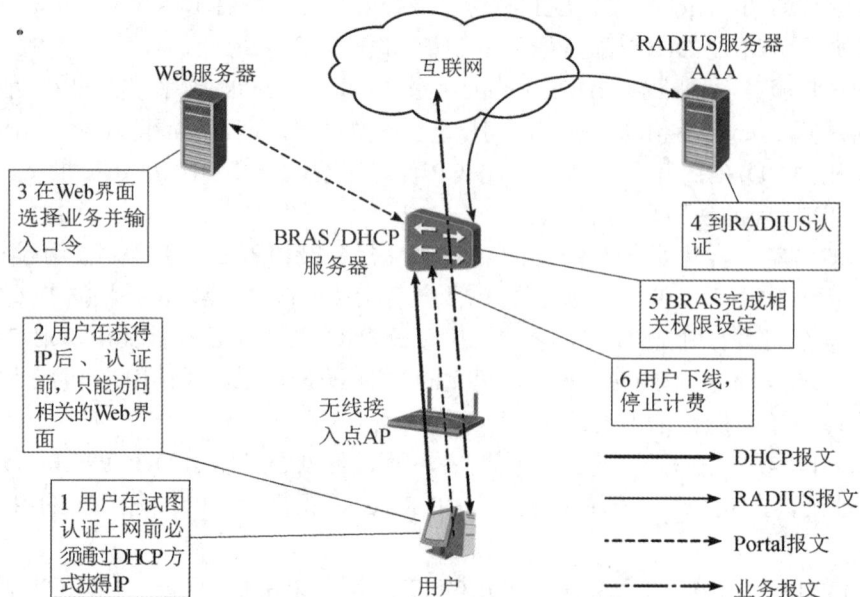

图 2-63   DHCP+Web 认证过程

六、以太网接入的用户广播隔离

用户在使用网络业务时，一般都不希望自己的网络通信信息被其他用户所获得，所以，必须充分考虑用户之间的广播隔离问题。

解决用户之间的广播隔离问题的方法主要有基于 VLAN 实现用户广播隔离、MAC 地址过滤和广播流向指定等。

以太网接入广播隔离

(一) 基于 VLAN 实现用户广播隔离

通过划分 VLAN，可以将交换式以太网络划分为不同的广播域，从而实现安全和隔离的目的，有效防止网络的广播风暴。采用 VLAN 技术实现用户广播隔离是目前用得比较多的一种方法，但是采用 VLAN 实现用户隔离，需要划分的 VLAN 数目较多，由此存在如下一些问题：

(1) 以太网交换机对 VLAN 的支持存在着数目的限制。

(2) VLAN 划分过多会增大本网出口的路由设置难度。

(3) VLAN 划分过多会对以太网的交换效率以及其他一些应用造成不利的影响。

(4) VLAN 划分过多会大量浪费地址。在极端情况下，将交换机的每一个端口划分为一个 VALN。

所以,在接入用户数目较多的情况下,对于各个用户的隔离处理除了采用 VLAN 技术,一般还结合采用其他的方法,比如 PVLAN 技术方案。

1. PVLAN

PVLAN(Private VLAN)技术是在 802.1Q VLAN 的基础上对一个 VLAN 进行第二层 VLAN 的划分(即在第一层 VLAN 的基础上进行 PVLAN 的划分和隔离),从而实现用户隔离方案。具体而言,就是在以太网交换机上配置能够与其他端口在网络第二层进行隔离的一组端口。

在以太网接入中实现用户隔离时,采用划分 VLAN 以及 PVLAN 相结合的方法,不仅可以减少第一层 VLAN 的数目,而且配置灵活,容易满足各种用户的隔离要求。不过,PVLAN 不是标准的 IEEE 802.1Q VLAN 技术,它与其他厂家的设备存在兼容问题。

2. VLAN 堆栈

VLAN 堆栈是一种可以针对用户不同的 VLAN 封装外层 VLAN 标签的二层技术,由 802.1ad 定义。这种技术的原理是在一个 VLAN 里再增加一层标签,使之成为双标签 VLAN,外层的是 SVLAN(Service provider VLAN),内层的就是 CVLAN(Customer VLAN)。

在运营商的接入环境中,往往需要根据用户的应用、接入地点或设备来区分用户需求。VLAN 堆栈可以根据用户报文的标签(tag)或 IP/MAC 等给用户报文打上相应的外层 tag,以达到区分不同用户的目的。

VLAN 堆栈端口有以下特点:

(1) 具备 VLAN 堆栈功能的端口可以配置多个外层 VLAN,该端口可以给不同 VLAN 的帧加上不同的外层标签(tag)。

(2) 具备 VLAN 堆栈功能的端口可以在接收帧时给帧加上外层标签(tag),在发送帧时剥掉帧最外层的 Tag。

(二) MAC 地址过滤

所谓 MAC 地址过滤,是指通过在以太网交换机上设置过滤策略来实现用户的二层广播隔离,过滤策略一般是单独针对交换机的某个端口设定,而不是对整个交换机设定。

MAC 地址过滤包括源 MAC 地址过滤和目的 MAC 地址过滤。源 MAC 地址过滤是通过二层交换机端口进行 MAC 地址的过滤,使得该交换机端口只能接收来自特定源地址的数据包,禁止接收其他非指定源 MAC 地址的广播包。这种方法使得各个接入用户之间不能接收到广播包从而实现用户隔离。基于目的 MAC 地址的过滤是在以太网交换机内指定上联出口 MAC 地址,用户只能向上联端口发送数据包,而不允许向其他目的 MAC 地址发数据包,这就限制了用户间的信息广播,实现了用户的隔离。

(三) 广播流向指定

广播流向指定实现用户广播隔离的原理是在交换机上指定某些端口的广播流向,如指定用户端口的所有广播包只能发给上联端口,而不能在用户端口之间互相转发,上联端口下来的广播包则可转发给所有端口,两个用户的端口间无法知道对方的 MAC 地址,广播包又不能发送,从而实现了相互隔离。

以上介绍了解决用户之间广播隔离问题的 3 种方法，MAC 地址过滤和广播流向指定分别可以和 VLAN 技术结合使用，均能达到比较好的效果。

七、实训：IP 接入业务开通

【实训目的】
利用 IUV-TPS 仿真实训平台实现 IP 接入业务开通。

【实训要求】
西城区 A 街区需要开通 IP 专线业务。

【实训内容】
(1) 在 A 街区、西城区接入机房、西城区汇聚机房、中心机房和 Server 机房完成设备连线。
(2) 完成用户终端和相关设备的数据配置。
(3) 完成 IP 专线的业务验证。

IP 接入业务(IUV 实训)

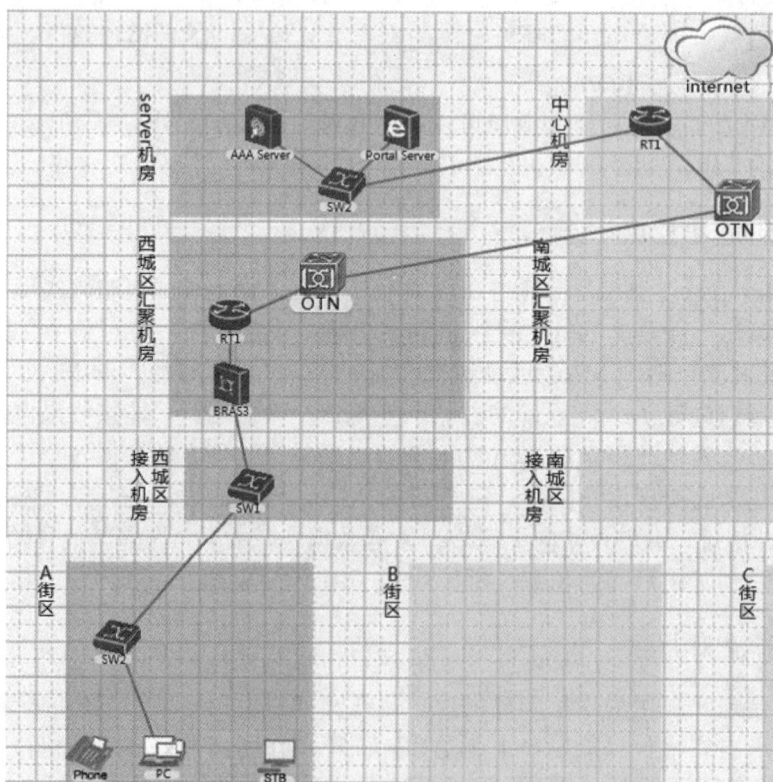

(一) IP 地址规划

根据图 2-64 所示，规划西城区 IP 专线网络，其中中心机房—西城区汇聚机房需要连接 OTN 设备，所有的 RT 和 SW 承载设备配置 loopback 地址和全网唯一的 IP，根据 IP 规划，制定西城区专线网络 IP 地址规划表，如表 2-5 所示。

图 2-64　西城专线网络拓扑图

表 2-5 西城区专线网络 IP 地址规划表

机房	设备名称	板块端口	VLAN 类型	VLAN 号	IP 地址	对端信息
Server 机房	AAA	1/1			192.168.1.1/30	SW2
	Portal	1/1			192.168.1.5/30	SW2
	SW2	1/1	access	101	192.168.1.2/30	AAA
		1/2	access	102	192.168.1.6/30	Portal
		1/3	access	103	192.168.1.9/30	中心机房 RT1
中心机房	中型 RT1	6/1			192.168.1.10/30	Server 机房 SW2
		1/1			192.168.1.13/30	西城汇聚机房 RT1
西城区汇聚机房	中型 RT1	1/1			192.168.1.14/30	中心机房 RT1
		2/1			192.168.1.17/30	BRAS
	大型 BRAS3	1/1			192.168.1.18/30	西城汇聚机房 RT1
		宽带业务虚接口			172.1.1.1/24	PC 专线业务
西城区接入机房	大型 SW1	1/1	trunk	172	无	BRAS
		2/1	trunk	172	无	A 街区 SW2
A 街区	小型 SW2	1/1	access	172	无	西街区 SW1
		1/13	access	172	无	PC
	PC	1/1			172.1.1.2/24	SW2

(二) Sever 机房配置

1. AAA 设备

(1) 连接 AAA 与 SW, 如图 2-65 所示。

图 2-65 AAA 设备连线

(2) 配置 AAA 接口地址, 如图 2-66 所示。

接口 ID	接口状态	光/电	IP地址	子网掩码
10GE-1/1	up	光	192 . 168 . 1 . 1	255 . 255 . 255 . 252

图 2-66 AAA 接口地址

(3) 配置 AAA 静态路由地址，如图 2-67 所示。

目的地址	子网掩码	下一跳地址	优先级	
0 . 0 . 0 . 0	0 . 0 . 0 . 0	192 . 168 . 1 . 2	1	

图 2-67　AAA 静态路由地址

(4) 配置 AAA 系统数据，如图 2-68 所示。

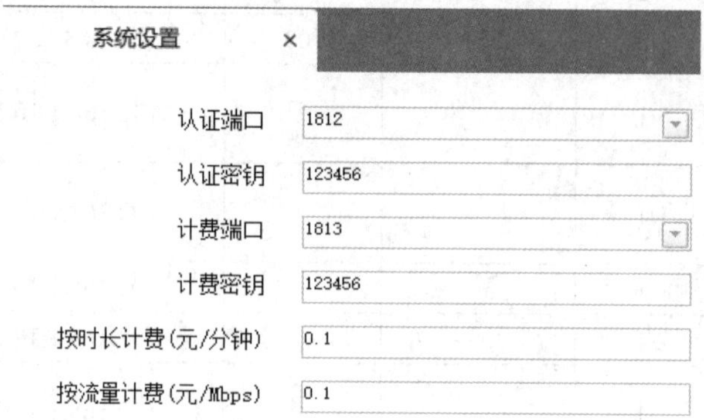

系统设置	×

认证端口	1812
认证密钥	123456
计费端口	1813
计费密钥	123456
按时长计费(元/分钟)	0.1
按流量计费(元/Mbps)	0.1

图 2-68　AAA 系统配置数据

(5) 配置 AAA 账号，如图 2-69 所示。

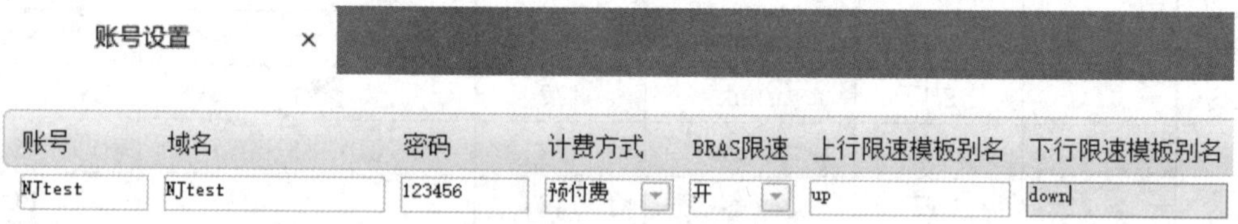

账号设置	×

账号	域名	密码	计费方式	BRAS限速	上行限速模板别名	下行限速模板别名
NJtest	NJtest	123456	预付费	开	up	down

图 2-69　AAA 账号设置

(6) AAA-开启 DNS 服务器如图 2-70 所示。

DNS配置	×

DNS服务器	开启

图 2-70　开启 DNS 服务器

(7) AAA-系统设置如图 2-71 所示。

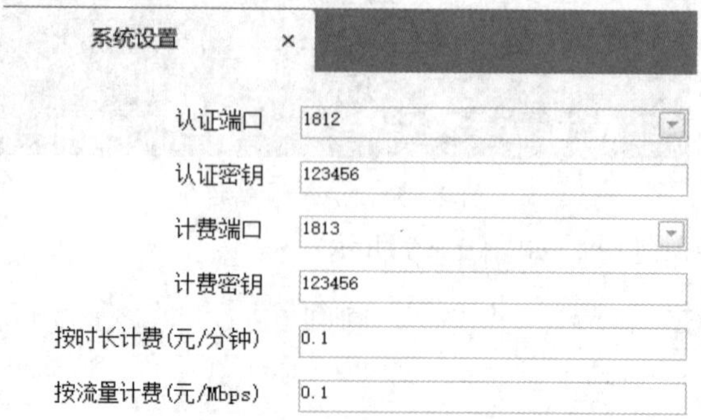

系统设置	×

认证端口	1812
认证密钥	123456
计费端口	1813
计费密钥	123456
按时长计费(元/分钟)	0.1
按流量计费(元/Mbps)	0.1

图 2-71　系统设置

2. Portal 设备

(1) Portal 与 SW2 设备连线如图 2-72 所示。

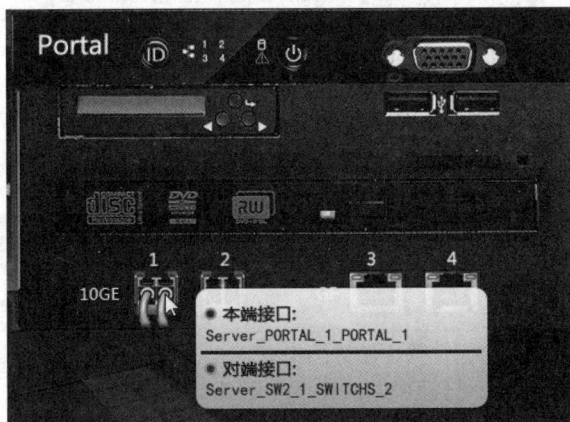

图 2-72　Portal 连线

(2) Portal 接口 IP 如图 2-73 所示。

接口ID	接口状态	光/电	IP地址	子网掩码
10GE-1/1	up	光	192 . 168 . 1 . 5	255 . 255 . 255 . 252

图 2-73　Portal 接口 IP

(3) Portal 静态路由配置如图 2-74 所示。

静态路由配置　　×

目的地址	子网掩码	下一跳地址	优先级
0 . 0 . 0 . 0	0 . 0 . 0 . 0	192 . 168 . 1 . 6	1

图 2-74　Portal 静态路由

(4) Portal-BRAS 配置如图 2-75 所示。

添加BRAS　　×

BRAS ID	BRAS IP地址	Portal服务器端口	BRAS侦听端口
1	4 . 4 . 4 . 4	50100	2000

图 2-75　Portal-BRAS 配置

(5) Portal 开启 DNS 服务器如图 2-76 所示。

DNS配置　　×

DNS服务器　开启

图 2-76　开启 DNS 服务器

3. SW 设备

(1) SW2 设备连线如图 2-77 所示。

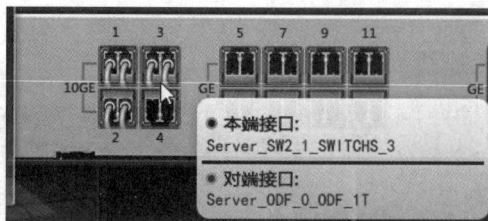

图 2-77　SW2 设备连线

(2) SW2 物理接口配置如图 2-78 所示。

物理接口配置　　×

接口ID	接口状态	光/电	VLAN模式	关联VLAN	接口描述
10GE-1/1	up	光	access	101	至AAA服务器
10GE-1/2	up	光	access	102	至portal服务器
10GE-1/3	up	光	access	103	至中心机房RT1

图 2-78　SW2 物理接口配置

(3) SW2-loopback 配置如图 2-79 所示。

配置loopback接口　　×

接口ID	接口状态	IP地址	子网掩码
loopback1	up	1 . 1 . 1 . 1	255 . 255 . 255 . 255

图 2-79　SW2-loopback 配置

(4) SW2-VLAN 配置如图 2-80 所示。

配置VLAN三层接口　　×

接口ID	接口状态	IP地址	子网掩码	接口描述
VLAN101	up	192 . 168 . 1 . 2	255 . 255 . 255 . 252	to AAA
VLAN102	up	192 . 168 . 1 . 6	255 . 255 . 255 . 252	to portal
VLAN103	up	192 . 168 . 1 . 9	255 . 255 . 255 . 252	to 中心机房

图 2-80　SW2-VLAN 配置

(5) SW2-OSPF 配置如图 2-81 所示。

OSPF全局配置　　×

全局OSPF状态	启用
进程号	1
router-id	1 . 1 . 1 . 1
重分发	静态 ☐
通告缺省路由	☐

图 2-81　SW2-OSPF 配置

(6) SW2-OSPF 接口配置，如图 2-82 所示。

OSPF接口配置 ✕

接口ID	接口状态	ip地址	子网掩码	OSPF状态	OSPF区域	cost
VLAN 101	up	192.168.1.2	255.255.255.252	启用 ▼	0	1
VLAN 102	up	192.168.1.6	255.255.255.252	启用 ▼	0	1
VLAN 103	up	192.168.1.9	255.255.255.252	启用 ▼	0	1
loopback 1	up	1.1.1.1	255.255.255.255	启用 ▼	0	1

图 2-82 SW2-OSPF 接口配置

(三) 中心机房配置

西城区中心机房设备拓扑图如图 2-83 所示。

1. RT 配置

(1) RT1 上联连线(中心机房 RT1-Server 机房 SW2)如图 2-84 所示。

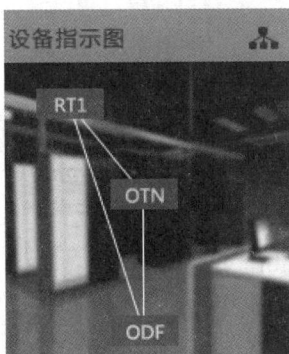

图 2-83 西城区中心机房设备拓扑图

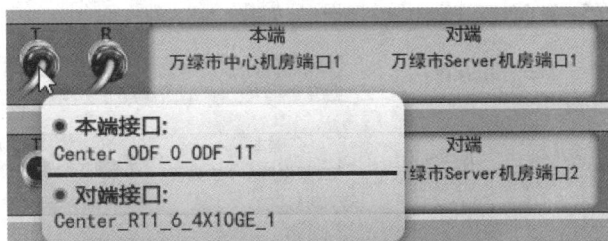

图 2-84 RT1 上联连线

(2) RT1 物理接口配置如图 2-85 所示。

物理接口配置 ✕

接口ID	接口状态	光/电	IP地址	子网掩码	接口描述
40GE-1/1	up	光	192.168.1.13	255.255.255.252	至西城汇聚机房 RT1
40GE-2/1	down	光			
40GE-3/1	down	光			
40GE-4/1	down	光			
40GE-5/1	down	光			
10GE-6/1	up	光	192.168.1.10	255.255.255.252	至server sw2

图 2-85 RT1 物理接口配置

(3) RT1-loopback 配置如图 2-86 所示。

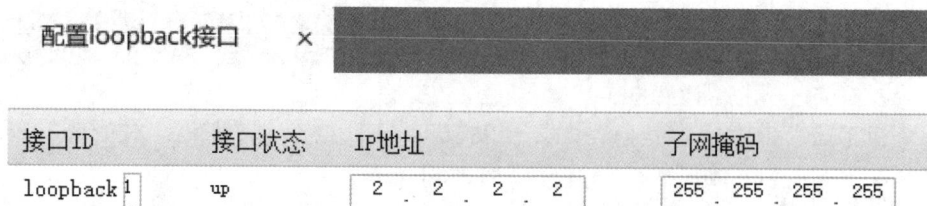

配置loopback接口　×

接口ID	接口状态	IP地址	子网掩码
loopback 1	up	2 . 2 . 2 . 2	255 . 255 . 255 . 255

图 2-86　RT1-loopback 配置

(4) RT1-OSPF 配置如图 2-87 所示。

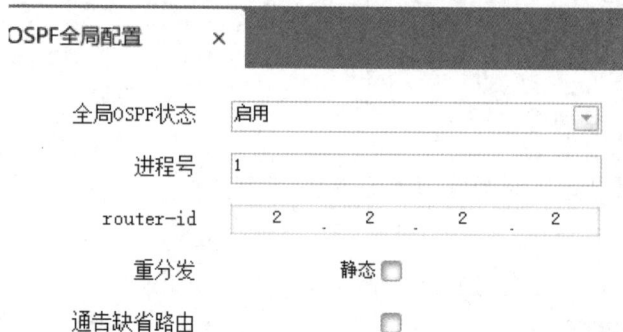

OSPF全局配置　×

全局OSPF状态	启用
进程号	1
router-id	2 . 2 . 2 . 2
重分发	静态☐
通告缺省路由	☐

图 2-87　RT1-OSPF 配置

(5) RT1-OSPF 状态打开，如图 2-88 所示。

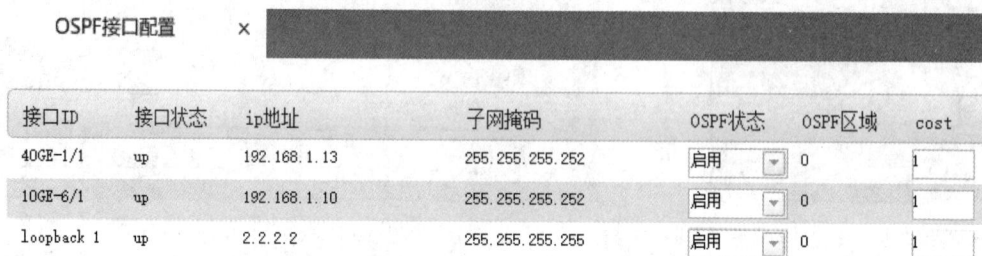

OSPF接口配置　×

接口ID	接口状态	ip地址	子网掩码	OSPF状态	OSPF区域	cost
40GE-1/1	up	192.168.1.13	255.255.255.252	启用	0	1
10GE-6/1	up	192.168.1.10	255.255.255.252	启用	0	1
loopback 1	up	2.2.2.2	255.255.255.255	启用	0	1

图 2-88　OSPF 状态打开

②OTN 配置如图 2-89 所示。

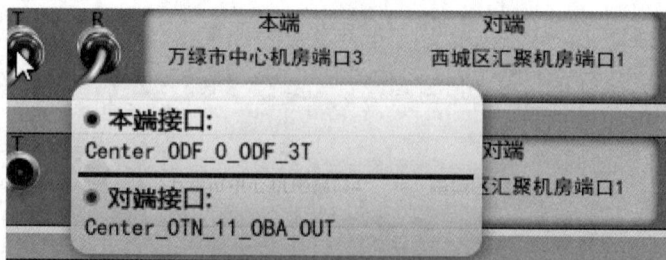

图 2-89　OTN 连线

RT1：6/1—OTN：15/C1T/C1R。

(1) OTN：15/L1T—12/CH1。

OTN：12/OUT—11/IN。

OTN：11/OUT—ODF3T。

(2) OTN：15/L1R—22/CH1。

OTN：12/IN—11/OUT；

OTN：21/IN—ODF3R。

(3) 频率配置

中心机房 OTN 频率配置如图 2-90 所示。

频率配置 ×			
单板	**槽位**	**接口**	**频率**
OTU40G	15	L1T	CH1—192.1THz

图 2-90 中心机房 OTN 频率配置

(四) 西城区汇聚机房配置

设备指示图如图 2-91 所示。西城区上联设备连线(西城区汇聚机房-中心机房)，如图 2-92 所示。

西城区下联设备连线(西城区汇聚机房-西城区接入机房)，如图 2-93 所示。

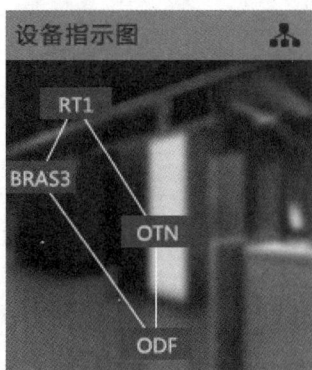

图 2-91 西城区汇聚机房设备拓扑图

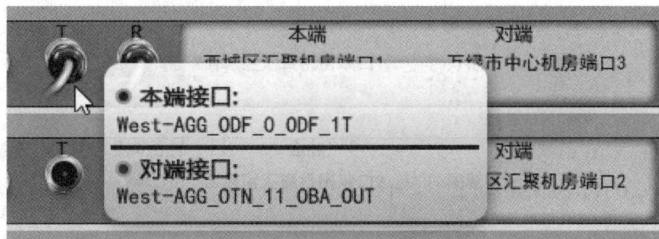

图 2-92 西城区上联设备连线

图 2-93 西城区下联设备连线

1. RT 配置

(1) RT1 设备连线(RT1-OTN，RT1-BRAS3)如图 2-94 所示。

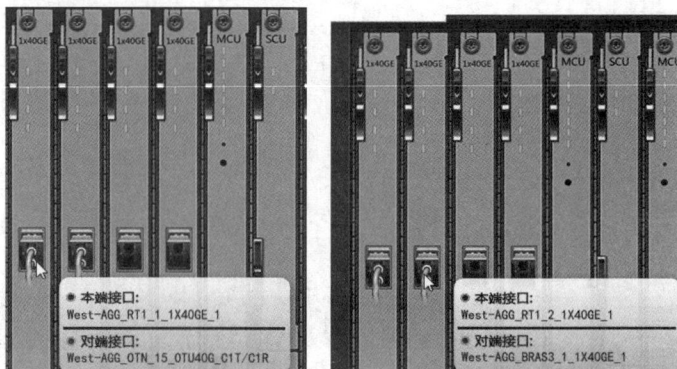

图 2-94 RT1 设备连线

(2) RT1 物理接口配置如图 2-95 所示。

物理接口配置 ×

接口ID	接口状态	光/电	IP地址	子网掩码	接口描述
40GE-1/1	up	光	192 . 168 . 1 . 14	255 . 255 . 255 . 252	to 西城中心机房
40GE-2/1	up	光	192 . 168 . 1 . 17	255 . 255 . 255 . 252	to 西城BRAS

图 2-95 RT1 物理接口配置

(3) RT1-loopback 接口配置如图 2-96 所示。

配置loopback接口 ×

接口ID	接口状态	IP地址	子网掩码
loopback 1	up	3 . 3 . 3 . 3	255 . 255 . 255 . 255

图 2-96 RT1-loopback 接口配置

(4) RT1-OSPF 配置如图 2-97 所示。

OSPF全局配置 ×

全局OSPF状态	启用
进程号	1
router-id	3 . 3 . 3 . 3
重分发	静态 ☐
通告缺省路由	☐

图 2-97 RT1-OSPF 配置

(5) RT1-OSPF 状态打开，如图 2-98 所示。

OSPF接口配置　　✕

接口ID	接口状态	ip地址	子网掩码	OSPF状态	OSPF区域	cost
40GE-1/1	up	192.168.1.14	255.255.255.252	启用 ▼	0	1
40GE-2/1	up	192.168.1.17	255.255.255.252	启用 ▼	0	1
loopback 1	up	3.3.3.3	255.255.255.255	启用 ▼	0	1

图 2-98　RT1-OSPF 状态打开

2. OTN 设备连线

如图 2-99 所示，RT1：1/1—OTN：15/C1T/C1R。

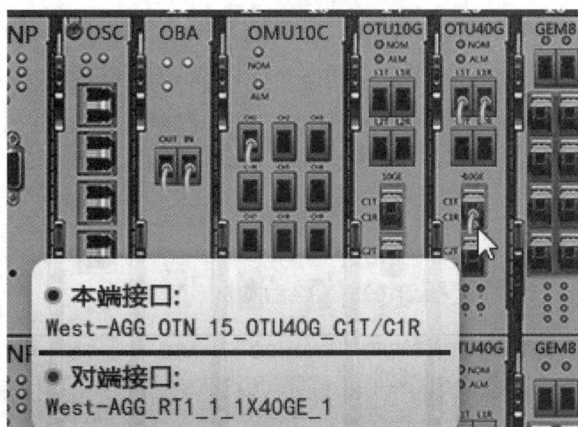

图 2-99　西城区汇聚机房 OTN 设备连线

(1) OTN：15/L1T—12/CH1。

OTN：12/OUT—11/IN。

OTN：11/OUT—ODF1T。

(2) OTN：15/L1R—22/CH1。

OTN：12/IN—11/OUT。

OTN：21/IN—ODF1R。

3. BRAS 配置

(1) BRAS3 物理接口配置如图 2-100 所示。

物理接口配置　　✕

接口ID	接口状态	光/电	IP地址	子网掩码	接口描述
40GE-1/1	up	光	192.168.1.18	255.255.255.252	至中心机房RT1

图 2-100　BRAS3 物理接口配置

(2) BRAS3-loopback 配置如图 2-101 所示。

图 2-101　BRAS3-loopback 配置

(3) BRAS3-OSPF 配置如图 2-102 所示。

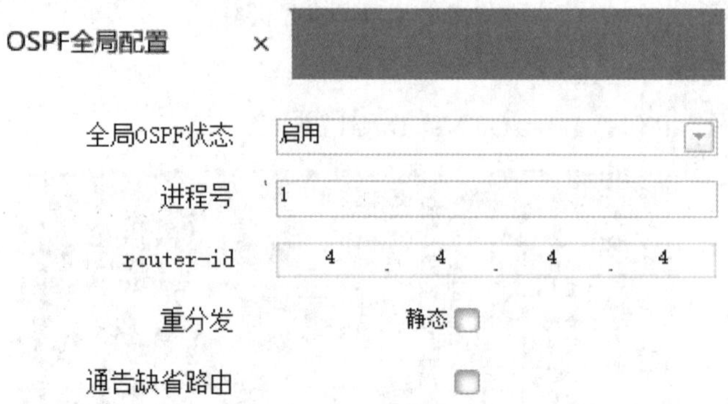

图 2-102　BRAS3-OSPF 配置

(4) BRAS3-认证服务器配置如图 2-103 所示。

图 2-103　BRAS3-认证服务器配置

(5) BRAS3-计费服务器配置如图 2-104 所示。

图 2-104　BRAS3-计费服务器配置

(6) BRAS3-Portal 配置如图 2-105 所示。

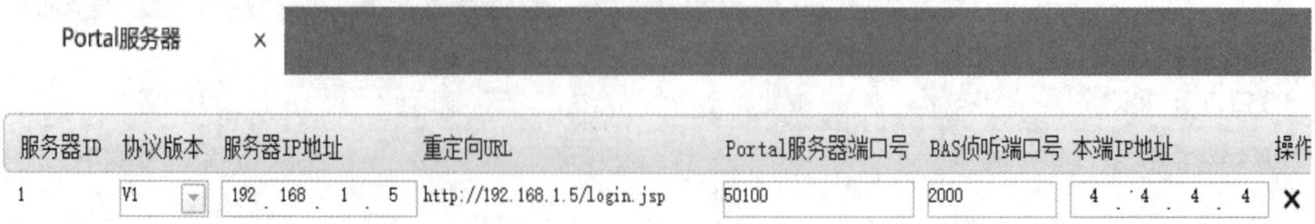

图 2-105　BRAS3-Portal 配置

(7) BRAS3-宽带虚接口配置如图 2-106 所示。

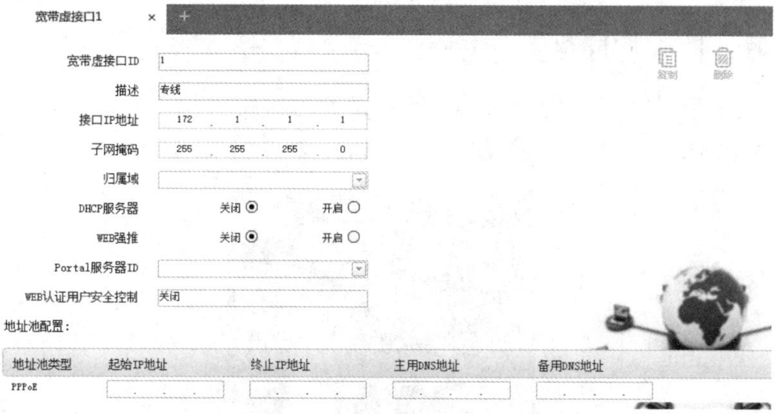

图 2-106　BRAS3-宽带虚接口配置

(8) BRAS3-域配置如图 2-107 所示。

域ID	域别名	认证方式	认证服务器ID	计费方式	计费服务器ID	操作
1	NJAtest	radius认证	1	radius计费	1	✕ ＋

图 2-107　BRAS3-域配置

(9) BRAS3-限速模块配置如图 2-108 所示。

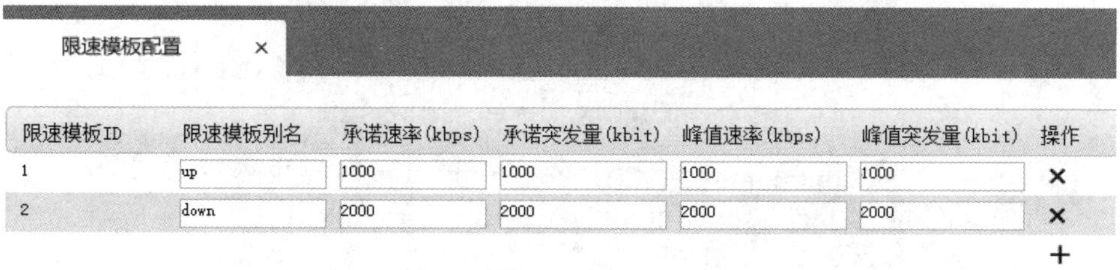

限速模板ID	限速模板别名	承诺速率(kbps)	承诺突发量(kbit)	峰值速率(kbps)	峰值突发量(kbit)	操作
1	up	1000	1000	1000	1000	✕
2	down	2000	2000	2000	2000	✕ ＋

图 2-108　BRAS3-限速模块配置

(10) BRAS3-专线用户配置如图 2-109 所示。

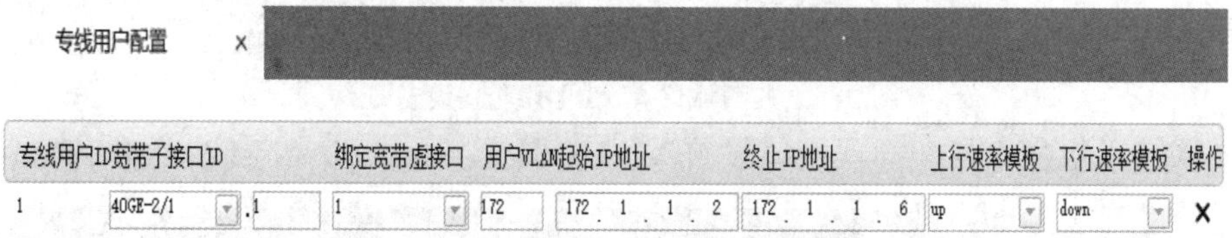

专线用户ID	宽带子接口ID	绑定宽带虚接口	用户VLAN起始IP地址	终止IP地址	上行速率模板	下行速率模板	操作
1	40GE-2/1 .1	1	172 172.1.1.2	172.1.1.6	up	down	✕

图 2-109　BRAS3-专线用户配置

(11) BRAS3-OSPF 接口配置如图 2-110 所示。

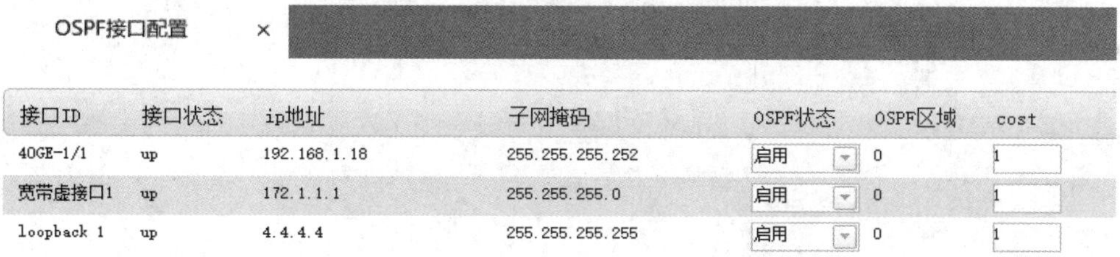

接口ID	接口状态	ip地址	子网掩码	OSPF状态	OSPF区域	cost
40GE-1/1	up	192.168.1.18	255.255.255.252	启用	0	1
宽带虚接口1	up	172.1.1.1	255.255.255.0	启用	0	1
loopback 1	up	4.4.4.4	255.255.255.255	启用	0	1

图 2-110　BRAS3-OSPF 接口配置

（五）西城区接入机房配置

西城区汇聚机房设备拓扑如图 2-111 所示，西城区接入机房新增交换机 SW1，上联西城区汇聚机房(如图 2-112 所示)，下联街区 A(如图 2-113 所示)。

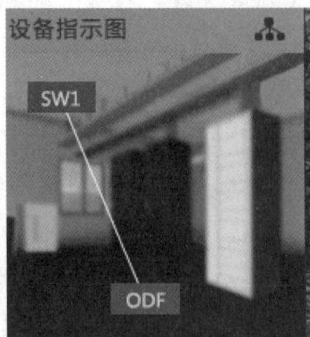

图 2-111　西城区汇聚机房设备拓扑图

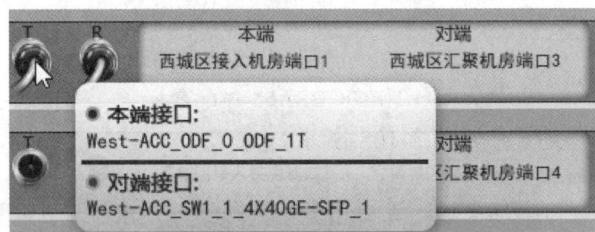

图 2-112　西城区接入机房上联设备连线

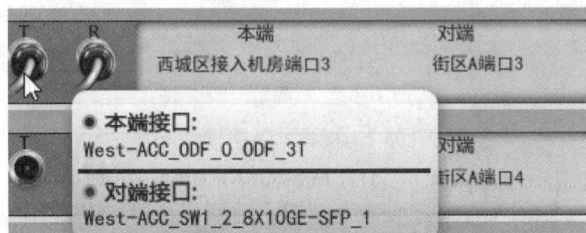

图 2-113　西城区接入机房下联设备连线

西城区接入机房 SW1，物理接口设置 VLAN 模式-trunk，VLAN-172，如图 2-114 所示。

接口ID	接口状态	光/电	VLAN模式	关联VLAN	接口描述
40GE-1/1	up	光	trunk	172	
40GE-1/2	down	光	access	1	
40GE-1/3	down	光	access	1	
40GE-1/4	down	光	access	1	
10GE-2/1	up	光	trunk	172	

图 2-114　西城区接入机房 SW1 物理接口配置

（六）街区 A 配置

街区 A 是一个小区，该小区有机房、小区光交箱和用户。街区 A 场景如图 2-115 所示，街区 A 设备指示如图 2-116 所示。

图 2-115 街区 A 场景图

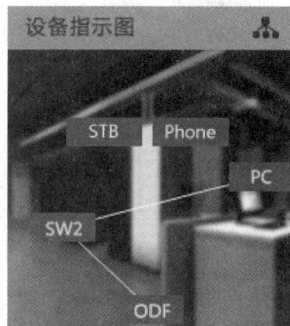

图 2-116 街区 A 拓扑图

电脑 PC 直连 SW2，SW2 连接到西城接入机房，如图 2-117 和图 2-118 所示。

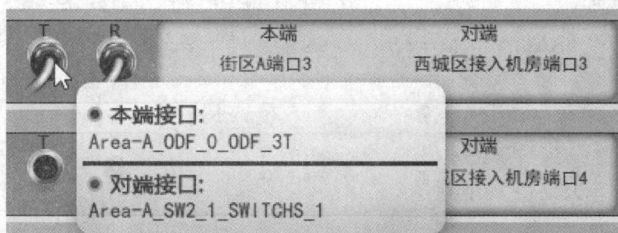

图 2-117 SW 连线图

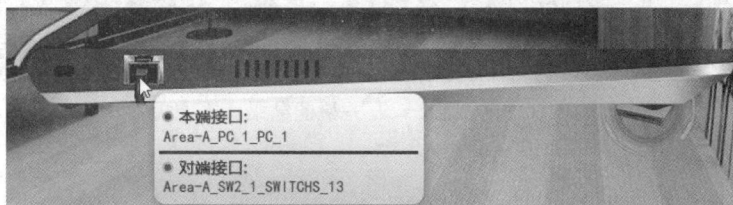

图 2-118 PC 连线

（七）业务测试

在业务调试功能页面选择业务验证，设置地址配置，如图 2-119 所示。

图 2-119 业务调测页面

按照规划 IPv4 配置 IP 地址，如图 2-120 所示。

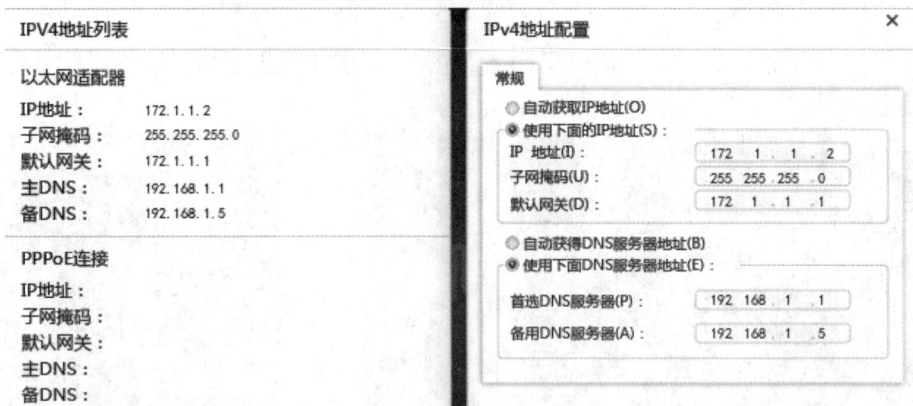

图 2-120　地址配置

选择工程模式，点击 Internet，出现浏览界面，说明业务开通成功，如图 2-121 所示。

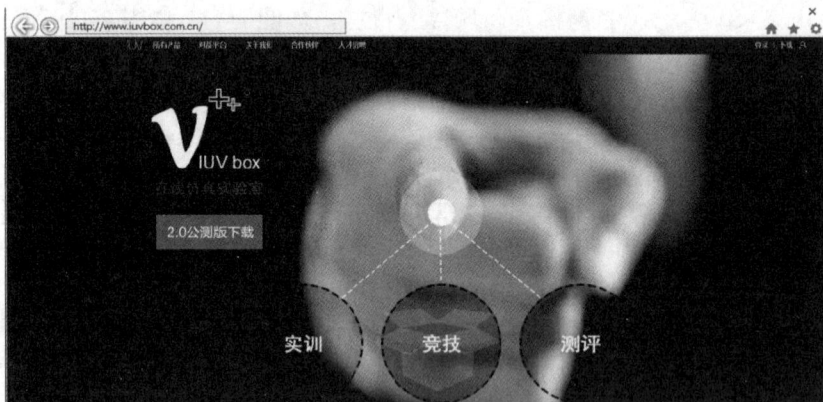

图 2-121　业务验证结果

习　题

1. 简述宽带远程接入服务器的功能。
2. 宽带远程接入服务器的功能模块有哪些？
3. 简述常用认证协议的工作原理。
4. 简述 AAA 认证的概念。
5. 简述 RADIUS 协议的工作流程。
6. DHCP 的作用是什么？
7. DHCP 的 IP 地址分配机制有哪些？
8. 简述 DHCP+Web 认证过程。
9. 什么是以太网接入的用户广播隔离？广播隔离的方式有哪些？
10. 简要概括 IP 接入业务开通的步骤。

模块 3　光纤接入技术与业务

知识目标

- 掌握光纤接入网的定义、结构和分类。
- 理解光纤接入网的复用技术。
- 掌握 EPON、GPON 的工作原理。
- 熟知主流厂家接入网的典型设备。
- 了解 ODN 网络的器件和设备。
- 掌握 PPPoE 的工作原理。
- 掌握 VoIP、IPTV 的工作原理。

能力目标

- 具备在设备上开通 PPPoE、VoIP、IPTV 业务的能力。
- 具备在仿真软件上开通 PPPoE、VoIP、IPTV 业务的能力。

任务 3.1　认识光纤接入网

一、光纤接入网的定义与优势

(一) 光纤接入网的定义

光纤接入网的定义与优势

光纤接入网(Optical Access Network，OAN)是用光纤作为主要传输介质来实现信息传送的接入网，或者说是业务节点(SN)与用户之间采用光纤通信或部分采用光纤通信的接入方式。光纤接入网示意图如图 3-1 所示。

光纤接入网可以分为有源光接入网(Active Optical Network，AON)和无源光接入网(Passive Optical Network，PON)两类。有源光接入网就是通常意义上的光传输网络，包括 SDH(Synchronous Digital Hierarchy，同步数字体系)、WDM(Wavelength Division Multiplexing，波分复用技术)、OTN(Optical Transmission Network，光传送网络)和 PTN(Packet Transport

Network，分组传送网)等。无源光接入网包括 APON(ATM-PON)、EPON(Ethernet-PON)和 GPON(Gigabit capable PON)三种。APON 基本退出现网，目前广泛使用的是 EPON 和 GPON。

图 3-1 光纤接入网示意图

光纤接入网是一种宽带接入技术，可将高速互联网、电话、电视和其他通信服务引入终端用户的家庭或企业。在光纤接入网中，光信号通过光纤传输到用户的终端设备，然后转换成电信号，以供用户使用。

(二) 光纤接入网的优势

光纤接入网具有许多优势，使其成为现代宽带接入的首选技术之一。

1. 高带宽

光纤能够提供极高的带宽，远远超过了传统的双绞线和同轴电缆。这意味着用户可以享受更快的下载和上传速度以及更高质量的多媒体流媒体体验。光纤支持更高速率的宽带业务，最高下行速率可达 2.5 Gb/s。

2. 长距离传输

光纤信号能够在较长的距离内保持信号质量，而不会出现明显的信号衰减。这使得光纤接入网可以覆盖广大地区，包括城市和农村地区。这有效地解决了接入网的"瓶颈"问题。待接入带宽提升后，能更好地与汇聚层、核心层匹配。

3. 低延迟

光纤传输速度快，延迟低，适用于实时应用，如在线游戏、视频会议和云计算等。

4. 抗干扰能力

光纤信号不容易受到电磁干扰的影响，因此在高电磁干扰环境中表现良好。这使得光纤接入网在工业区域和高密度城市中非常适用。

5. 安全性

光纤信号不会在传播中辐射泄露信息，因此相对于传统的铜线更难被窃听，这增加了通信的安全性。

6. 未来的扩展性

由于光纤的巨大带宽潜力，它具有很大的扩展性。随着数据宽带服务的不断增加，光纤接入网可以轻松地满足用户不断增长的需求。

二、光纤接入网的结构与分类

(一) 光纤接入网的结构

ITU-T G.982 建议给出的光纤接入网的功能参考配置如图 3-2 所示。

光纤接入网的
结构与分类

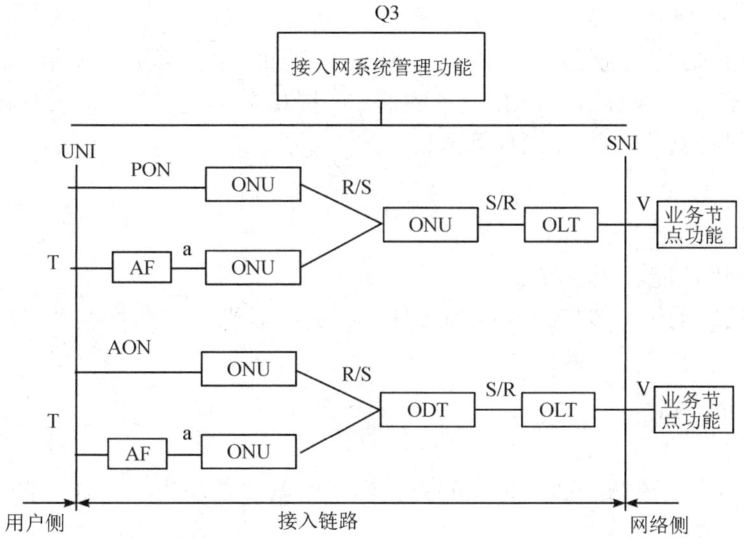

OLT—光线路终端； ODN—光分配网络； ONU—光网络单元；
ODT—光分配终端； AF—适配功能； R/S—光收发参考点；
PON—无源光接入网络； AON—有源光接入网络。

图 3-2 光纤接入网的功能参考配置

光纤接入网包含如下配置。

(1) 4 种基本功能模块：光线路终端(Optical Line Terminal，OLT)、光分配网络(Optical Distribution Network，ODN)/光分配终端(Optical Distribution Terminal，ODT)、光网络单元(Optical Network Unit，ONU)、接入网系统管理功能块。

(2) 5 个参考点：光发送参考点 S、光接收参考点 R、与业务节点间的参考点 V、与用户终端间的参考点 T、AF 与 ONU 间的参考点 a。

(3) 3 个接口：维护管理接口 Q3、用户网络接口(User-Network Interface，UNI)、业务节点接口(Service-Node Interface，SNI)。

1. OLT 功能块

OLT 的作用是为光纤接入网提供网络侧与本地交换机之间的接口，并经过一个或多个 ODN 与用户侧的 ONU 通信，OLT 与 ONU 的关系为主从通信关系。OLT 对来自 ONU 的信令和监控信息进行管理，为 ONU 和自身提供维护与供电功能。OLT 的内部由业务部分、核心部分和公共部分组成，如图 3-3 所示。

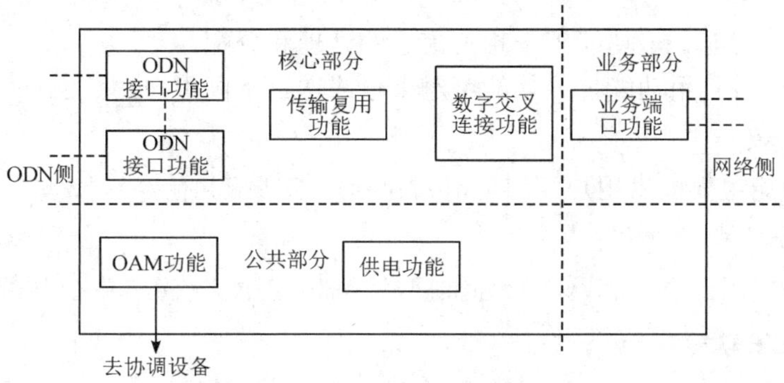

图 3-3 OLT 功能块组成

1) 业务部分功能

业务部分主要是指业务端口。对业务端口的要求是能满足语音、视频、数据和WLAN(Wireless Local Area Network)业务的需求，提供多种类型接口，并能配置成至少提供一种业务或能同时支持两种以上不同的业务。

2) 核心部分功能

(1) 数字交叉连接功能。

(2) 传输复用功能。

(3) ODN 接口功能。该接口应能为各种光纤类型提供一系列物理光接口，实现电/光转换和光/电转换。

3) 公共部分功能

(1) 供电功能。

(2) OAM 功能。该功能通过相应的接口实现对所有功能块的运行、管理与维护，实现与上层网管的连接。

2. ONU 功能块

ONU 功能块位于 ODN 与用户之间，ONU 的网络侧具有光接口，用户侧具有电接口，因此需要具备光/电转换和电/光转换的功能，并能实现对各种信号的处理与维护管理。ONU功能块组成如图 3-4 所示。

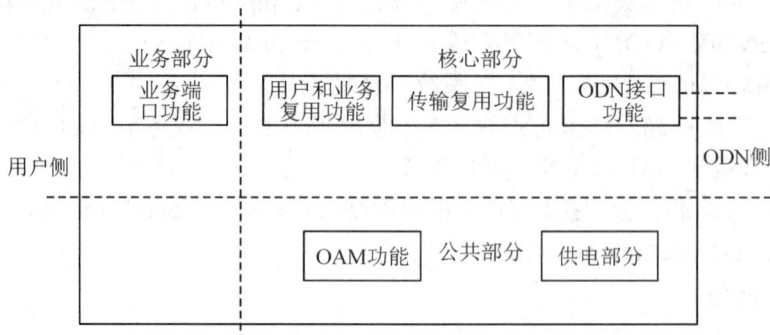

图 3-4　ONU 功能块组成

1) 核心部分功能

(1) ODN 接口功能。该功能提供一系列物理光接口，与 ODN 相连，并完成光/电转换和电/光转换。

(2) 传输复用功能。该功能用于相关信息的处理和分配。

(3) 用户和业务复用功能。该功能可对来自或送给不同用户的信息进行组装和拆卸。

2) 业务部分功能

业务部分功能主要提供用户端口功能，包括速率适配和信令转换等。

3) 公共部分功能

公共部分功能用于供电和网络管理维护，这部分功能与 OLT 中公共部分功能类似。

3. ODN/ODT 功能块

ODN/ODT 功能块为 ONU 和 OLT 提供光传输介质作为其间的物理连接，即传输设施。

根据传输设施中是否采用有源器件，光纤接入网分为有源光接入网(AON)和无源光接入网(PON)。有源光接入网指的是在网络的传输设施中含有源器件，即 ODT。无源光接入网是指网络中的传输设施全部由无源器件组成，即 ODN。一般来说，有源光接入网较无源光接入网传输距离长，传输容量大，业务配置灵活；不足之处是成本高，需要供电系统，维护复杂。无源光接入网结构简单，易于扩容和维护，在接入网中得到了广泛应用(在上述介绍 OLT 和 ONU 功能块组成时均以无源光接入网为例)。

4. 接入网系统管理功能块

接入网系统管理功能块是对光纤接入网进行维护管理的功能模块，其管理功能包括配置管理、性能管理、故障管理、安全管理及计费管理。

(二) 光纤接入网的分类

1. 有源光接入网

1) 有源光接入网的概念

有源光接入网(AON)的中心局端和用户端之间还部署了有源光纤传输设备(光电转换设备、有源光电器件以及光纤等)。与无源光接入网(PON)不同，有源光接入网中光网络单元(ONU)收到的信号是经有源设备进行光/电/光转换后的信号。目前，有源光接入网的技术已经十分成熟，但是其部署成本要比无源光接入网的高。

2) AON 的组网模式

有源光接入网通常可以采用星形、环形和树形网络拓扑结构，它将一些网络管理功能和高速复接(分接)功能在远端终端中完成，端局和远端之间通过光纤通信系统传输，然后从远端将信号分配给用户。

3) AON 的优缺点

(1) AON 的优点。

① AON 采用的技术，特别是 PDH、SDH 和 ATM 技术相对成熟(物理层为 PDH 或 SDH，数据链路层为 ATM)，标准化程度较高，有很多用于骨干传输网的技术可以借鉴。大容量、配置灵活、设计规划相对简单是 AON 的重要特点，因此 AON 在广域网和城域网领域得到了广泛应用。

② 由于使用了有源设备，如中继器、光双向放大器等，因此 OLT 与 ONU 之间的距离比较远，同时 AON 可以接入更多的用户。

(2) AON 的缺点。

① SDH、ATM 等技术的实现比较复杂，因此设备成本较高，实际上现网使用场景很少。

② 需要解决有源设备的供电问题、设备间的租赁问题、电磁干扰问题。相对于无源设备，有源设备的稳定性和可靠性较差，维护和管理费用较高。

③ PDH 和 SDH 均为电路交换技术，是上一代电信骨干传输网技术，非常适合传输电路交换业务。在光纤接入网发展的早期，设备的标准化程度低，接入用户较为分散，故有源光接入网技术是当时主要的选择。然而，在如今大规模推进光纤到户的时代，有源光接入网所存在的缺陷已制约了其继续发展，而无源光接入网其技术的成熟、设备的丰富，加之用户数量的大幅增加，已经使得有源光接入网技术曾经的优势不复存在。故在现网的建

设中，无源光接入网技术逐渐取代了有源光接入网技术。

2. 无源光接入网

无源光接入网(PON)中，传输设施由无源光器件组成。常见的无源光器件有光纤、光连接器、无源光分路器(OBD，分光器)和光纤接头等。根据采用的协议不同，无源光接入网可以分为以下三类。

(1) APON：基于 ATM 的无源光接入网(在无源光接入网中采用 ATM 技术)，后更名为宽带 PON(BPON)。

(2) EPON：基于以太网的无源光接入网(采用无源光接入网的拓扑结构实现以太网帧的接入)。

(3) GPON：GPON 是 BPON 的发展。GPON 技术基于 ITU-T G. 984.x 标准，采用了GFP(Generic Framing Procedure，通用成帧规程)技术，支持 GEM(General Encapsulation Method)封装格式。

(三) 光纤接入网的拓扑结构

光纤接入网技术主要分为点到点接入和点到多点接入两大类。

1. 点到点接入

点到点接入指在点到点的光纤网络上实现接入的方式，主要包括媒体介质转换器(也称为光纤收发器)方式和标准化(点到点接入)方式两大类。

1) 光纤收发器方式

在该方式下，光纤收发器主要作为光电转换模块使用，成对出现，使用在通信设备和用户设备之间。

2) 标准化方式

标准化方式是点到点接入最常用的方式，主要基于光纤以太网，针对对网络带宽等需求比较高的专线业务。目前，IEEE 和 ITU-T 分别制定了该方式的相关标准。

IEEE802.3 规定的点对点光接入包括 100 Mb/s 速率的接口和 1 Gb/s 速率的接口；100 Mb/s 速率的接口比较老旧，且速率不高，在此不再叙述，1 Gb/s 速率的接口的具体情况如下所述。

(1) 1000Base-LX 使用长波激光信号源，其波长为 1270～1355 nm。1000Base-LX 是定义在 IEEE 802.3z 中的针对光纤布线吉比特以太网的一个物理层规范。多模式光纤的最大距离是 550 m。LX 代表长波长，1000Base-LX 使用长波长激光器(1310 nm)，1000Base-SX使用短波长激光器。

(2) 1000Base-ZX 用于单模式光纤链路上，跨度可达 70 km。1000Base-ZX 使用长波长激光器(1550 nm)。

(3) 1000Base-SX 是速率为 1000 Mb/s 的基带传输系统。1000Base-SX 基于 IEEE 802.3z标准，只能使用多模光纤。1000Base-SX 所使用的光纤(波长为 850 nm)有：62.5/125 μm 多模光纤、50/125 μm 多模光纤。其中，使用 62.5/125 μm 多模光纤的最大传输距离为 220 m，使用 50/125 μm 多模光纤的最大传输距离为 500 m。1000Base-SX 采用 8B/10B 编码方式。

2. 点到多点接入

点到多点接入指在点到多点的光纤网络上实现多址接入的方案，该方式可以节约主干光纤，降低成本，使得光纤的入户门槛降低，主要采用无源光网络(PON)技术，包括 APON、BPON、EPON、GPON 等。点到多点接入网按照 ODN 连接方式的不同，其拓扑结构进一步可分为星形、树形、总线型和环形等 4 种。光纤接入网的拓扑结构如图 3-5 所示。

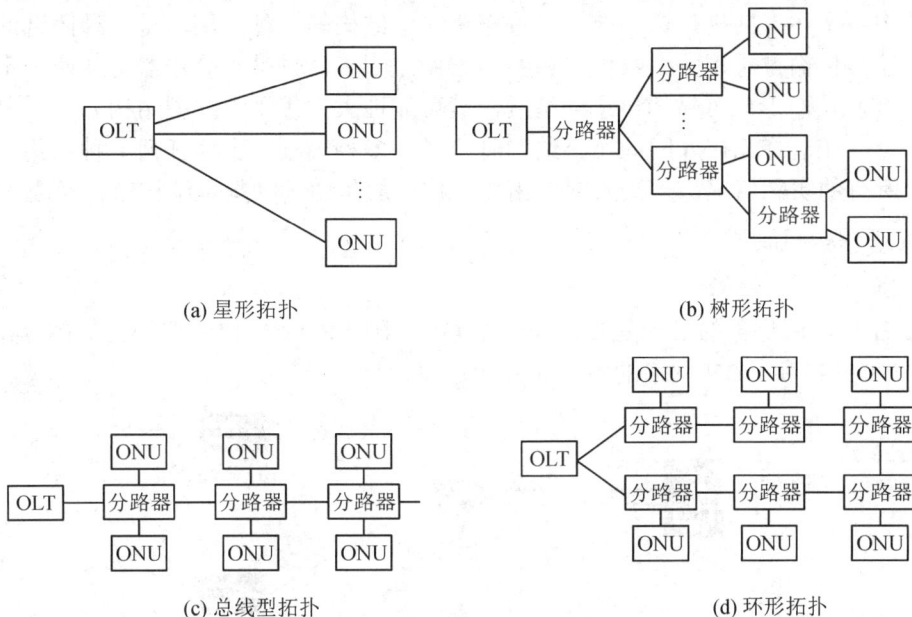

(a) 星形拓扑　　　　　　　　　　　　　　(b) 树形拓扑

(c) 总线型拓扑　　　　　　　　　　　　　(d) 环形拓扑

图 3-5　光纤接入网的拓扑结构

1) 星形拓扑

星形结构是在 ONU 与 OLT 之间实现点到点配置的基本结构，即每个 ONU 经一根或一对光纤直接与 OLT 相连，中间没有光分路器。由于这种配置不存在光分路器引入的损耗，因此传输距离远大于点到多点配置。其优点是用户间互相独立，保密性好；易于升级扩容；缺点是光纤和光设备无法共享，初装成本高，可靠性差。星形结构仅适于大容量用户。

2) 树形拓扑

在树形结构中，ODN 由很多光分器串联组成。连接 OLT 的第一个光分器将光分成 n路，每路通向下一级的光分器。它是以增加光功率预算的代价来扩大 PON 的应用范围的。这种拓扑结构也是我们现网中使用最多的拓扑结构。

树形结构的特点：实现了光信号的透明传输，线路维护容易；用户可共享一部分光设施，如光缆的馈线段和配线段以及局端的发送光源。但由于所有 ONU 的功率都由 OLT 中的一个光源提供，光源的光功率有限，因而限制了光信号的传输距离及其所连接的 ONU数量。

3) 总线型

在总线型结构中，常常采用非均匀分光的光分路器实现，各光分路器沿总线排列。光分路器负责从光总线中分出 OLT 传输的光信号，或者将每个 ONU 传出的光信号插入光总线上。非均匀的光分路器只给用户分出少量的光功率，更多的光功率沿着总线传给下游用户。使用非均匀分光使得在靠近和远离 OLT 处的用户接收到的光信号强度差别不大。此结构适合于沿街道、公路呈线状分布的用户环境。总线型拓扑一般在智慧城市监控中使用，可以将总线看作一条马路，在马路的每一个路口引入一个监控探头。

4) 环形

环形结构也是点到多点配置的基本结构。把总线型结构中的光分路器与 OLT 组成一个闭合环就构成了环形结构。这种结构可看作总线型结构的一种特例，是一种闭合的总线型结构，其信号传输方式、所用器件与总线型结构差不多，只是光分路器可从两个不同的方向通到 OLT，从而形成可靠的自愈环型网，其可靠性大大优于总线型结构。

实际上，在选择光接入网的拓扑结构时应考虑多种因素，上述任何一种结构均不能完全适用于所有的实际情况，光接入网的拓扑结构一般是由几种基本结构组合而成的。

3. 光纤保护机制

1) Type B 单归属保护

Type B 单归属保护的目的是实现同一个 OLT 不同 PON 端口的保护。如图 3-6 所示，OLT 两个 PON 口和 ODN 网络的主干光纤相连接。

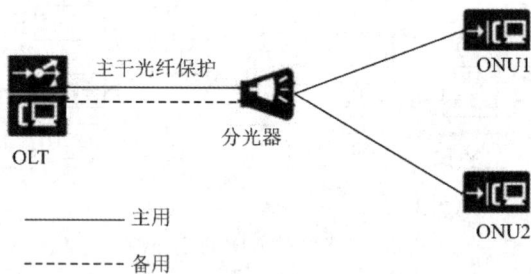

图 3-6　Type B 单归属保护图

Type B 单归属保护的优点是：组网简洁，OLT/ONU 管理简单，业务配置便捷，主干光纤具备保护能力。其缺点是：OLT 故障会导致业务全中断；主备光纤若同管道铺设易同时中断，因此其可靠性受限。Type B 单归属保护适用于对网络保护有基础需求的重要业务，如企业日常办公专线接入、基站基础信号传输专线等。

2) Type B 双归属保护

Type B 双归属保护是对两个 OLT 的 PON 端口实现的保护，如图 3-7 所示。

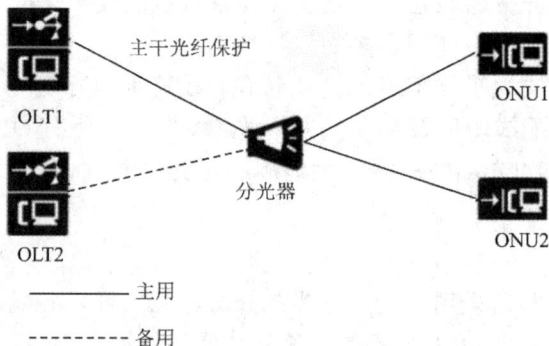

图 3-7　Type B 双归属保护图

　　Type B 双归属保护的优点是：两根主干光纤连接到两台 OLT，可以实现异地备份。缺点是：组网复杂，成本高，OLT 配置复杂。使用场景是：对用户的重要业务做保护，特别是需要满足异地备份需求的场景，可用于企业专线接入业务和基站专线接入业务的保护。

3）Type C 单归属保护

Type C 单归属保护是对 OLT、ONU、分光器均实现保护的类似环网的保护，如图 3-8 所示。

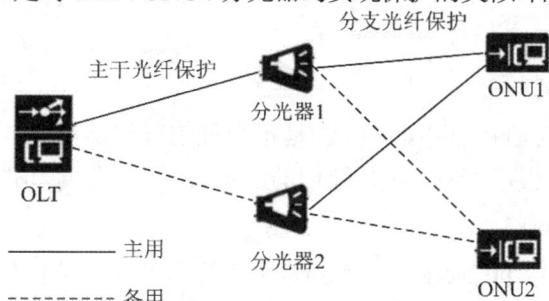

图 3-8　Type C 单归属保护

　　Type C 单归属保护的优点是：除具备组网简单、OLT/ONU 管理便捷的特点外，还增加了分支光纤保护，对主干光纤、分支光纤故障均有保护能力，整体可靠性高于 Type B 型保护。其缺点是：仍存在 OLT 故障导致业务中断的风险；若主备光纤同管道铺设，仍可能出现双光纤中断问题；相较于 Type B 型保护，组网复杂度略有提升。Type B 单归属保护适用于对网络可靠性要求更高的场景，如企业核心生产数据专线、基站关键业务数据传输专线等。

4）Type C 双归属保护

　　在双归属的组网场景中，ONU 与两台 OLT 之间的两条 PON 线路分别处于主备状态，不能同时转发报文。Type C 双归属保护如图 3-9 所示。

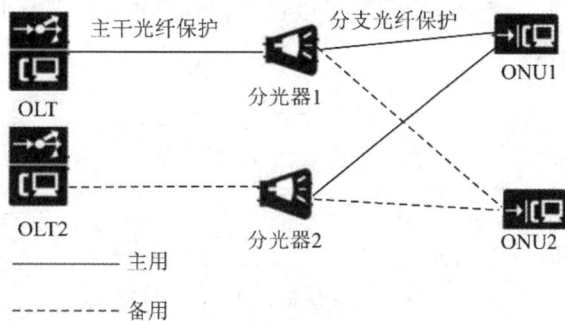

图 3-9　Type C 双归属保护

　　Type C 双归属保护的优点是：当 OLT 或者 OLT 上行链路故障时，可以倒换到另一台OLT。缺点是：组网复杂，成本高，ONU 管理复杂。使用场景是：主要用于对可靠性要求高的电力系统网络，也可用于企业专线接入业务和基站专线接入业务的保护。

（四）光纤接入网的应用类型

1. 光纤到户(FTTH)

　　光纤到户(Fiber To The Home，FTTH)是一种最常见的光纤接入结构，也是最完整的形式。在这种结构下，光纤直接连接到用户的家庭或商业建筑，终端设备(如光猫或光纤调制解调器)用于将光信号转换为电信号，供用户使用。FTTH 提供了最高的带宽和性能，但也需要最高的基础设施投资。

2. 光纤到大楼(FTTB)

光纤到大楼(Fiber To The buiding，FTTB)是指光纤连接到多户建筑的楼外，然后使用传统的铜线或以太网电缆将信号传送到每个单位。这种结构比 FTTH 节省成本，但在信号传输过程中可能会降低带宽。

3. 光纤到小区(FTTC)

光纤到小区(Fiber To The Curb，FTTC)是指光纤信号在街道上或社区中的交换箱处终止，然后使用铜线传送到用户家庭。这种结构的成本更低，但带宽和性能受到铜线的限制。

4. 光纤到节点(FTTN)

光纤到节点(Fiber To The Node，FTTN)是指光纤信号在通信提供商的节点处终止，然后通过传统的铜线传输到用户家庭。这种结构通常用于 DSL(数字用户线)网络。

三、光纤接入网的复用技术

光纤接入网的复用技术

(一) 复用技术

在光纤通信中，复用技术非常重要，它将多个信号合并在一起，通过同一根光纤进行传输，从而提高了光纤通信的传输效率和带宽利用率。

光纤接入网的传输技术用于连接 OLT 和 ONU。双向传输技术(即复用技术)需要对上行信道(ONU 到 OLT)和下行信道(OLT 到 ONU)的信号做区分。上行和下行信道示意图如图 3-10 所示，上行信号和下行信号，物理上可以在一根光纤中，但逻辑上其处于不同的通道。下面介绍常用的复用技术。

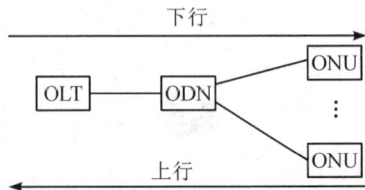

图 3-10　光纤接入网的上、下行示意图

1. 光空分复用

光空分复用(Optical Space Division Multiplexing，OSDM)就是在双向通信的每一个方向各使用一根光纤的通信方式，如图 3-11 所示。

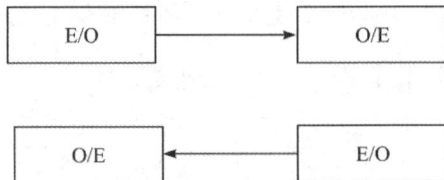

E/O—电/光转换；O/E—光/电转换。

图 3-11　OSDM 的复用原理图

在 OSDM 方式中，两个方向的信号在两根完全独立的光纤中传输，互不影响。这种复用技术的传输性能最佳，系统设计也最简单，但需要一对光纤和分路器，另外需要额外的跳线和活动连接器才能完成双向传输的任务。这种方式在传输距离较长时不够经济。对于 OLT 与 ONU 相距很近的应用场合，鉴于光纤价格的不断下降， OSDM 方式仍不失为一种可考虑的复用方案。

2. 光波分复用

光波分复用(Optical Wavelength Division Multiplexing，OWDM)类似于电信号传输系统中的频分复用(Frequency Division Multiplexing，FDM)。当光源的发送光功率不超过一定门限时，光纤工作于线性传输状态。不同波长的信号只要有一定的波长间隔就可以在同一根光纤上独立地进行传输，且不会发生相互干扰，这就是光波分复用的基本原理。对于双向传输而言，只需将两个方向的信号分别调制在不同波长上即可实现单纤双向传输的目的，其复用原理如图 3-12 所示。

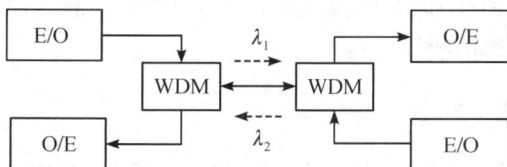

E/O—电/光转换；O/E—光/电转换；WDM—波分复用器。

图 3-12   OWDM 的复用原理图

OWDM 的优点是双向传输使用一根光纤，这可以节约光纤、光放大器、再生器和光终端设备。单纤双向 OWDM 需要在两端设置波分复用器，从而引入了至少 6 dB 的损耗。利用光纤放大器实现双向传输存在反射和散射干扰。

3. 时间压缩复用

时间压缩复用(Time Compression Multiplexing，TCM)又称"光乒乓传输"，是指在一根光纤上以脉冲串的形式进行时分复用。在 TCM 复用技术中，每个方向传送的信息首先放在发送缓存中，然后每个方向在不同的时间间隔内将信息发送到单根光纤上。接收端收到时间压缩的信息后在接收缓存中解除压缩。时间压缩复用方式的双向传输原理如图 3-13 所示。

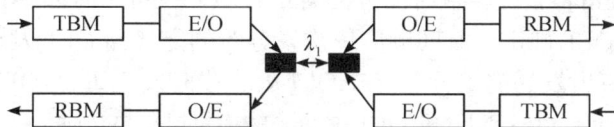

TBM—发送缓存；RBM—接收缓存；■—方向耦合器；
E/O—电/光转换；O/E—光/电转换。

图 3-13   TCM 的原理图

采用 TCM 方式可以用一根光纤完成双向传输任务，节约了光纤、分路器和活动连接器。在 TCM 系统中，易于通过网管系统判断故障。这种复用技术的缺点是两段的耦合器各有 3 dB 功率损耗，并且 OLT 和 ONU 的电路比较复杂。此外，由于线路速率比信源信息速率高一倍以上，因此这种方式不适于信息速率较高的应用场合。

4. 光副载波复用

在光副载波复用(Optical SubCarrier Multiplexing，OSCM)中，首先将两个方向的信号

分别调制到不同频率的射频波上，然后两个方向的信号再各自调制一个光载波(可以使用同一个波长)。在接收端同样需要两步解调，首先利用光/电检测器从光信号中得到两个方向各自的射频信号，然后将各射频波解调恢复出两个方向各自的信号。OSCM 的原理如图 3-14 所示。

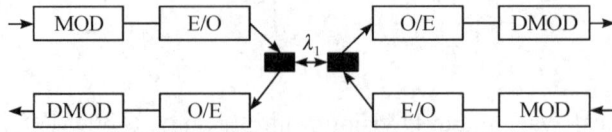

MOD—调制器；DMOD—解调器；■—方向耦合器；
E/O—电/光转换；O/E—光/电转换。

图 3-14　OSCM 的原理图

在该复用技术中，因为上、下行信号分别占用不同频段，所以系统对反射不敏感，电路较简单。由于采用模拟频分方式，因此也会有一些不可避免的缺点。最主要的缺点是：所有 ONU 的光功率都叠加在 OLT 接收机上，若某些激光器的波长较小，则会引起互调干扰(光差拍噪声)，从而导致信噪比恶化。

(二) 多址接入技术

在光纤接入网中，一个 OLT 可以连接多个 ONU。OLT 与 ONU 之间采用点到多点(Point to Multiple Point，P2MP)的连接方式，多个 ONU 争用同一条上行信道。为了保证 OLT 与每个 ONU 正常通信，需要解决 ONU 争用上行信道的问题，解决办法就是采用多址接入技术。上行信道争用示意图见图 3-15。

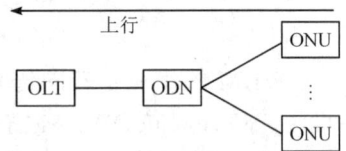

图 3-15　上行信道争用示意图

多址接入技术主要有光时分多址(Optical Time Division Multiple Access，OTDMA)、光波分多址(Optical Wavelength Division Multiple Access，OWDMA)、光码分多址(Optical Code Division Multiple Access，OCDMA)和光副载波多址(Optical SubCarrier Multiple Access，OSCMA)，下面分别加以介绍。

1. OTDMA 方式

OTDMA 方式是指将上行传输时间分为若干时隙，在每个时隙中只安排一个 ONU 发送信息，各 ONU 按 OLT 规定的时间顺序依次以分组的方式向 OLT 发送信息。为了避免与 OLT 距离不同的 ONU 所发送的上行信号在 OLT 处合成时发生重叠，OLT 需要有测距功能。测距就是不断地测量每一个 ONU 与 OLT 之间的传输时延(与传输距离有关)，OLT 指挥每一个 ONU 调整发送时间，使之不致产生信号重叠。OTDMA 方式的原理如图 3-16 所示。

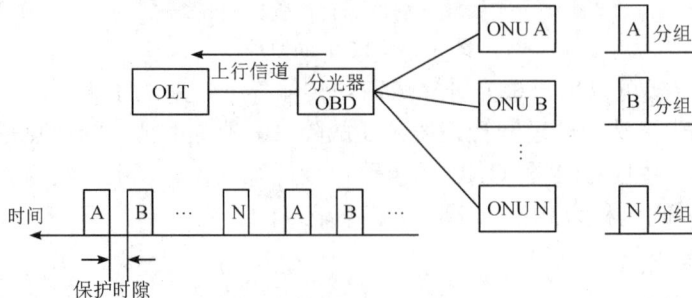

图 3-16　OTDMA 的原理图

2. OWDMA 方式

在 OWDMA 方式中，每个 ONU 使用不同的工作波长，OLT 接收端通过分波器区分来自不同 ONU 的信号。在该方式中，各个上行信道完全透明，并且带宽很宽，但波长数目(即 ONU 数目)受到限制。OWDMA 的原理如图 3-17 所示。

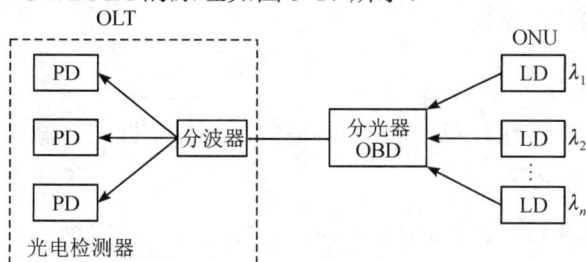

图 3-17　OWDMA 的原理图

3. OCDMA 方式

在 OCDMA 方式中，给每个 ONU 分配唯一的多址码。将各 ONU 的上行信号码元与自己的多址码进行模二加，再调制相同波长的激光器。在 OLT 处，用各 ONU 的多址码恢复各 ONU 的信号。OCDMA 的原理如图 3-18 所示。

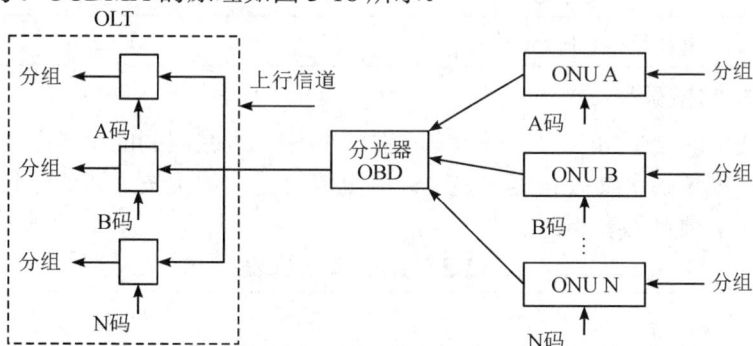

图 3-18　OCDMA 的原理图

4. OSCMA 方式

OSCMA 方式采用模拟调制技术，将各个 ONU 的上行信号分别用不同的频率调制到不同的射频段。然后用此模拟射频信号分别调制各个 ONU 的激光器，把波长相同的各模拟光信号传输至 OBD 合路点之后再耦合到同一光纤到达 OLT。在 OLT 端，经光/电检测器后输出的电信号通过不同的滤波器和鉴相器分别得到各 ONU 的上行信号。OSCMA 的原理如图 3-19 所示。

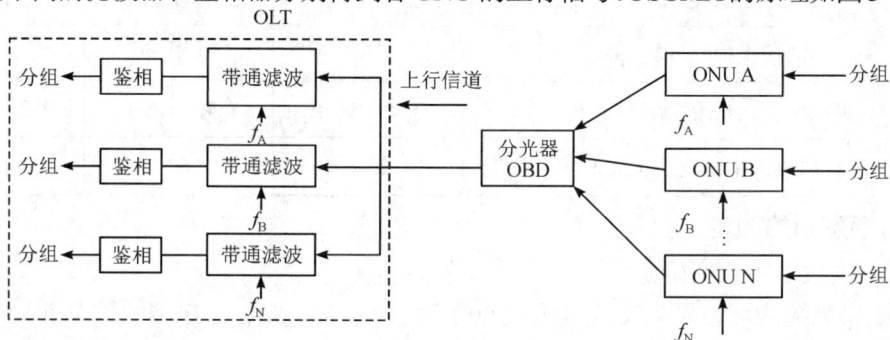

图 3-19　OSCMA 的原理图

目前，光纤接入网主要采用 OTDMA 技术。

四、光纤接入网的施工路由图

(一) 光缆线路路由方案

1. 路由选择的原则

路由的选择应考虑路由的短捷、安全、稳定，可实施性强，施工方便，节省投资。

2. 光缆线路的总体路由

工程线路基本上均沿路敷设路由，并与道路保持必要的隔距。

3. 光缆的衰耗指标

单位长度光缆的衰耗指标如表 3-1 所示。

表 3-1   单位长度光缆的衰耗指标

窗口	1310 nm 波长	1550 nm 波长
纤芯类型	G.652	G.652
衰耗指标/(dB/km)	0.36	0.22

4. 传输指标的核算

根据目前使用的 2.5 Gb/s 以下的设备的技术指标，衰减限制的中继距离比色散限制的中继距离要短，系统的中继段长度主要由衰减限值决定。如果按最坏值法计算再生中继段长，则各档光功率预算见表 3-2。

表 3-2   光功率预算表

应用分类代码	S-1.1	L-1.1	L-16.2
最小平均发送光功率/(dB/m)	−5	−5	−2
最小接收灵敏度(BER≤10^{-12})/(dB/m)	−28	−34	−28
最小过载点/(dB/m)	−8	−10	−9
光通道代价/dB	1	1	2
光缆富余度/dB	2	3	3
活接头损耗/dB	1	1	1
实际光纤衰减(包括接头)	0.40 dB/km	0.40 dB/km	0.27 dB/km
容许的最大中继段长度/km	22.5	60	74

5. 光缆端别的确定

光缆端别按以下原则确定：

(1) 如果光缆成环，则以交换局为基点作为 A 端，远端作为 B 端，按从北向东、从东向南、从南向西的方位顺序。

(2) 如果光缆不成环，则近端作为 A 端，远端作为 B 端，按从北向东、从东向南、从南向西的方位顺序。

(3) 分歧光缆的端别应服从主干光缆的端别。

(二) 主要设计指标和施工要求

本期工程拟用的光纤光缆技术指标应不劣于 ITU-T G.652 建议及其他技术标准之最新版本的要求，并应满足以下要求。

1. 缆内光纤

(1) 使用 G.652D 单模光纤。

(2) 模场直径的标称值为 8.9～9.3 μm，偏差为不超过标称值的±0.5 μm。

(3) 包层直径为(125±2) μm。

(4) 模场同心度偏差≤0.5 μm。

(5) 包层不圆度≤2%。

(6) 截止波长 λ_{cc}≤1260 nm。

(7) 光纤筛选张力：成缆前一次涂覆光纤必须全部经过加力时间不少于 1 秒的拉力筛选，筛选张力不小于 15 N。

(8) 光纤衰减常数：在 1310 nm 波长上，衰减值应≤0.36 dB/km；在 1550 nm 波长上，衰减值应≤0.22 dB/km。

(9) 光纤色散系数：零色散波长范围为 1300～1324 nm，最大零色散斜率为 0.093 ps/(nm² · km)，最大色散系数如下：① 1300～1339 nm 范围内应不大于 3.5 ps/(nm · km)；② 1271～1360 nm 范围内应不大于 5.3 ps/(nm · km)；③ 1550 nm 波长不大于 18 ps/(nm · km)。

(10) 偏振模色散(PMD)指标：链路 PMD 系数应不大于 0.3 ps/(km$^{\frac{1}{2}}$)。

(11) 光纤衰减温度特性(与 20℃时值比较)：−20～+60℃光纤衰减无变化。

2. 光缆

1) 结构

本期工程采用无铜导线、全填充型光缆，缆芯应为松套层绞式或中心束管式结构。缆中纤芯按 6 芯为单位分组。

2) 中心加强构件

中心加强构件可以为金属或非金属。金属加强芯应采用不锈钢丝，也可采用其他不易腐蚀的、不析氢的、涂有保护层的钢丝等。非金属加强芯应采用玻璃纤维增强塑料，拉力≥1500 N。

3) 色谱

为了便于识别，光纤和松套管必须有色谱标志。用于识别的色标应鲜明，在安装或运行中，在可能遇到的温度下不褪色，不迁染到相邻的其他光缆元件上，并应透明。每盘光缆两端应分别有端别识别标志。

4) 护层

护层为 LAP 纵向黏结护套+PE 外护套。

5) 机械性能

光缆在承受"长期允许张力"的情况下，光缆延伸率应不大于 0.2％，同时光缆内所有的光纤衰减均不应有变化。在承受"短期允许张力"的情况下，待张力解除后，所有光纤的衰减均不应有变化。

光缆允许张力和允许侧压力见表 3-3。

表 3-3　光缆的机械性能

光缆类型	允许张力/N (持续时间不少于 1 min)		允许侧压力/(N/10 cm) (持续时间不少于 1 min)	
	短　期	长　期	短　期	长　期
管道光缆	≥1500	≥600	≥1000	≥300
架空光缆	≥1500	≥600	≥1000	≥300

光缆在承受"长期允许侧压力"的情况下，光缆内所有光纤的衰减均不应有变化；在承受"短期允许侧压力"的情况下，待压力解除后，所有光纤衰减均不应有变化。

其他机械性能的技术要求和试验方法待技术谈判时确定。

6) 光缆允许的曲率半径

光缆在受力时(敷设中)，光缆允许的曲率半径不小于光缆外径的 20 倍。

光缆在不受力时(敷设固定后)，光缆允许的曲率半径不小于光缆外径的 10 倍。

在上述条件下，光缆的各项性能均无影响。

7) 光缆外套的绝缘电阻

光缆外套的绝缘电阻(外套内的铠装层或金属护层与大地间)不小于 2000 MΩ・km (500 V，DC 测试)。

8) 光缆外套的耐压强度

光缆外套的耐压强度(外套内铠装层或金属护层与大地间)不小于 15 kV(测试时间 2 分钟，直流电)。

以上两项均在光缆浸水 24 小时后测试。

9) 光缆标称盘长

光缆标称盘长为 3000 m、4000 m。

10) 光缆的外皮

光缆的外皮上应印有记米的长度标志。

(三) 施工测量及路由复测

在开工前，施工单位应按照施工图核对路由走向、敷设位置及接续点环境是否安全可靠、便于施工与维护，并为光缆配盘、分屯以及敷设提供必要的资料。当环境变化必须对施工图进行修改时，属小范围修改的，由施工单位提出具体意见，经建设单位同意确定，并在竣工资料中注明；属较大范围变动的，如改变敷设方式、改变路由，施工部门应做实地勘查，并做出比较方案报原批准单位批准。

1. 光缆敷设的一般规定

(1) 光缆的弯曲半径应不小于光缆外径的 15 倍，在施工过程中应不小于 20 倍。

(2) 布放光缆的牵引力不超过光缆允许张力的 80%，瞬间最大牵引力不得超过允许张力的 100%。主要牵引力应加在光缆的加强件(芯)上。

(3) 为防止在牵引过程中扭转损伤光缆，牵引端头与牵引索之间应加入转环。

(4) 布放光缆时，光缆必须由缆盘上方放出，并保持松弛弧形。光缆布放过程中应无扭转，严禁打小圈、浪涌等现象发生。

(5) 光缆布放完毕，应检查光纤是否良好。光缆端头应做密封防潮处理，不得进水。

2. 局内光缆的敷设安装要求

(1) 局内光缆(电缆进线室-光分配架)应布放在走线架或槽道上。由于路由复杂，因此宜采用人工布放方式。布放时，上下楼道及每个拐弯处应设专人，按统一指挥牵引，牵引中保持光缆呈松弛状态，严禁出现小圈和死弯。

(2) 用尼龙扎带绑扎牢固并在进线洞的内外、光缆拐弯处、ODF 架顶端加挂小标志牌以便识别。

(3) 光缆在进线室内应选择安全的位置，当处于易受外界损伤的位置时，应采取保护措施。

(4) 光缆经由走线架、拐弯点(前、后)应予绑扎。上下走道或爬墙的绑扎部位，应垫胶管，避免光缆受侧压。

(5) 光缆在中心机房内应注意做好防火措施，光缆在进线室内应当用防火胶带进行防护。

(6) 在光缆布放过程中，原则上光缆顺应吊线敷设，当遇有角深大于 15 m 的角杆且吊线做终结时，光缆应位于转角内侧布放。

(四) 应遵循的规范标准

(1)《通信线路工程设计规范》(GB 51158—2015)。

(2)《通信线路工程验收规范》(YD5121—2010)。

(3)《中华人民共和国工程建设标准强制性条文》。

(五) 光纤接入网路由图

小区位于新门口 14 号，由娄子巷局中兴 OLT 提供业务，通过光缆连接到长江医院光交，从长江医院光交新建光缆至小区光分纤箱，其中长江医院光交作为一级分光器，新增 1:4 光分路器 1 台，新增 1:8 光分路器 2 台，小区内光纤箱内新增二级分光器，组成光纤宽带接入网。FTTH 光纤接入小区的拓扑如图 3-20 所示。

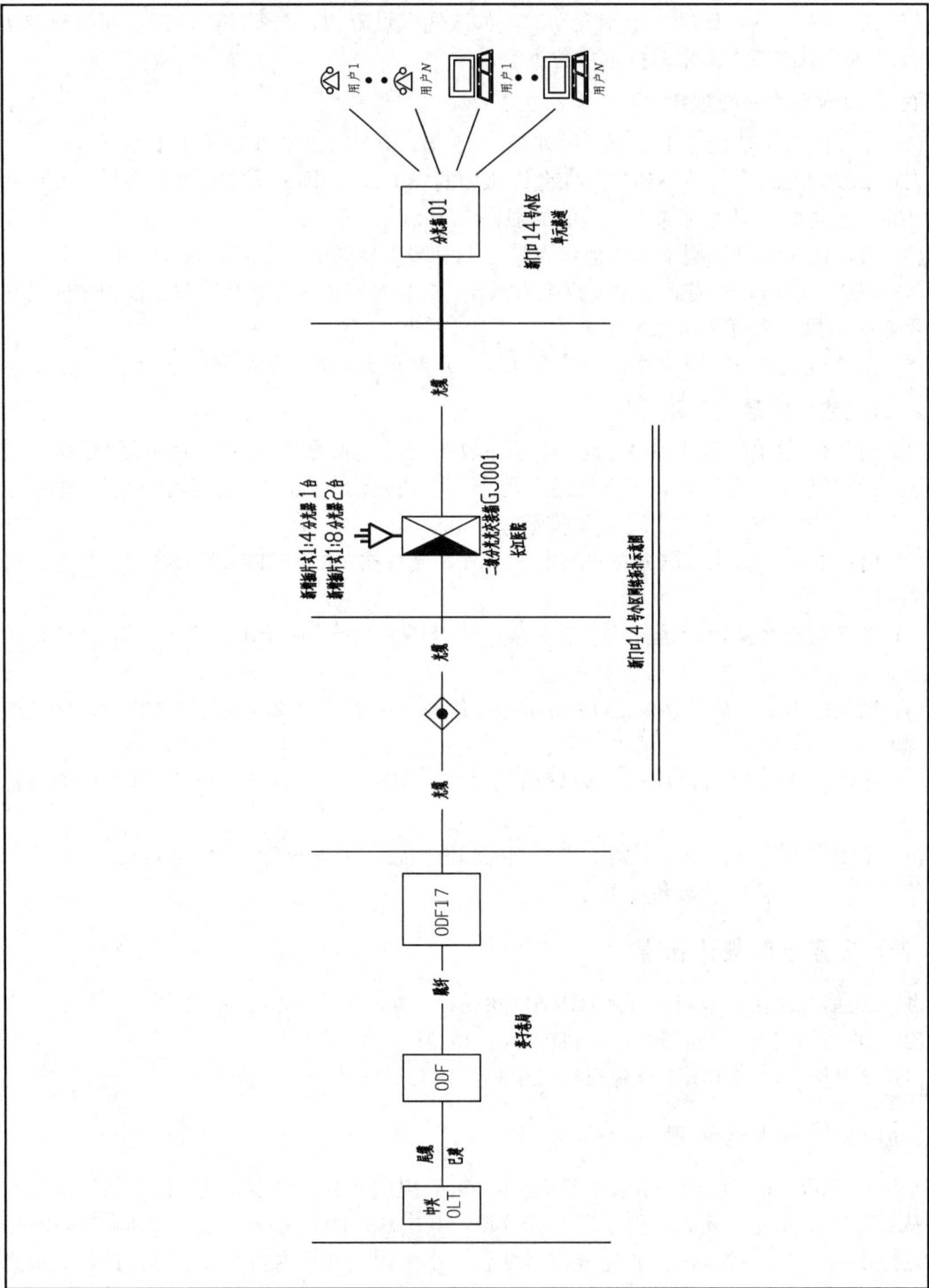

图3-20 FITH 光纤接入小区的拓扑

本小区根据分纤箱覆盖的用户数，确定分光箱位置，做出小区分光器信息表，详见表3-4，根据地形及用户信息，确定光缆覆盖图，详见图3-21。

表 3-4 FTTH 小区分光器信息表

上联局点	光交及一级分光地址	一级分光比主纤序	二级分光地址	二级分光器编号及配纤纤序	二级分光比	覆盖用户数
娄子巷	长江医院光交	1：4	新门口 14 号 2#1 层半	113-114 芯	1：16	20
		1：8	新门口 14 号 3#1 单元 1 层半	109-110 芯	1：8	12
		1：8	新门口 14 号 3#2 单元 1 层半	111-112 芯	1：8	12
		1：4	新门口 14 号 4#1 层东墙	127-128 芯	1：16	19
		1：4	新门口 14 号 4#1 层东墙	129-130 芯	1：16	20
		1：8	新门口 14 号 5#1 单元 1 层半	121-122 芯	1：8	10
		1：8	新门口 14 号 5#2 单元 1 层半	123-124 芯	1：8	10
		1：8	新门口 14 号 5#3 单元 1 层半	125-126 芯	1：8	10
		1：8	新门口 14 号 6#1 单元 1 层半	133-134 芯	1：8	14
		1：8	新门口 14 号 6#2 单元 1 层半	135-136 芯	1：8	14
		1：8	新门口 14 号 6#3 单元 1 层半	137-138 芯	1：8	14
		1：8	新门口 14 号 6#4 单元 1 层半	139-140 芯	1：8	6
		1：8	大陆鸽店门面店西侧墙	141-142 芯	1：8	7
		1：8	出水芙蓉门口南边墙	103-104	1：8	12
		1：8	新门口 14 号 8#1 单元 3 层半	97 芯	1：8	8
		1：8	新门口 14 号 8#2 单元 3 层半	99-100 芯	1：8	5
		1：8	新门口 14 号 8#3 单元 3 层半	101-102 芯	1：8	10
		1：8	新门口 14 号 8#4 单元 3 层半	103-104 芯	1：8	10
		1：8	新门口 14 号 8#5 单元 3 层半	105-106 芯	1：8	10
		1：8	新门口 14 号 9#东边墙	151-152 芯	1：8	6
		1：8	新门口 14 号 10#2 单元 1 层半	149-150 芯	1：8	12
		1：8	新门口 14 号 10#1 单元东边杆	147-148 芯	1：8	5
		1：8	乐园酸菜鱼西边墙	145-146 芯	1：8	5
		1：4	新门口 14 号学生女宿舍楼 1 层半	151-152 芯	1：16	33

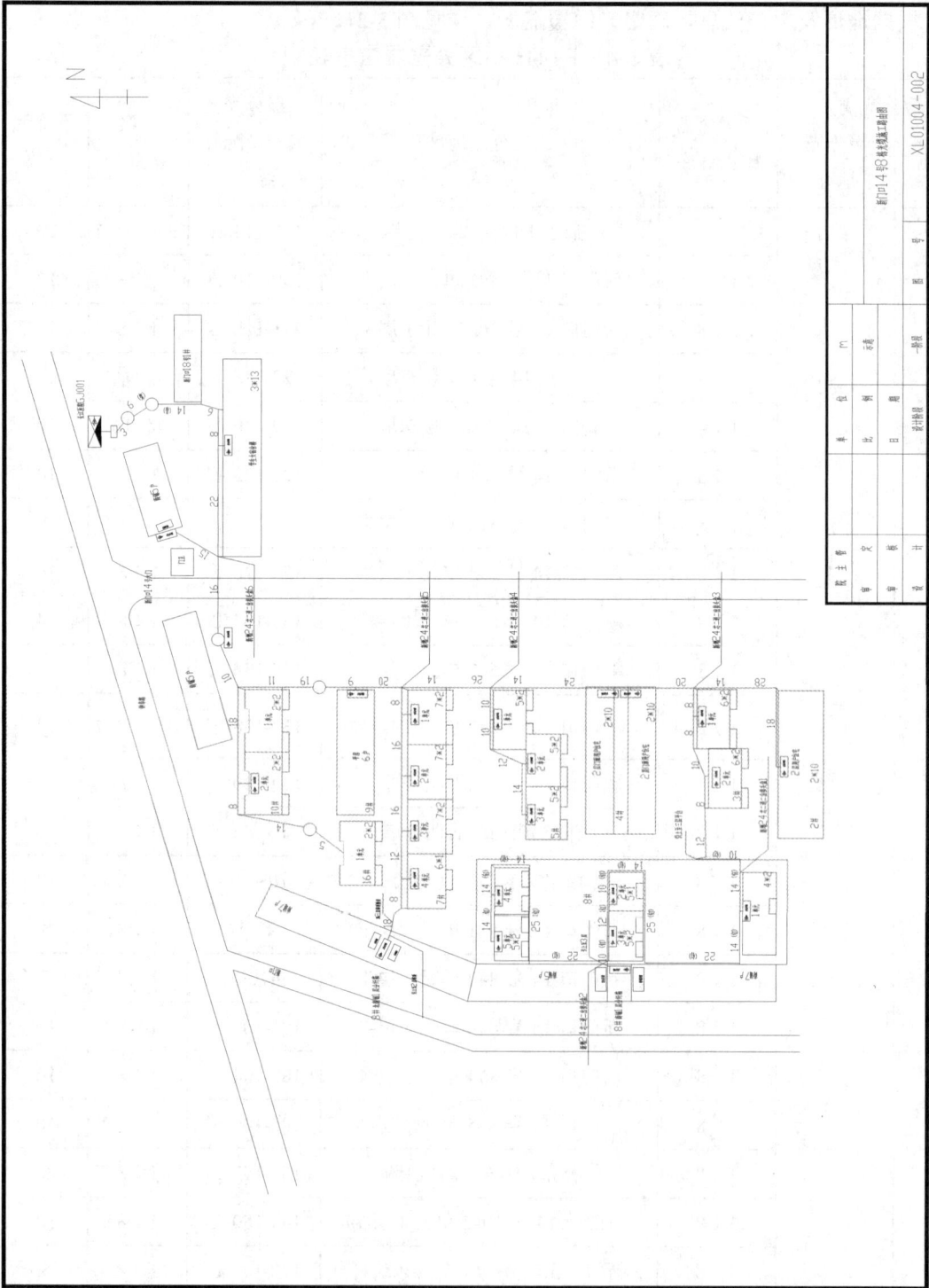

图3-21　FTTH光纤接入小区路由图

（六）光纤接入网施工图

　　根据光纤箱覆盖用户以及布放光缆路由，确定光纤施工图，详见图 3-22，施工需要在长江医院光交成端，详见图 3-23。

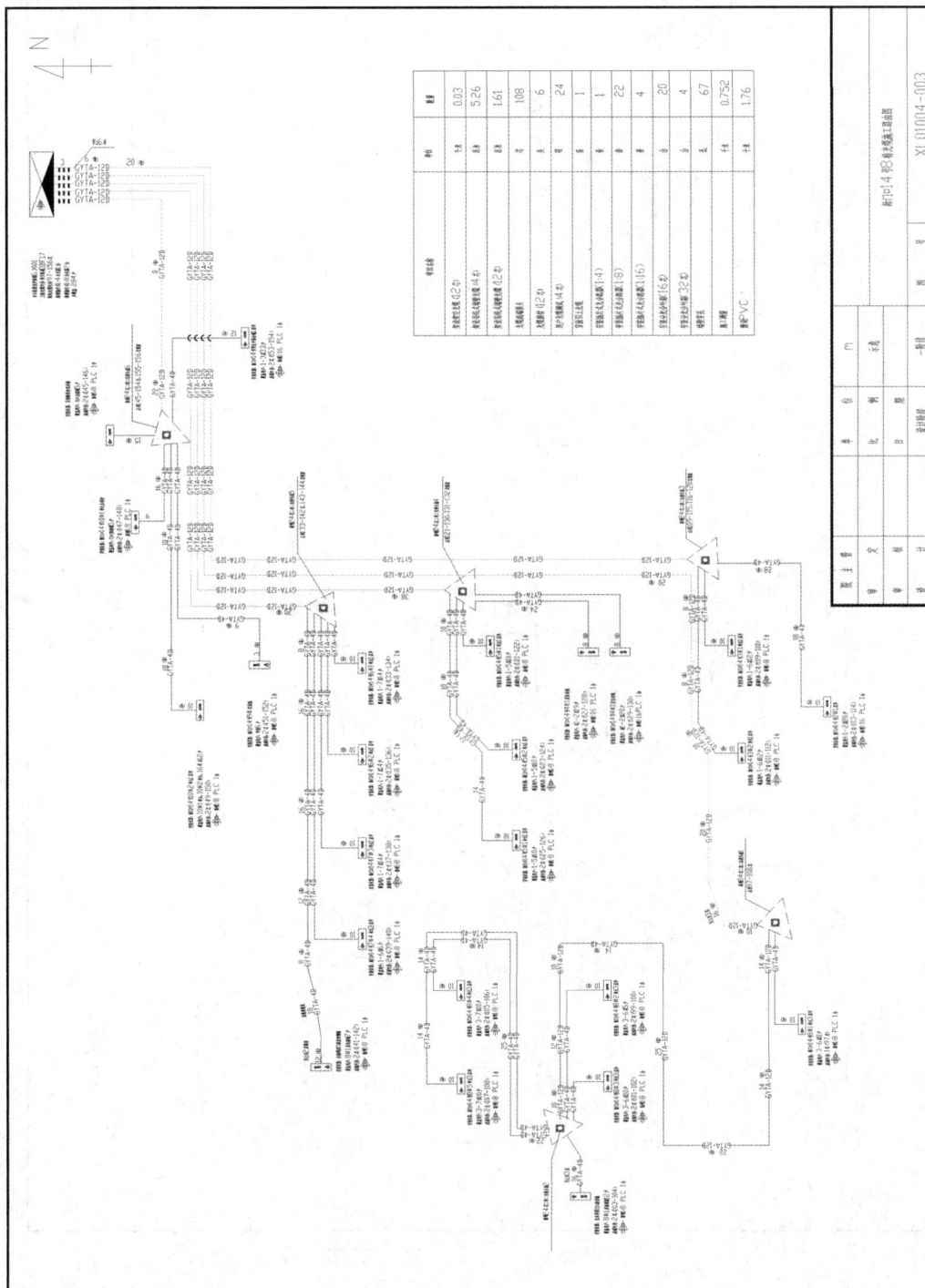

图3-22　FTTH光纤接入小区施工图

3-23 FTTH光纤接入小区光面板图

习 题

1. 什么是光纤接入网？请画图说明光纤接入网的组成。
2. 什么是复用技术，有哪些复用技术？
3. 在光纤接入网中，ONU 和 OLT 分别具有什么功能？
4. 什么是多址接入技术，有哪些多址接入技术？
5. 请简答光纤接入网的优势。
6. 如果 ONU 设备的 PON 链路指示灯始终显示为灭状态，该如何处理？
7. 光纤接入网施工应遵循的规范标准有哪些？
8. 光纤接入网施工有哪几个步骤？

任务 3.2 EPON 和 GPON 技术与应用

一、EPON 的网络结构与设备功能

以太网无源光纤网络(EPON)是一种基于以太网技术的光纤接入技术，适用于宽带、企业专线、城域网互联等多种场景。

EPON 的基本原理

EPON 网络主要由光线路终端(OLT)、光分配网络(ODN)和光网络单元(ONU)三部分组成。OLT 位于网络的上游端，负责接入骨干网络和管理下游的 ONU 设备。ODN 负责连接 OLT 和 ONU，通过无源光纤分光器实现光信号的分配。ONU 位于网络的下游端，负责为用户提供各种业务接口。EPON 网络结构如图 3-24 所示。

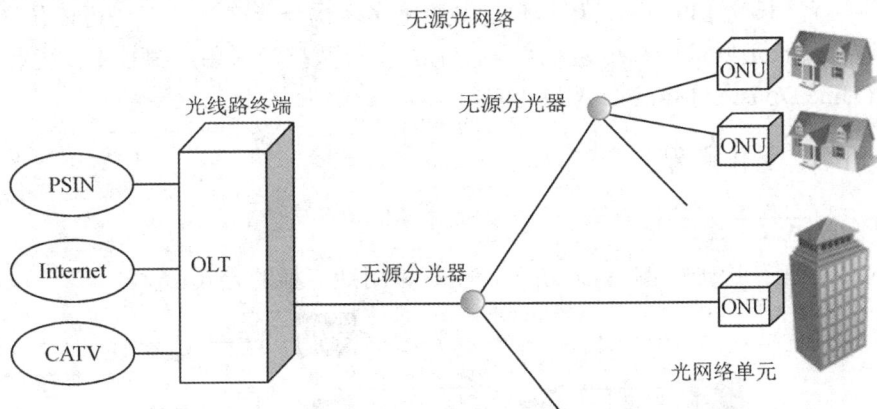

图 3-24 EPON 网络结构示意图

(一) OLT

OLT 是整个 EPON 系统的核心，它位于网络的上游，主要负责管理和控制 ONU，提供

EPON 接入服务。OLT 的主要功能有帧的生成与处理、ONU 注册与认证、带宽分配与调度、故障检测与恢复等。

（二）ODN

ODN 是 EPON 网络中的传输介质，主要包括光纤、光分路器(Splitter)、光缆接头等无源光网络元件。ODN 的主要作用是将光信号在 OLT 和 ONU 之间进行传输和分配。

（三）ONU

ONU 位于 EPON 网络的下游，负责将光信号转换为电信号，并将数据传输至用户终端。ONU 的主要功能有光电转换、业务处理与透传、帧的生成与处理、带宽的申请与调度等。

二、EPON 的帧结构与工作原理

（一）EPON 复用原理

EPON 的帧结构和工作原理

EPON 采用光纤传输，接入层的覆盖半径为 20 km。其采用的带宽一般为上行 1.25 Gb/s/下行 1.25 Gb/s；EPON 采用无源分光器，局端光纤经分光后引出多路光纤到 ONU，节省了光纤资源。EPON 复用结构如图 3-25 所示。

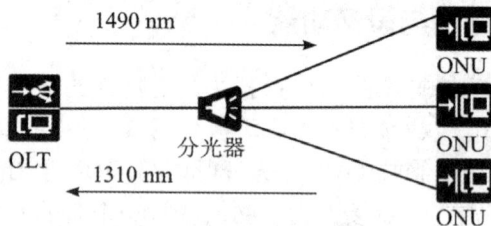

图 3-25　EPON 复用结构图

EPON 系统采用 WDM 技术，如图 3-25 所示，实现了单纤双向传输。其中上行波长为 1310 nm，下行波长为 1490 nm，用于传递数据业务。另外，在光纤上还可以传送 1550 nm 的波长，这个波长主要是用来传递 CATV 信号。下行数据流采用广播技术，上行数据流采用 TDMA(Time Division Multiple Access)技术。

（二）EPON 工作原理

1. EPON 下行工作原理

EPON 下行工作原理如图 3-26 所示，下行采用纯广播的方式。

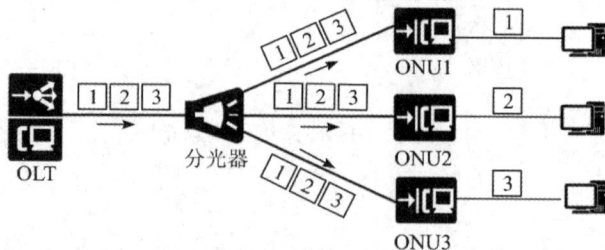

图 3-26　EPON 下行工作原理

1) 广播方式

ONU 在注册成功后，OLT 为已注册的 ONU 分配 LLID(Logical Link IdenEification，逻辑链路标识)。在下行方向上，OLT 通过 1：N 的无源分光器将 Ethernet 帧发送给每个 ONU。N 通常为 4～64，这类似于共享媒质网络。EPON 的下行方向是广播式的发送以太帧，每一个数据帧的帧头包含前面注册时分配的特定 ONU 的 LLID，该标识表明本数据帧是给 ONU (ONU1,ONU2,ONU3,…,ONUn)中的唯一一个。另外，部分数据帧可以是给所有的 ONU(广播式)或者特殊的一组 ONU(组播)的，在图 3-26 的结构下，在分光器处，流量分成独立的三组信号，每一组载到所有 ONU 的信号。当数据信号到达 ONU 时，ONU 根据 LLID，在物理层上做判断，接收给它自己的数据帧，摒弃那些给其他 ONU 的数据帧。在图 3-26 中，ONU1 收到包 1、包 2、包 3，但是它仅仅发送包 1 给终端用户 1，摒弃了包 2 和包 3。

2) 信息安全保障

所有的 ONU 接入的时候，系统可以对 ONU 进行认证，认证信息可以是 ONU 的一个唯一标识(如 MAC 地址或者是预先写入 ONU 的一个序列号)，只有通过认证的 ONU，系统才允许其接入。

对于特定 ONU 的数据帧，其他 ONU 在物理层上也会收到数据，在收到数据帧后，首先会比较 LLID(处于数据帧的头部)是不是自己的，如果不是，就直接丢弃，数据不会上二层，这是在芯片层实现的功能。对于 ONU 的上层用户，如果想窃听到其他 ONU 的信息，除非自己去修改芯片的实现。

EPON 采用加密的方式保障通信安全，对于每一对 ONU 与 OLT 之间，可以启用 128 位的 AES 加密。各个 ONU 的密钥是不同的。

EPON 通过划分 VLAN 方式，将不同的用户群或者不同的业务限制在不同的 VLAN 内，从而保障相互之间的信息隔离。

2. EPON 上行工作原理

EPON 上行工作原理如图 3-27 所示，上行采用时分多址接入(TDMA)技术，具体工作流程如下。

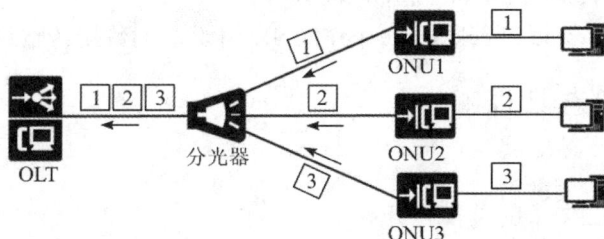

图 3-27 EPON 上行工作原理

(1) 上行方向采用时分多址接入技术(TDMA)，分时隙给 ONU 传输上行流量。

(2) 当 ONU 在注册时成功后，OLT 会根据系统的配置，给 ONU 分配特定的带宽(在采用动态带宽调整时，OLT 会根据指定的带宽分配策略和各个 ONU 的状态报告，动态地给每一个 ONU 分配带宽)。

(3) 带宽即传输数据的时隙数量，每一个时隙单位时间的长度为 16 ns。在一个 OLT 端口(PON 端口)下面,所有的 ONU 与 OLT PON 端口之间的时钟是严格同步的,每一个 ONU 只能够在 OLT 给它分配的时隙传输数据。通过时隙分配和时延补偿,确保多个 ONU 的数据信号耦合到一根光纤,各个 ONU 的上行包不会互相干扰。这样,ONU 之间就可以共享 EPON 上行光纤了,即多个 ONU 共享有限的上行通道带宽。为提高上行带宽利用率,EPON 还提供了动态带宽分配(DBA)机制。

(三) EPON 帧结构

EPON 帧以 802.3 帧格式为基础,在此基础上新增了 LLID,用于在 OLT 上标识 ONU。Ethernet 帧的前导码有 8 个字节,其中 LLID 字段占 2 个字节,CRC 字段占 1 个字节,帧结构如图 3-28 所示。

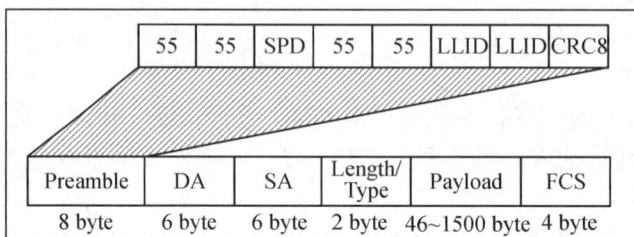

图 3-28 EPON 帧结构

LLID 的范围为 0～0x7FFF,其中 0x7FFF 用来标识广播链路,其他用于单播链路。

(1) 前导码(Preamble):用于同步光模块和接收机之间的时钟,并提供接下来的帧的起始点。

(2) 帧起始定界符(Start Frame Delimiter,SFD):标识数据帧的起始位置,帮助接收端准确地检测和处理到来的数据包。

(3) 目的 MAC 地址(Destination MAC Address):指定数据包要发送到的目的设备的 MAC 地址。

(4) 源 MAC 地址(Source MAC Address):指定数据包的发送者的 MAC 地址。

(5) 长度/类型(Length/ Type):指定数据包中携带的协议类型或数据包长度。

(6) 有效载荷(Payload):携带上层协议的数据。

(7) 帧校验序列(Frame Check Sequence,FCS):用于检测数据传输过程中是否出现差错。

(四) EPON 网络标准指标

1. 光纤类型

符合 ITU-T G.652 要求的单模光纤;

上行应使用 1260～1360 nm 的波长;

下行应使用 1480～1500 nm 的波长;

使用 1540～1560 nm 的波长实现 CATV 业务(可选)。

2. 线路速率

上、下行速率为 1.25 Gb/s(在 10G PON 技术中,带宽可以达到 10 Gb/s)。

3. 分光比和距离

传输距离达到 20 km。

EPON 支持的最大分光比为 1 : 64。

三、EPON 的关键技术

EPON 中的主要关键技术包括 MPCP 协议、DBA(动态带宽分配)
技术、测距技术、ONU 注册流程等。

EPON 的关键技术

（一）MPCP 协议

1. MPCP 子层功能

MPCP(Multi-Ponit control Protocol，多点控制协议)协议所处层次如图 3-29 所示。

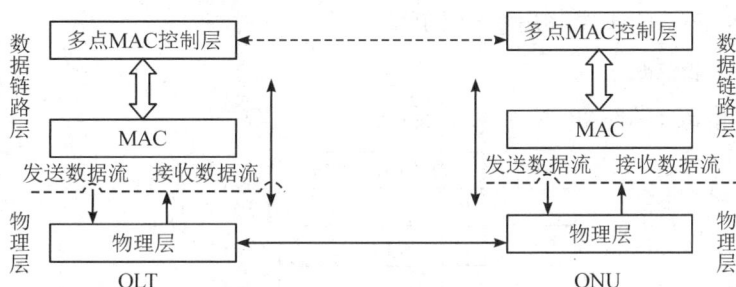

图 3-29 MPCP 协议层次

EPON 系统通过一条共享光纤将多个终端连接起来，其拓扑结构为树形结构。MPCP 适
用于这种拓扑结构。EPON 建立在 MPCP(Multi-Point Control Protocol 多点控制协议)基础
上，是 MAC 控制子层的一项功能。

MPCP 使用消息、状态机、定时器来控制访问 P2MP(点到多点)的拓扑结构。在 P2MP
拓扑中的每个 ONU 都包含一个 MPCP 实体，用来和 OLT 中的 MPCP 实体相互通信。以
EPON/MPCP 为基础，EPON 实现了一个 P2P(点对点)仿真子层，该子层使得 P2MP 网络拓
扑对于高层来说就是多个点对点链路的集合。该子层是通过在每个数据报的前面加上一个
LLID 来实现的。PON 将拓扑结构中的根结点认为是主设备，即 OLT；将位于边缘部分的
多个节点认为是从设备，即 ONU。

MPCP 在点对多点的主从设备之间规定了一种控制机制来协调数据有效地发送和接
收。整理发送定时的、不同 ONU 的拥塞报告，以便优化 PON 系统内部的带宽分配。在
系统运行过程中，上行方向在一个时刻只允许一个 ONU 发送。EPON 系统通过 MPC PDU
(MPCP 数据单元)来实现 OLT 与 ONU 之间的带宽请求、带宽分配、测距等。MPCP 涉及
的内容包括 ONU 发送时隙的分配，ONU 的自动发现和加入，向高层报告拥塞情况以便
动态分配带宽。

MPCP 的工作原理可以概括为以下四个步骤：

(1) 发现与注册：在 EPON 网络刚建立连接时，OLT 和 ONU 之间需要进行发现和注册
过程。OLT 向网络中广播发现报文(GATE message)，所有连接到 EPON 网络的 ONU 接收
到这个报文后，会返回一个注册请求报文(REGISTER_REQ message)。OLT 收到请求后，

会分配一个唯一的逻辑链路标识(LLID)给每个 ONU，并发送注册确认报文(REGISTER_ACK message)完成注册过程。

(2) 时间同步：MPCP 通过报文交换来实现 OLT 和 ONU 之间的时间同步。OLT 发送 REPORT message 报文，其中包含了 OLT 当前的时间戳。ONU 收到报文后，会根据 OLT 的时间戳来校准自己的时钟，实现时间同步。

(3) 带宽分配：MPCP 通过动态带宽分配(DBA)算法实现上行带宽的分配。ONU 需要向 OLT 发送报文(REPORT message)，报告自己的上行数据队列状态。OLT 收到报文后，会根据各个 ONU 的需求和 DBA 算法，计算分配给每个 ONU 的带宽，并通过 GATE message 通知每个 ONU 在何时(时间窗口)发送数据。

(4) 数据传输：ONU 根据收到的 GATE message 中的时间窗口信息，在指定的时间发送数据。这样，各个 ONU 就不会在相同的时间发送数据，避免了数据冲突和丢失。

通过以上步骤，MPCP 实现了 OLT 和 ONU 之间的时间同步和动态带宽数分配。这有助于提高 EPON 网络的带宽利用率和性能。

2. MPCP 的消息格式

MPCP 消息格式如图 3-30 所示，主要包括以下内容。

MODE(1 bit)+LLID(15 bit)	前导码后
CRC(1字节)	3个字节
目的地址	6 byte
源地址	6 byte
长度/类型88-08	2 byte
操作码	2 byte
时间戳	4 byte
数据/保留/填充	40 byte
校验码	4 byte

图 3-30　MPCP 消息格式

(1) 目的地址(DA)：MPCPDU 中的 DA 为 MAC 控制组播地址，或者是 MPCPDU 的目的端口关联的单独 MAC 地址；

(2) 源地址(SA)：MPCPDU 中的 SA 是和发送 MPCPDU 的端口相关联的单独的 MAC 地址；

(3) 长度/类型(Length/Type)：MPCPDU 都进行类型编码，并且承载 MAC_Control_Type 域值；

(4) 操作码(Opcode)：操作码指示所封装的特定 MPCPDU；

(5) 时间戳(Timestamp)：在 MPCPDU 发送时刻，时间戳域传递 localTime 寄存器中的内容；

(6) 数据/保留/填充(Data/Reserved/PAD)：这 40 个八位字节用于 MPCPDU 的有效载荷。当不使用这些字节时，在发送时填充为 0，并在接收时忽略；

(7) 校验码(FCS)：该域为帧校验序列，一般由下层 MAC 产生。

3. MPCP 控制帧

MPCP 定义了 5 种类型的控制帧，具体如下：

1) GATE(Opcode＝0002)(OLT 发出)

允许接收到 GATE 帧的 ONU 立即或者在指定的时间段发送数据。

2) REPORT(Opcode＝0003)(ONU 发出)

向 OLT 报告 ONU 的状态，包括该 ONU 同步于哪一个时间戳、以及是否有数据需要发送。

3) REGISTER_REQ (Opcode＝0004)(ONU 发出)

在注册规程处理过程中请求注册。

4) REGISTER (Opcode＝0005)(OLT 发出)

在注册规程处理过程中通知 ONU 已经识别了注册请求。

5) REGISTER_ACK(Opcode＝0006) (ONU 发出)

在注册规程处理过程中表示注册确认。

(二) DBA(动态带宽分配)技术

1. DBA 技术

DBA(Dynamically Bandwidth Assignment)是一种能在微秒或毫秒级的时间间隔内完成对上行带宽动态分配的机制。

DBA 算法就是实时地改变 EPON 的各 ONU 上行带宽的机制。EPON 中如果用带宽静态分配，对数据通信这样的变速率业务是很不适合的，如按峰值速率静态分配带宽则整个系统带宽很快就被耗尽，致使带宽的利用率很低，而动态带宽分配使系统带宽的利用率大幅度提高。

DBA 具有如下功能。

(1) 提高上行带宽的效率。

(2) 允许灵活的 SLA(服务等级协议)策略。

(3) 充分支持增强型业务特性。

在 EPON 上行方向，信道中的传输是采用 TDMA 来共享光纤的，各个 ONU 收集来自用户的信息并高速地向 OLT 发送数据，不同的 ONU 发送的数据占用不同的时隙。根据不同用户的业务类型与业务特点合理分配信道带宽，使网络提供者以一套最有效的手段利用网络资源，是决定 EPON 系统性能的关键技术之一。

2. DBA 的实现过程

DBA 的实现过程如图 3-31 所示，OLT 的 MPCP 会下发 Gate 消息给 ONU，允许 ONU 可以进行发现消息的发送和正常数据的发送。在正常发送窗口内，ONU 可以报告针对每个 802.1Q 优先级队列所需的上行带宽。

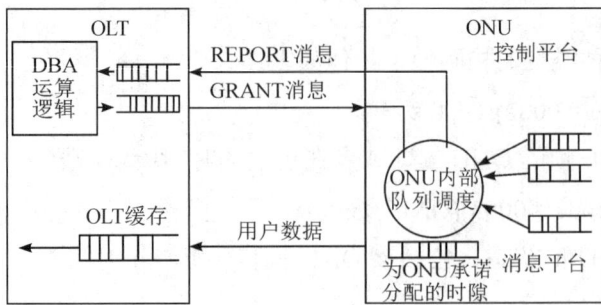

图 3-31　DBA 实现过程

1) DBA 算法

DBA 算法就是实时地改变 EPON 的各 ONU 上行带宽的机制。通过 DBA，我们可以根据 ONU 突发业务的要求，通过在 ONU 之间动态调节带宽来提高 PON 上行带宽的效率。

2) 采用集中控制方式

所有的 ONU 的上行信息发送，都要向 OLT 申请带宽，OLT 根据 ONU 的请求按照一定的算法给予带宽(时隙)占用授权，ONU 根据分配的时隙发送信息。其分配准许算法的基本思想是：各 ONU 利用上行可分割时隙反应信元到达的时间分布并请求带宽，OLT 根据各 ONU 的请求公平合理地分配带宽，并同时考虑处理超载、信道有误码、有信元丢失等情况的处理。

(三) 测距技术原理

EPON 系统点对多点的特殊结构导致了各 ONU 的数据帧延时不同，为防止数据在时域碰撞，并支持 ONU 的即插即用，必须引入测距技术。

各个 ONU 到 OLT 的物理距离不同，环境温度的变化和光电器件的老化等因素都会产生传输时延。在 ONU 的注册阶段，为补偿由于物理距离差异造成的试验，会进行静态测距；而在通信过程中，为校正温度变化、期间老化等因素引起的时延漂移，会进行动态测距。

OLT 根据 DBA 算法向 ONU 发布授权时间窗口。测量 OLT 下行发送到上行接收的数据信号环路时延，并据此对 ONU 授权时间窗口进行延时补偿，从而保证上行数据不会发生冲突。

测距方法有扩频法、带外法和带内开窗法。带内开窗法虽然会占用一定的带内带宽，但其实现简单、成本低。下面介绍业界常用的带内开窗法。

在 EPON 系统中，测距技术主要用于确定 OLT 和 ONU 之间的往返时延(RTT)。这个距离信息对于精确控制 ONU 的发送时序和确保上行信号同步至关重要。测距过程如图 3-32 所示，典型的测距技术原理包括以下几个步骤：

(1) OLT 发送一个测距请求帧到 ONU。

(2) ONU 在收到测距请求帧后，延时一段时间后发送一个测距回复帧。

(3) OLT 接收到测距回复帧，计算往返时延，即从 OLT 发送测距请求帧到接收到测距回复帧所经历的时间。

(4) 由于光信号在光纤中传播的速度是已知的，因此 OLT 可以通过往返时延计算出
OLT 和 ONU 之间的光纤距离。

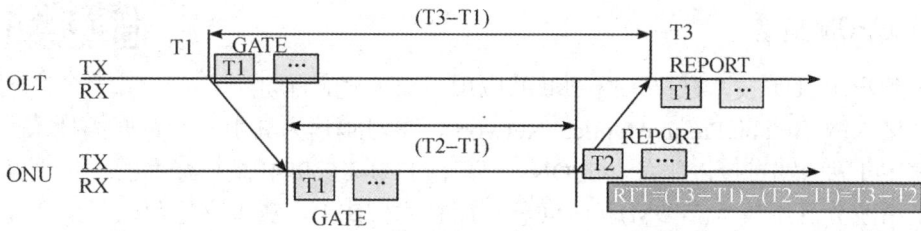

图 3-32　测距过程图

通过这种测距技术，EPON 系统可以实现对不同距离的 ONU 进行精确的时间调整。

(四) ONU 注册

ONU 注册流程如图 3-33 所示。ONU 发现由 OLT 发起，它周期性地产生合法的发现时
间窗口(Discovery Time Window)，使 OLT 可以检测到非在线的 ONU。

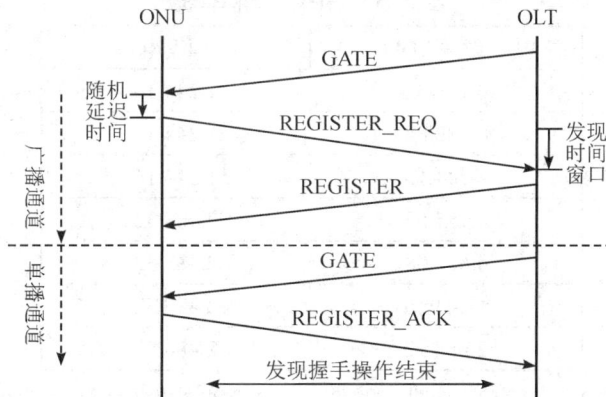

图 3-33　ONU 注册流程

ONU 的自动注册过程如下：

(1) OLT 通过广播一个发现 GATE 消息来通知 ONU 发现窗口的周期。发现 GATE 消
息包含发现窗口的开始时间和长度。

(2) 非在线 ONU 接收到该消息后将等待该周期的开始，然后向 OLT 发送 REGISTER_
REQ 消息(REGISTER_REQ 消息中包括 ONU 的 MAC 地址以及最大等待授权(Pending Grant)
的数目)。

(3) OLT 发送一个测距请求帧到 ONU，同时记录 OLT 上的发送时间 T1；ONU 在收
到测距请求帧后，同时记录 ONU 上的接收时间 T1，延时一段时间后发送一个测距回复
帧，并记录 ONU 上的发送时间 T2；OLT 在接收到测距回复帧，记录 OLT 上的接收时间
T3，并计算往返时延（RTT），即从 OLT 发送测距请求帧到接收到测距回复帧所经历的
时间。

四、GPON 的概念与技术特点

(一) GPON 概念

光纤到户(FTTH)技术在接入网领域的应用日益广泛，千兆
无源光纤接入网(Gigabit Passive Optical Network，GPON)作为其中一种重要的技术，为用户
提供高速、可靠的宽带接入服务。GPON 是基于 ITU-T G.984 系列标准的一种光纤接入技
术，它采用波分复用技术(WDM)和时间分复用技术(TDM)，实现高速数据、语音和视频等
业务的传输。

GPON 的技术特点与优势

(二) GPON 技术特点

GPON 主要特点如下：

(1) 高带宽：GPON 目前使用的主流速率为 2.5 Gb/s 的下行速率和 1.25 Gb/s 的上行
速率，满足高速互联网、高清视频、VoIP 等多种业务需求。其支持的速率如表 3-5 所示。

表 3-5　GPON 速率表

上行速率/(Gb/s)	下行速率/(Gb/s)
0.155 52	1.244 16
0.622 08	1.244 16
1.244 16	1.244 16
0.155 52	2.488 32
0.622 08	2.488 32
1.244 16	2.488 32
2.488 32	2.488 32

(2) 高分光比：GPON 具有高分裂比的特点，每个光线路终端(OLT)可以支持多达 1∶128
的分光器分光比，从而降低网络建设和运营成本。

(3) 多业务支持：GPON 可以支持包括数据、语音和视频在内的多种业务，实现业务的
统一传输和管理。

(4) 动态带宽分配(DBA)：GPON 中的 DBA 技术可以根据用户需求动态调整上行带
宽分配，提高带宽利用率。

(5) 良好的可扩展性和升级能力：GPON 网络具有良好的可扩展性，可以根据业务发
展和用户需求进行升级，满足未来高速网络的需求。

(6) 良好的兼容性和互操作性：GPON 标准遵循 ITU-T G.984 系列规范，具有良好的
兼容性和互操作性，可与其他标准设备进行互联。

(三) GPON 关键组成部分

GPON 基于 ITU-T G.984 系列标准，具有高带宽、高分光比、多业务支持、动态带宽
分配等技术特点。GPON 网络的关键组成部分包括 OLT、ONU、分光器、PON 协议、OMCI、
波分复用技术和时间分复用技术等。通过这些技术，GPON 为用户提供了高速、可靠的宽

带接入服务。

(1) OLT(Optical Line Terminal)：位于网络中心端，负责与上游网络进行连接，并将数据流分发到各个用户侧设备(ONU)。

(2) ONU(Optical Network Unit)：位于用户侧，负责接收从 OLT 发送过来的数据流，并将数据分发给各个终端设备。ONU 还负责将用户侧的上行数据发送回 OLT。

(3) 分光器(Splitter)：分光器位于 OLT 和 ONU 之间，负责将 OLT 发出的光信号分发给多个 ONU。分光器可以实现单个 OLT 支持多个 ONU 的连接，从而有效降低网络建设成本。

(4) PON 协议：GPON 技术基于 ITU-T G.984 系列标准，该协议定义了 GPON 网络中 OLT、ONU 之间的控制、管理和数据传输机制。

(5) OMCI(Optical Network Terminal Management and Control Interface)：OMCI 是 GPON 中用于 OLT 管理和控制 ONU 的接口协议。它允许 OLT 对 ONU 进行配置、监控和故障诊断。

(6) 波分复用技术(WDM)：GPON 利用波分复用技术在一个光纤上同时传输多个波长的光信号，从而增加了网络的传输容量。

(7) 时分复用技术(TDM)：GPON 使用时分复用技术在不同时隙将不同用户的信号分配到同一光纤上，实现多用户共享网络资源。

五、GPON 的协议层次模型与标准

（一）GPON 协议层次模型

GPON 的协议层次与标准

1. GTC 概述

GPON TC(GTC)层系统的协议栈如图 3-34 所示。GTC 层包括 GTC 成帧子层和 TC 适配子层。从另一个角度来看，GTC 包括管理用户业务流、安全和 OAM 特性的控制和管理(C/M)平面和承载用户业务流的 U 平面。如图 3-34 所示，在 GTC 成帧子层中，GTC 帧可

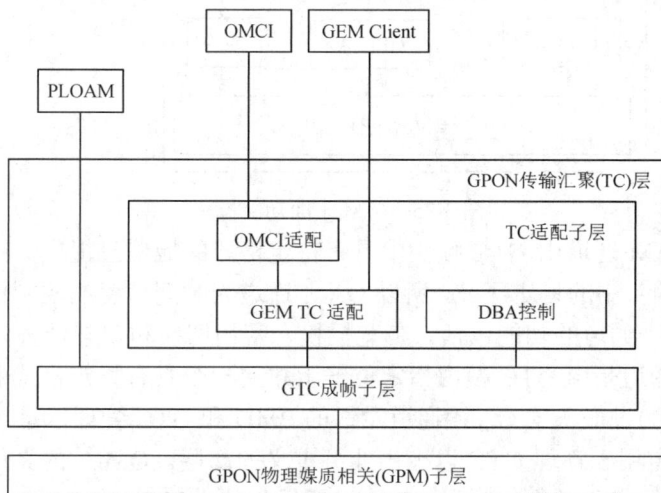

图 3-34　GPON 系统协议栈

分为 GEM(GPON Encapsulation Method，GPON 封装方法)块、嵌入式 OAM 和 PLOAM 块。直接封装在 GTC 帧头的嵌入式 OAM 信息被终结，并用于直接控制该子层。PLOAM 信息在 PLOAM 模块中处理，该模块位于成帧子层的客户层。GEM SDU(服务数据单元)在相应的适配子层被转换成 GEM PDU(协议数据单元)，或者相反地从 PDU 转换到 SDU。PDU(协议数据单元)还包括 OMCI 通道数据，这些数据在适配子层被识别，并与 OMCI 实体进行交互。嵌入式 OAM、PLOAM 和 OMCI 属于 C/M 平面，除 OMCI 外的 GEM SDU 属于 U 平面。GTC 成帧子层对所有的数据传输可见，OLT GTC 成帧子层与所有的 ONU GTC 成帧子层直接对等。

除此以外，DBA 控制模块被定义为一个通用功能模块，该模块负责完成 ONU 报告和所有的 DBA 控制功能。

2. C/M 平面协议栈

GTC 系统的 C/M 平面包括 3 个部分：嵌入式 OAM、PLOAM 和 OMCI。如图 3-35 所示。嵌入式 OAM 和 PLOAM 通道管理 PMD(物理媒质相关层)和 GTC 层功能，而 OMCI 提供了一个统一的管理上层(业务定义)的系统。

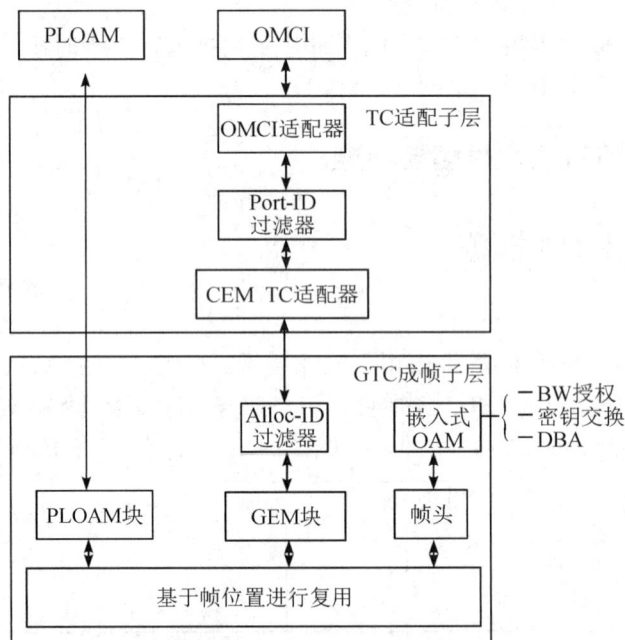

图 3-35　C/M 平面功能模块

(1) 嵌入式 OAM 通道由 GTC 帧头中具有特定格式的域信息提供。因为每个信息片被直接映射到 GTC 帧头中的特定区域，所以 OAM 通道为时间敏感的控制信息提供了一个低延时通道。使用这个通道的功能包括：带宽授权、密钥切换和动态带宽分配指示。

(2) PLOAM 通道是由 GTC 帧内指定位置承载的一个具有特定格式的信息系统，它用于传送其他所有未通过嵌入式 OAM 通道发送的 PMD 和 GTC 管理信息。

(3) OMCI 通道用于管理 GTC 以上由业务定义的高层。OMCI 的具体规定不在 GPON 标准部分的范围内。然而 GTC 必须为 OMCI 流提供传送接口。GTC 功能提供了根据设备能力配置可选通道的途径，包括定义传送协议流标识(Port-ID)。

3. U 平面协议栈

U 平面的业务流由业务类型(GEM 模式)和 Port-ID 标识，其协议栈如图 3-36 所示。12bit 的 Port-ID 用于标识 GEM 业务流。T-CONT 由 Alloc-ID 标识，是一组业务流。每个 T-CONT 的带宽分配和 QoS 控制通过控制时隙数量的变化来实现。

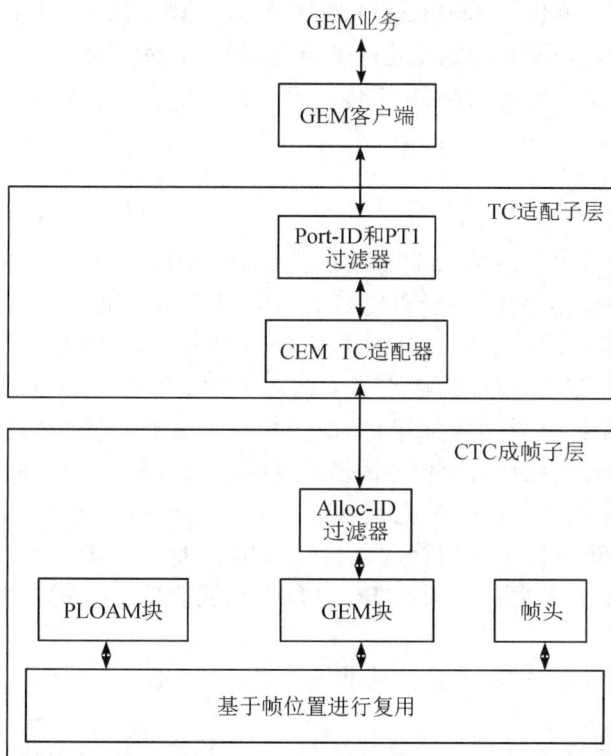

图 3-36   U 平面协议栈

GTC 中的 GEM 流操作分上行和下行两个方向。在下行方向中，GEM 帧由 GEM 块承载并送至所有的 ONU。ONU 成帧子层提取 GEM 帧，GEM TC 适配器根据 12 bit 的 Port-ID 过滤 GEM 帧。只有携带正确 Port-ID 的帧才允许到达 GEM 的客户端。在上行方向中，GEM 流由一个或多个 T-CONT 承载。OLT 在接收到与 T-CONT 关联的流后，会将帧转发到 GEM TC 适配器，然后送至 GEM 的客户端。

4. GTC 成帧子层

GTC 成帧子层包括 3 个功能。

1) 复用和解复用

PLOAM 和 GEM 部分根据帧头指示的边界信息复用到下行 TC 帧中，并可以根据帧头指示从上行 TC 帧中提取出 PLOAM 和 GEM 部分。

2) 帧头生成和解码

下行帧的 TC 帧头按照格式要求生成，上行帧的帧头会被解码。此外还要完成嵌入式 OAM。

3) 基于 Alloc-ID 的内部路由功能

基于 Alloc-ID 的内部标识为 GEM TC 适配器的数据进行路由。

5. GTC 适配子层和上层实体接口

适配子层提供了 2 个 TC 适配器，即 GEM TC 适配器和 OMCI 适配器。GEM TC 适配器汇聚来自 GTC 成帧子层各 GEM 帧的 PDU，并将这些 PDU 映射到相应的帧。

适配器向上层实体提供了 GEM 接口，GEM TC 适配器经过配置后可将帧适配到不同的帧传送接口。此外，适配器根据特定的 Port-ID 识别 OMCI 通道。一方面它可以从 GEM TC 适配器接收数据并传送到 OMCI 实体，另一方面它也可以把 OMCI 实体数据传送到 GEM TC 适配器。

（二）GPON 标准

GPON 的概念最早由 FSAN(Full Service Access Network，全业务接入网)联盟在 2001 年提出。ITU-T 根据 FSAN 组织关于吉比特业务需求的研究报告，重新制定了 PON 网络所要达到的关键指标，同时借鉴 APON 技术的研究成果，开始进行新一代 PON 技术标准的研究工作，并于 2003 年讨论通过了 GPON 技术。FSAN/ITU 推出 GPON 技术的最主要的原因是由于网络 IP 化进程加速和 ATM 技术的逐步萎缩导致之前基于 ATM 技术的 APON/BPON 技术在商用化和实用化方面严重受阻，迫切需要一种高传输速率、适宜 IP 业务，同时具有综合业务接入能力的光接入技术。在这样的背景下，FSAN/ITU 以 APON 标准为基本框架，重新设计了新的物理层传输速率和 TC 层，推出了 GPON 技术和标准。它通过提供千兆比特的带宽，高效的 IP、TDM 承载模式，为用户提供了更为完善的解决方案。

GPON 标准由 ITU-T G.984.x 系列标准规范组成，如图 3-37 所示。

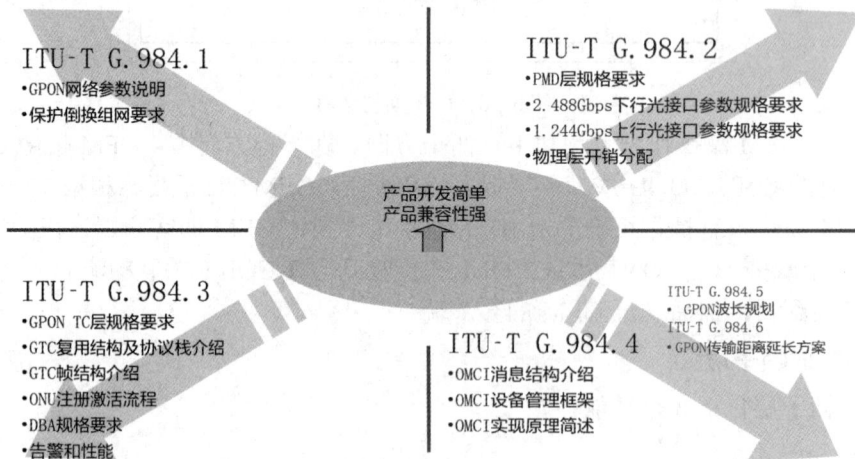

图 3-37　GPON 协议标准

GPON 标准目前已经发展到 ITU-T G.984.6 共六个标准。

(1) ITU-T G.984.1：GPON 概述，介绍了 GPON 的一般特点和应用场景。

(2) ITU-T G.984.2：GPON 物理层规范，定义了 GPON 物理层的光学和电气特性，包括波长、光功率等参数。

(3) ITU-T G.984.3：GPON 传输层规范，定义了 GPON 传输协议(GTC)帧的结构、封装和解封装方法，以及时分复用、波分复用等技术。

(4) ITU-T G.984.4：GPON 控制层规范，定义了 OMCI 协议的结构、消息格式和功能，用于管理和控制 GPON 网络中的设备。

(5) ITU-T G.984.5：增强带宽，主要规范了缩窄下行波长的范围，ONU 新增波长过滤模块，为下一代共存演进进行了预留。

(6) ITU-T G.984.6：扩展距离，主要规范了如何在 ODN 网络中增加有源扩展盒以有效扩展 GPON 的最长距离，并给出了几种类型的扩展盒模型。

六、GPON 的帧结构与工作原理

(一) GPON 业务映射关系

GPON 的帧结构和工作原理

1. 上行复用

GEM 帧(GPON Encapsulation Mode)是 GPON 技术中最小的业务承载单元，是最基本的封装结构。所有的业务都要封装在 GEM 帧中以便在 GPON 线路上传输，通过 GEM Port 标识。每个 GEM Port 由一个唯一的 Port-ID 来标识，由 OLT 进行全局分配，即 OLT 下的每个 ONU/ONT 不能使用重复的 Port-ID。GEM Port 标识的是 OLT 和 ONU/ONT 之间的业务虚通道，即承载业务流的通道。

T-CONT 是 GPON 上行方向承载业务的载体，所有的 GEM Port 都要映射到 T-CONT 中，由 OLT 通过 DBA 调度分配带宽。T-CONT 是 GPON 系统中上行业务流最基本的控制单元。每个 T-CONT 由 Alloc-ID 来唯一标识。Alloc-ID 由 OLT 进行全局分配，即 OLT 下的每个 ONU 不能使用重复的 Alloc-ID。

业务与 GEM Port、T-CONT 的映射关系如图 3-38 所示。GEM Port 是 GPON 系统的最小业务单元，一个 GEM Port 可以承载一种业务，也可以承载多种业务。GEM Port 承载业

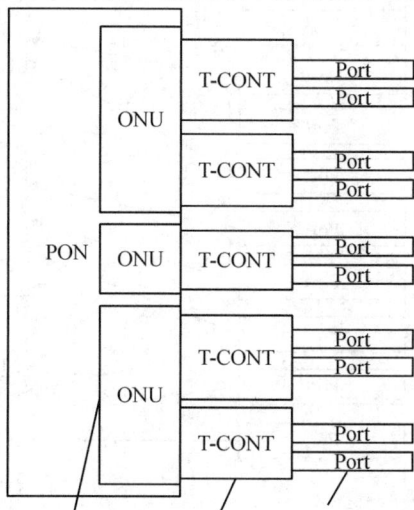

定义为ONU-ID　定义为Alloc-ID　定义为Port-ID

图 3-38　业务与 GEM Port、T-CONT 的映射关系图

务后先要映射到 T-CONT 单元进行上行业务调度。每个 ONU 支持多个 T-CONT，并可以配置为不同的业务类型。T-CONT 可以承载一个或多个 GEM Port，需根据用户具体的配置而定。当 T-CONT 承载的数据上行到 OLT 侧后解调出 GEM Port，然后再解调出 GEM Port 中的业务净荷进行相关业务处理。

　　GPON 系统中的业务复用原理如图 3-39 所示。各种业务先在 ONU 上映射到不同的 GEM Port 中，GEM Port 携带业务再映射到不同类型的 T-CONT 中进行上传。T-CONT 是 GPON 线路上行方向的基本承载单元。T-CONT 在 OLT 侧先将 GEM Port 单元解调出来，送入 GPON MAC 芯片；再将 GEM Port 净荷中的业务解调出来。送入相关的业务处理单元进行处理。其他处理步骤和交换机或者接入网相同。

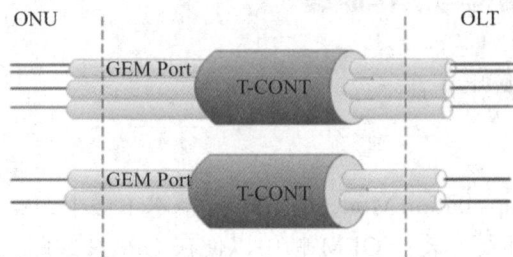

图 3-39　GPON 系统中的业务复用原理

2. 下行复用

　　下行方向复用方式如图 3-40 所示，所有的业务在 GPON 业务处理单元中被封装到 GEM Port 中，广播到该 GPON 接口下的所有 ONU 上，ONU 再根据 GEM Port ID 进行数据过滤，只保留属于该 ONU 的 GEM Port 并解封装，将业务从 ONU 的业务接口送入用户设备中。共享的 GEM Port 为组播 GEM Port。

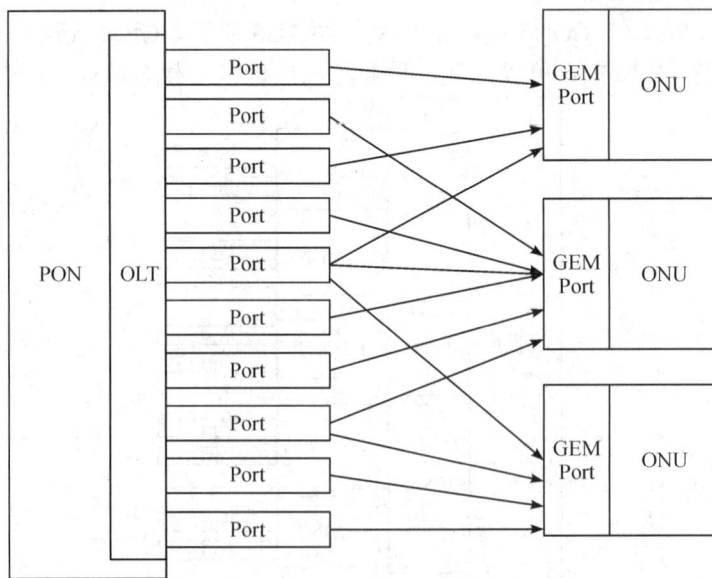

图 3-40　下行方向复用方式图

（二）GPON 帧结构

GPON GTC 的 TC 帧结构分为下行帧结构和上行帧结构，两者不对称，如图 3-41 所示。其中下行帧结构采用 125 μs 长度的帧结构，而上行帧结构是按照 125 μs 划分的虚拟帧结构。

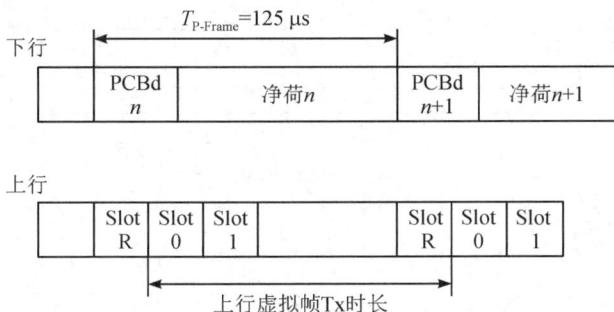

图 3-41　GPON GTC 的 TC 帧结构

GPON 采用时间分复用(TDM)技术，将帧划分为多个时隙(timeslot)，分配给不同的用户。每个子帧包括下行(downstream)和上行(upstream)通道。GPON 下行帧结构如图 3-42 所示。

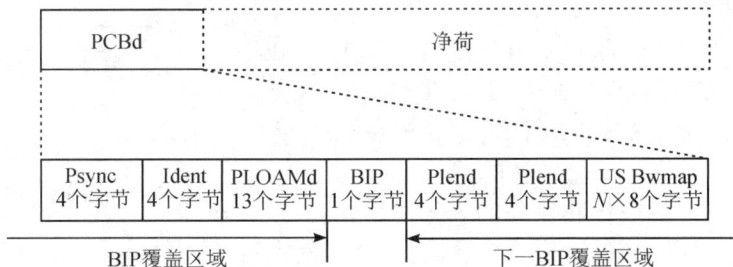

图 3-42　GPON 下行帧结构

(1) 下行物理控制块(PCBd)。PCBd 由多个域组成。OLT 以广播方式发送 PCBd，每个 ONU 均接收完整的 PCBd 信息，并根据其相关信息进行相应操作。

(2) 物理同步(Psync)域。位于 PCBd 起始位置的物理同步域的长度固定为 32 字节。ONU 可利用 Psync 来确定帧的起始位置。Psync 域的编码为 0xB6AB31E0.

(3) Ident 域。Ident 域用于指示更大的帧结构。复帧计数器用于用户数据加密系统，也可用于提供较低速率的同步参考信号。

(4) PLOAMd 域。该字段携带 PLOAM 消息的下行 PLOAM 域，长 13 字节。

(5) BIP 域。BIP 域长 8 字节，携带了奇偶校验信息。

(6) Plend 域。Plend 域是下行净荷长度域，用于指定 US Bwnap 的长度。为了保证健壮性和防止错误，Plend 域传送两次。

(7) 带宽映射(US Bwimap)。US Bwmap 的字段长度为 8 字节的整数倍，是一个向量数组。数组中的每个入口代表分配给某个特定 T-CONT 的上行带宽。

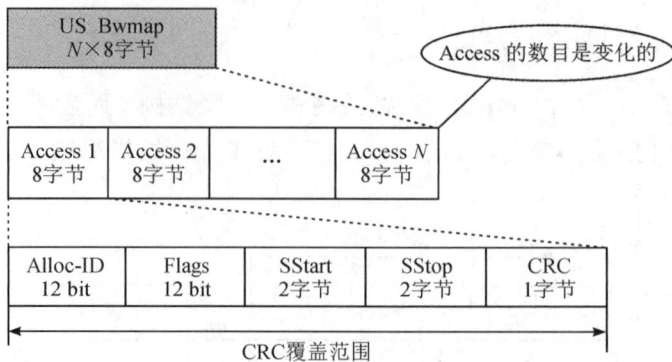

图 3-43 Bwmap 结构图

(三) GPON 关键技术

1. 测距技术

各个 ONU 和 OLT 的距离都不一样，光信号在光纤上的传输时间不一样，到达各 ONU 的时刻也不一样，如图 3-44 所示。OLT 给每个 ONU 分配不同的时隙来发送上行的数据，但不能保证各 ONU 能够精确定位时隙，应确保多个 ONU 的上行数据不冲突，实现帧同步。

PON 上行传输采用 TDMA 方式接入，一个 OLT 可以接多个 ONU。ONU 至 OLT 之间的距离最短的可以是几十米，实际物理距离最长的可达 40 km。光在光纤上传输，每公里的传输延时为 5 ps。由于环境温度的变化和器件的老化，传输

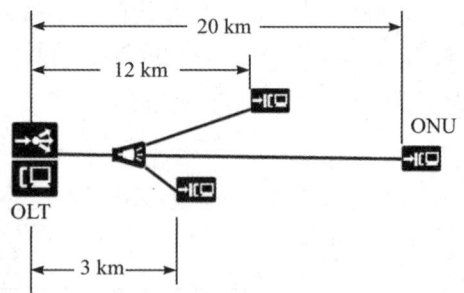

图 3-44 测距示意图

延时也在不断发生变化。为了实现 TDMA 接入，保证每一个 ONU 的上行数据在主干光纤汇合后，插入指定的时隙，彼此间不发生碰撞也不要间隙太大，OLT 必须对每一个 ONU 与 OLT 之间的往返时延进行精确测定，以便控制每个 ONU 发送上行数据的时刻。

测距流程如下：

(1) OLT 通过 Ranging 测距过程获取 ONU 的往返延迟 RTD(Round Trip Delay)，计算出每个 ONU 的物理距离。

(2) 指定合适的均衡延时参数 EqD(Equalization Delay)。

(3) Ranging 的过程需要开窗，即 Quiet Zone，暂停其他 ONU 的上行发送通道。OLT 开窗通过将 Bwmap 设置为空，不授权任何时隙来实现。

通过 RTD 和 EqD，使得各个 ONU 发送的数据帧同步，从而保证每个 ONU 在发送数据时均不会在分光器上产生冲突。相当于所有 ONU 都在同一逻辑距离上，在对应的时隙发送数据即可。

2. 动态带宽分配(DBA)

为了实现对不同用户带宽需求的灵活调整，GPON 采用了动态带宽分配(DBA)技术。在 DBA 中，OLT 根据各个 ONU 的实际带宽需求动态分配上行时隙，从而实现带宽的高效利用。

DBA 主要包括以下两种模式:

(1) SR-DBA: Status Report-DBA 状态报告。OLT 根据 ONU 的报告带宽需求分配上行时隙。ONU 在分配时隙内发送数据后,将剩余的带宽需求通过报告消息发送给 OLT,OLT 再根据各个 ONU 的剩余带宽需求进行下一轮的时隙分配。

(2) NSR-DBA: Non Status Report-DBA 非状态报告。OLT 预先为实时业务分配固定的上行时隙。

SR-DBA 实现流程如图 3-45 所示,OLT 内部 DBA 模块不断收集 DBA 报告信息,进行相关计算,并将计算结果以 Bwmap 的形式下发给各 ONU。各 ONU 根据 Bwmap 信息在各自的时隙内发送上行突发数据,占用上行带宽。

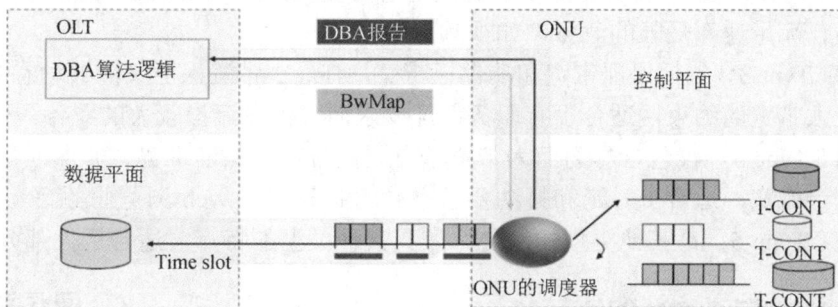

图 3-45　SR-DBA 工作流程

DBA 功能的实现机制主要包括以下几个部分: ① OLT 或 ONU 进行拥塞检测; ②向 OLT 报告拥塞状态; ③ 按照指定参数更新 OLT 分配带宽; ④ OLT 按照新分配的带宽和 T-CONT 类型发送授权; ⑤ DBA 操作的管理。

T-CONT(Transmission Container)动态接收 OLT 下发的授权,是上行带宽分配的单位。一共有 5 种 T-CONT 类型: Type1、Typez、Type3、Type4、Type5。这 5 种 T-CONT 类型由固定带宽(Fixed Bandwidth)、保证带宽(Assured Bandwidth)、非保证带宽(Non-Assured Bandwidth)、尽力而为带宽(Best-Effort Bandwidth)和最大带宽(Maximum Bandwiath)5 种上行带宽类型单独或组合应用而成。

固定带宽: 在 T-CONT 激活之后,OLT 就为其分配该带宽,不管 T-CONT 上是否有上行流量。

保证带宽: 当 T-CONT 有带宽需求时,必须分配给它的带宽。如果 T-CONT 的带宽需求小于配置的保证带宽,多出来的配置带宽可以被其他的 T-CONT 使用。

非保证带宽: 当 T-CONT 有带宽需求时,也不一定分配给它的带宽。只有在所有的固定带宽和保证带宽都分配完之后,才会进行非保证带宽的分配。

尽力而为带宽: 优先级最低的带宽类型。在固定带宽、保证带宽和非保证带宽都分配完之后,如果带宽还有剩余,才会进行尽力而为带宽的分配。

最大带宽: 不管该 T-CONT 上的实际上行流量有多大,分配的带宽值都不能大于最大带宽。最大带宽等于固定带宽、保证带宽、非保证带宽和尽力而为带宽的和。

不同类型的带宽是有优先级的,固定带宽、保证带宽、非保证带宽和尽力而为带宽,优先级依次降低。对同一个 T-CONT 来说,不会同时配置非保证带宽和尽力而为带宽。

上行带宽类型和 T-CONT 类型的关系,如表 3-6 所示。

表 3-6　T-CONT 的类型

	Type 1	Type 2	Type 3	Type 4	Type 5
固定带宽	R_F	0	0	0	R_F
保证带宽	0	R_A	R_A	0	R_A
最大带宽	$R_M = R_F$	$R_M = R_A$	$R_M > R_A$	R_M	$R_M \geqslant R_F + R_A$
$R_M - R_F - R_A$	无	无	非保证带宽	尽力而为带宽	任意

T-CONT Type 1，仅包含固定带宽，有确定的带宽和时隙，适合于对时延和抖动都很敏感、流量速率固定或波动很小的业务，如语音业务。

T-CONT Type 2，仅包含保证带宽，有确定的带宽但是时隙不确定，适合于对时延和抖动要求不高、流量速率受限的业务，如视频点播业务。

T-CONT Type 3，包括保证带宽和非保证带宽，有最小带宽保证又能够动态共享剩余带宽，并有最大带宽的约束，适合于有服务保证要求而又突发流量较大的业务。

T-CONT Type 4，仅包含尽力而为带宽，在固定带宽、保证带宽、非保证带宽分配后，竞争使用剩余带宽，适合于时延和抖动要求不高的业务，如 Web 浏览业务。

T-CONT Type 5，是其他类型的组合，兼具其他类型的特点，适合于大部分的业务流。

七、EPON 与 GPON 的比较

在本节中，将对 GPON 和 EPON 进行比较。我们将从以下几个方面进行比较：带宽、时延、协议、动态带宽分配、网络拓扑、兼容性和成本等，GPON 与 EPON 的区别如表 3-7 所示。

EPON 与 GPON 的比较

表 3-7　GPON 与 EPON 的比较

对比项	P2MP	
PON 技术	GPON	EPON
标准	ITU-T G984	IEEE 802.3ah
速率	2.488 Gb/s/1.244 Gb/s	1.25 Gb/s/1.25 Gb/s
分光比	1∶128	1∶64
承载	ATM，Ethernet，TDM	Ethernet
带宽效率	92%	72%
QOS	非常好，支持以太网、TDM、ATM	好，仅支持以太网
光模块等级	Class A/B/C	Px10/Px20
测距	EqD 逻辑等距	RTT
DBA	标准格式	厂家自定义
OAM	ITU-T G.984　OMCI(强)	Ethernet OAM(弱，厂家扩展)

1. 带宽

GPON 的最大下行带宽为 2.488 Gb/s，最大上行带宽为 1.244 Gb/s。EPON 采用对称速率，最大下行和上行带宽均为 1.25 Gb/s。在带宽方面，GPON 相对于 EPON 具有更高的下行带宽。

2. 时延

由于 GPON 采用时分复用(TDM)技术,时延相对较低。而 EPON 采用时分多址(TDMA)技术,由于需要等待时隙分配,时延相对较高。

3. 协议

GPON 基于 ITU-T G.984 系列标准,使用 GEM(GPON Encapsulation Method)进行封装,可以支持多种业务类型(如 ATM、以太网等)。而 EPON 基于 IEEE 802.3ah 标准,使用以太网封装,主要支持以太网业务。

4. 动态带宽分配

GPON 采用带宽分配映射(BAM)进行动态带宽分配(DBA),支持实时和非实时 DBA。EPON 使用多点控制协议(MPCP)进行动态带宽分配,也支持实时和非实时 DBA。两者在 DBA 方面具有相似的性能。

5. 网络拓扑

GPON 支持多种拓扑结构,如链型、树形、环形等。EPON 主要支持链型和树形拓扑结构。在网络拓扑方面,GPON 具有更丰富的选择。

6. 兼容性

GPON 支持与旧版 PON 技术(如 APON、BPON 等)的兼容。EPON 支持与旧版以太网技术的兼容。在兼容性方面,两者各有优势。

八、OLT 设备

光纤接入网络的关键部件之一是光线路终端(Optical Line Terminal,OLT)。在这一节中详细介绍 OLT 设备的原理、功能、结构和工作流程。

OLT 设备

(一) OLT 设备简介

OLT 是光纤接入网局端的设备,负责与多个光分配网络(ODN)上的光网络单元(ONU)进行通信。OLT 通过分光器(ODN 中的一种无源器件)将下行信号分配给各个 ONU,并从各个 ONU 中接收上行信号。在 GPON 系统中,OLT 和 ONU 之间的通信使用波分复用技术实现。

1. OLT 功能

(1) 数据帧生成与处理:OLT 负责生成和处理下行帧,将数据帧封装成 GPON 帧,并为每个 ONU 分配带宽。

(2) 上行数据帧接收:OLT 接收从 ONU 发送的上行帧,提取数据帧,并将其发送至相应的网络设备。

(3) DBA(动态带宽分配):根据 ONU 的带宽需求,由 OLT 动态分配带宽。

(4) 网络管理与监控:OLT 提供网络管理功能,可以监控和管理 ONU 设备,实现远程配置、性能监控和故障诊断等功能。

2. 设备结构

OLT 设备主要由以下部分组成:

(1) 上联接口：用于连接上层网络设备，如路由器或交换机。

(2) PON 端口：用于连接分光器，与 ONU 通信。

(3) 控制板：负责处理控制信息，如 DBA、远程配置、性能监控等。

(4) 交换板：负责处理 OLT 的上行和下行数据。

(5) 电源板：为 OLT 提供电源。

(6) 风扇：用于散热。

3. OLT 设备的工作流程

(1) OLT 接收来自上层网络设备的数据帧。

(2) 控制板将数据帧封装成 GPON 帧，并为每个 ONU 分配带宽。

(3) GPON 数据帧通过 PON 端口和分光器发送至相应的 ONU。

(4) ONU 接收 GPON 帧，提取数据帧，并发送至用户设备。

(5) ONU 将用户数据封装成 GPON 上行帧，并通过分光器发送回 OLT。

(6) OLT 的 PON 端口接收来自各个 ONU 的上行 GPON 帧。

(7) 控制板提取上行 GPON 帧中的数据帧，并根据目的地址将数据帧发送至相应的上层网络设备。

(8) OLT 不断监控各个 ONU 的带宽需求，动态调整带宽分配策略以满足实时需求。

（二）主流厂家的 OLT 设备介绍

主流的光纤接入设备厂家有多个，以下将简要介绍业界用得比较多的华为 OLT 设备。华为 OLT 系列设备如图 3-46 所示。

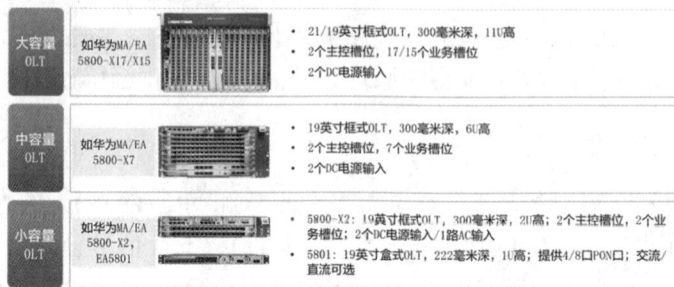

大容量 OLT	如华为 MA/EA 5800-X17/X15	• 21/19英寸框式OLT，300毫米深，11U高 • 2个主控槽位，17/15个业务槽位 • 2个DC电源输入
中容量 OLT	如华为 MA/EA 5800-X7	• 19英寸框式OLT，300毫米深，6U高 • 2个主控槽位，7个业务槽位 • 2个DC电源输入
小容量 OLT	如华为 MA/EA 5800-X2，EA5801	• 5800-X2：19英寸框式OLT，300毫米深，2U高；2个主控槽位，2个业务槽位；2个DC电源输入/1路AC输入 • 5801：19英寸盒式OLT，222毫米深，1U高；提供4/8口PON口；交流/直流可选

图 3-46　华为 OLT 设备

SmartAX MA5800 系列是华为公司推出的高性能、高可靠性的光线路终端设备，它们有 3 种不同的产品系列，但都具有极高的稳定性和扩展性，被广泛应用于各种宽带接入和传输场景。

MA5800/EA5800-X17 业务框提供 22 个槽位，包括 2 个主控板槽位、2 个电源板槽位、1 个通用接口板槽位和 17 个业务板槽位。

MA5800/EA5800-X15 业务框提供 20 个槽位，包括 2 个主控板槽位、2 个电源板槽位、1 个通用接口板槽位、15 个业务板槽位。

MA5800/EA5800-X7 业务框提供 12 个槽位，包括 2 个主控板槽位、2 个电源板槽位、1 个通用接口板槽位(GPIO)、7 个业务板槽位。

MA5800/EA5800-X2 业务框提供 5 个槽位，包括 2 个主控板槽位、1 个电源板槽位、2 个业务板槽位。

九、ONU 设备

ONU 设备

光网络单元(Optical Network Unit, ONU)设备。ONU 设备是光纤接入网络中的关键组件,主要用于实现光信号与电信号之间的转换,为用户提供各类接入服务,如数据、语音、视频等。在光纤到户(FTTH)和光纤到楼(FTTB)等光纤接入场景中,ONU 设备扮演着至关重要的角色。

(一) ONU 设备介绍

1. 工作原理

ONU 设备位于光纤接入网络的用户侧,通过 ODN 与光线路终端(OLT)设备相连。OLT 设备通过分光器将下行光信号分配给多个 ONU 设备,而 ONU 设备则负责将接收到的光信号转换为电信号,供用户终端设备使用。同时,ONU 设备还需要将用户侧的电信号转换为光信号,通过光纤传输回 OLT 设备。这个过程称为上行信号传输。

2. 支持多种接入技术

ONU 设备支持多种接入技术,如 GPON、EPON、10G GPON、10G EPON 等。这些技术分别具有不同的传输速率和性能特点,可以满足各种接入需求。

3. 设备类型

根据实际应用场景和用户需求,ONU 设备可分为多种类型,如家庭型 ONU、企业型 ONU、工业型 ONU 等。家庭型 ONU 通常具有较小尺寸和较低成本,适用于家庭宽带接入;企业型 ONU 和工业型 ONU 则具有更高性能和更强可靠性,适用于企业专线和工业控制等场景。

4. 业务支持

ONU 设备支持多种业务类型,如数据、语音(VoIP)、视频监控、IPTV 等。ONU 设备通常具备多个接口,如以太网接口、电话接口、PON 接口等,以便连接各种用户终端设备。

5. 网络管理

ONU 设备支持远程网络管理,便于运营商统一监控和维护。通过简单网络管理协议(SNMP)、运营商可实时获取 ONU 设备的运行状态、性能数据等信息,及时发现和解决网络问题。

(二) 主流厂家 ONU 设备

在 PON 网络中我们经常见到 ONT、ONU、MDU、MxU 等术语。ONU 是所有 PON 网络接入单元的统称,ONU 在接入网中的位置如图 3-47 所示。

在 FTTx 场景中,不同场景使用的 ONU 被给予的习惯性叫法不同,在 FTTH/FTTO 场景中,ONU 提供的以太网接口和 POTS 接口数量较少,一般都是个位数。在这些场景下的 ONU 通常被称为 ONT(Optical Network Terminal)。

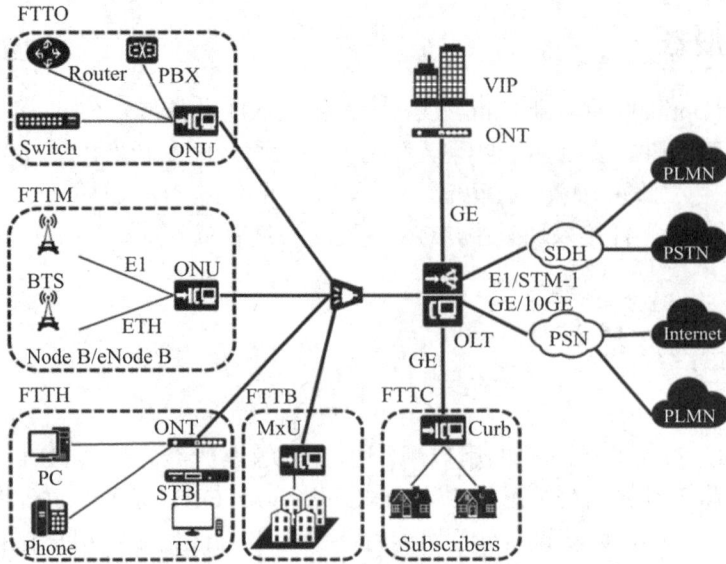

图 3-47　ONU 在接入网中位置

在 FTTB/FTTC 场景中，光纤到大楼/小区，ONU 提供双位数的以太网接口或 xDSL 接口。在这些场景下，根据场景不同被称为 ONU、MDU、MTU、SBU 等，除 ONU 外，这些名称也不是严格的定义，往往是习惯性的叫法，并且不同国家不同客户的习惯叫法不同。MDU、MTU、SBU 都属于 ONU，华为把 MDU 和 MTU 也统称为 MxU。

在这里我们重点介绍华为的 ONU 设备。华为是全球领先的通信设备供应商，其 ONU 设备被广泛应用于各类光纤接入场景。华为的 ONU 设备支持 GPON、EPON、10G GPON 等接入技术，具有高性能、高可靠性和丰富的业务支持能力。典型的华为 ONU 设备型号包括 HG8010、HG8245、HG8346R 等。

1. 机架式插卡式 ONU

华为机架式插卡式 ONU 如图 3-48 所示，主要支持 FTTC/B+DSL 场景。

主控板	风扇框	业务板
Vectoring集中处理板		业务板
电源板		业务板
		业务板

图 3-48　SmartAX MA5818 图

SmartAX MA5818 多业务接入设备为 2U 高、19 英寸宽的灵活插卡式产品，它有四个业务槽位，可灵活配置。MA5818 可用于 FTTC/FTTB 建设，也可用于 mini DSLAM/mini MSAN 建设，适用于楼道安装/机柜安装、室内应用/室外应用等多种场景，提供 VDSL2、

POTS、G.fast 等 UNI(User-to-Network Interface)接口，提供 GPON/XG-PON/EPON/10G-EPON/GE/10GE 等 NNI(Network-to-Network Interface)接口。

2. 机架式非插卡式 ONU

根据端口的数量，机架式非插卡式 ONU 有多种不同型号，如图 3-49 所示，该设备主要支持 FTTB+LAN 场景，在 PON 中广泛应用。

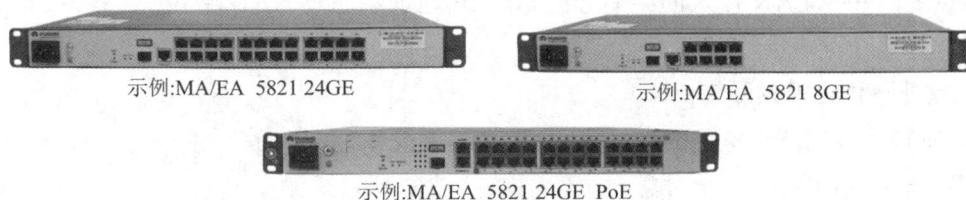

示例:MA/EA 5821 24GE　　　　　　　　示例:MA/EA 5821 8GE

示例:MA/EA 5821 24GE PoE

图 3-49　机架式非插卡式 ONU

MA/EA 5821 多业务接入设备为 1U 高、19 英寸宽，可提供 8GE、24GE 等不同规模的用户接口。PoE 款型具备 Poe 供电功能。PoE (Power over Ethernet)是指在以太网线上传输数据信号的同时，还能传输直流电的技术。ONU 单端口和系统最大 PoE 输出功率有限，在系统设计时需提前阅读产品手册，评估可供电终端数量。以 MA/EA 5821-24GE、PoE 为例，系统最大支持为 370 W，单 GE 端口最大支持为 30 W，若接入最大功耗为 30 W 的 AP，单台 ONU 最多可接入 12 台该规格的 AP。

3. 光纤到户 ONT

华为 ONT 如图 3-50 所示，ONU 用户接口类型丰富，主要在 PoL(无源光局域网)、FTTH、FTTO 场景中应用，适合不同业务类型的统一接口。

EG8010H：网络侧为 GPON 接口，用户侧为 1GE。

EG8040H5：网络侧为 GPON 接口，用户侧为 4GE 接口。

EG8120L：网络侧为 GPON 接口，用户侧为 1POTS+1GE+1FE 接口。

EG8247Q：网络侧为 GPON 接口，用户侧为 2POTS + 4GE + 2.4G/5G Wi-Fi + 2USB+ 1CATV 接口。

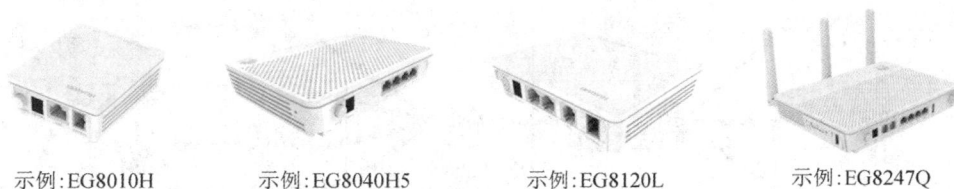

示例:EG8010H　　　　示例:EG8040H5　　　　示例:EG8120L　　　　示例:EG8247Q

图 3-50　华为 ONU

在支撑数据业务方面，ONU 可划分为桥接型和网关型。

1) 桥接型 ONU

桥接型 ONU 仅作透传，由局域网侧设备自行获取公网 IP 地址；桥接型 ONU 在 FTTH 场景中无法作为家庭控制中心，需要下挂路由器才能实现该功能；互联网业务：由 PC 直接通过 PPPoE 拨号获取公网 IP 地址上网，ONU 只作透传；IPTV 业务：由 STB 直接通过 DHCP 获取公网 IP 地址，ONU 只作透传；VoIP 业务：IP 语音终端通过 ONU 获得 IP 地址，ONT 只作透传。

2) 网关型 ONU

网关型 ONU 获取公网 IP 地址，并给局域网侧设备分配私网 IP 地址，公网与私网地址通过 NAT(网络地址翻译)转换；网关型 ONU 在 FTTH 场景中可作为家庭的互联中心，通过网线、WLAN 等将家庭设备连接起来，可以作为智能家庭的入口；互联网业务：ONU 作为 PPPoE Client，通过 PPPoE 拨号获取公网 IP 地址，同时 ONU 作为 DHCP 服务器，为通过以太网和 WLAN 接入的终端分配私网 IP 地址，通过 NAT 转换后，共享一个公网 IP 地址上网。

4. 室外一体化视频回传 ONU

该 ONU 主要部署于室外的抱杆上，为监控提供视频回传，如图 3-51 所示。

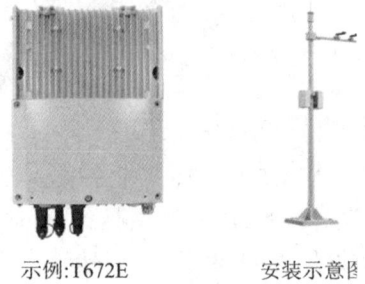

示例:T672E　　　安装示意图
图 3-51　室外一体化视频回传 ONU

- 网络侧为 GPON 接口，下行用户侧为 4GE 接口。
- 提供 IP55，6 kV 防雷功能。
- 支持 Type B 单归属/双归属线路保护。
- 电源：220V(交流)输入，4×DC 12V+2×AC 24V 输出。
- 工作温度：−40～55℃。
- 尺寸：248 mm×90 mm×435 mm(宽×深×高)。

十、ODN 器件与设备

(一) ODN 的基本概念

ODN 器件与设备

FTTx 网络由 OLT(光线路终端)、ONU(光用户单元)和 ODN(光分配网络)三部分组成，ODN(光分配网络)由 OLT 至 ONU 之间的所有无源光分路器、光纤光缆及光接头等无源器件组成，如图 3-52 所示。

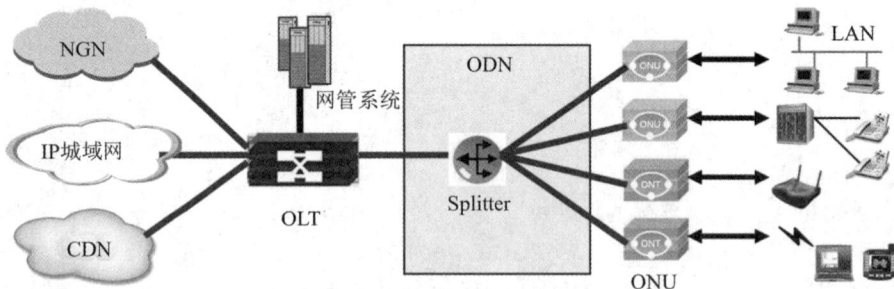

图 3-52　FTTx 网络

FTTx 光分配网络(ODN)在接入光缆网络主干、配线层面的基础上向引入层面进行不同程度的延伸。ODN 的结构主要是点到多点的树形分支拓扑。

由于 ONU 的安装位置有很大灵活性，既可以设置在路边，也可以放在建筑物、办公室、单位用户或居民住宅内。按照 ONU 在用户接入网中所处位置不同，可以将光接入网划分为两种基本的应用类型，即光纤到大楼(FTTB)和光纤到户(FTTH)。对于 FTTB 网络，ODN

仅仅分布到楼道，再以电话线(xDSL)、双绞线(局域网 LAN)等方式入户；对于 FTTH 网络，ODN 则直接分布到家庭。

(二) ODN 的组成

传统的 ODN 主要包括中心机房配线子系统、主干光缆子系统、配线光缆子系统，随着 FTTx 技术的发展，ODN 在接入光缆网络主干、配线层面的基础上向引入层面进行不同程度的延伸，FTTx 的 ODN 扩展了配线光缆子系统，增加了引入光缆子系统和光纤终端子系统，完成了光纤入户的功能，ODN 的组成如图 3-53 所示。

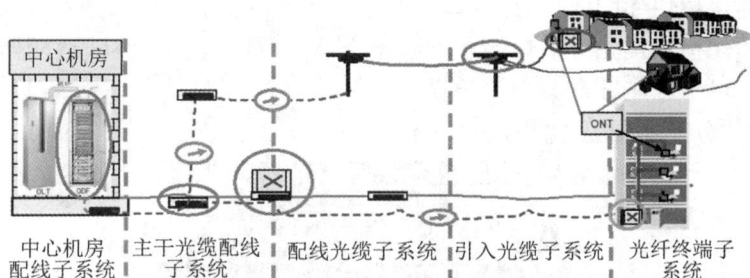

图 3-53   ODN 的组成

FTTx 的 ODN 组成包括如下 5 个子系统：

(1) 中心机房配线子系统；

(2) 主干光缆配线子系统；

(3) 配线光缆子系统；

(4) 引入光缆子系统；

(5) 光纤终端子系统。

(三) 中心机房配线子系统

中心机房配线子系统上接 OLT 设备，下联主干光缆配线子系统。中心机房配线子系统主要用于实现大量的进局光缆的接续和调度，该系统主要由 ODF 架以及相关光纤跳线构成，对于 FTTB 模式，如果采用分光点设置在机房的方案，则还包括了分光器插箱。中心机房配线子系统的主要特点是高密度的光纤接续和调度，光纤接续和调度操作简单，多数采用标准 ODF 架配合各种类型的模块化插箱结构。

ODF 架主要用于光纤通信系统中局端主干光缆的成端和分配，可方便地实现光纤线路的连接、分配和调度。标准 ODF 架包括开放式 ODF 架和封闭式 ODF 架，如图 3-54 所示。

ODF 架的特点如下：

(1) 符合 19 英寸标准，模块化结构设计的 ODF 配线柜互换性、兼容性强。

(2) 能够配置标准光纤配线模块。

(3) 能够配置芯熔配一体化模块。

图 3-54   ODF 架

（4）能够配置标准 19 英寸分光器插箱。

（5）全正面操作，所有的进缆、跳线均在正面完成。安装灵活，可大规模并架。

（6）完善的熔接、配线标示，可以熔接，可以配线。

（7）合理的路由设计和足够的操作空间满足大容量、高密度的需求。

（8）配线容量可以从 144 芯到最大 720 芯。

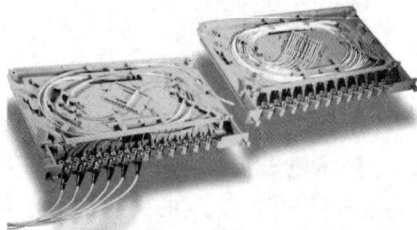

图 3-55　芯熔配一体化模块

芯熔配一体化模块如图 3-55 所示。

芯熔配一体化模块集光纤的熔接和配线于一体，可安装 FC、SC 适配器，适合于带状和非带状光缆，可保证尾纤在其中等长盘布。

标准 19 英寸分光器插箱如图 3-56 所示。

图 3-56　标准 19 英寸分光器插箱

19 英寸分光器插箱的特点如下：

（1）19 英寸标准结构设计，尺寸紧凑。

（2）可根据客户要求提供不同的适配器接口。

（3）插箱内具有合理的冗余光纤盘绕结构。

（4）分光比可以是 1 分 8、2 分 8、1 分 16、2 分 16、1 分 32、2 分 32 等等组合。

（四）主干光缆配线子系统

主干光缆配线子系统上接中心机房配线子系统，下联配线光缆子系统。主干光缆配线子系统主要完成主干光缆的配线工作。主干传输光缆所用光缆芯数较少，每根光纤承载的业务量大，跳线调度不多，常用设备有光缆交接箱、光缆接头盒等。

光缆交接箱如图 3-57 所示。

光缆交接箱的特点如下：

（1）箱体采用高分子材料，耐候性优异。

（2）直熔/配线等多种配置可组合功能。

（3）可提供 48 芯、144 芯、288 芯、576 芯等多种容量的配置。

图 3-57　光缆交接箱

（4）对于 FTTB 模式，如果采用分光点设置在交接箱的方案，则还包括了分光器插箱，分光器插箱的分光比可以是 1 分 8、2 分 8、1 分 16、2 分 16、1 分 32、2 分 32 等组合，最大可以到 1 分 32 或者 2 分 32。

　　光缆交接箱一般用于室外的配线连接，对于大型楼宇，也可设置用于楼内配线的光缆交接箱。室外光缆交接箱应尽量靠近永久性建筑物设置。

　　光缆接头盒可以是立式和卧式两种，如图 3-58 所示。

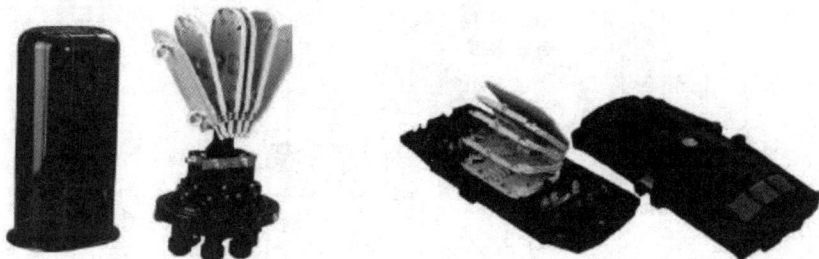

图 3-58　光缆接头盒

光缆接头盒的特点如下：

(1) 高强度工程塑料整体注塑成型，结实美观。

(2) 盒体和进缆口采用高密封性胶条，密封可靠。

(3) 盒内采用叠加式熔纤盘，可配独立的绝缘接地装置，便于扩展使用。

(4) 采用不锈钢连接件，永不生锈。

（五）配线光缆子系统

　　配线光缆子系统上接主干光缆配线子系统，下联引入光缆子系统。配线光缆子系统是 ODN 应用中最关键的一个环节，也是配置最为灵活的一个环节，它连接从光缆交接箱过来的配线光缆，以分光器进行分配，完成对多用户光纤线路的分配功能，其功能与传统的 ODF 产品有较大不同。一般安装在住宅大楼的楼道或弱电井中。对配线光缆子系统产品的要求主要有：配置灵活，体积小，成本低，性能稳定可靠。配线光缆子系统一般由内置分光器的分光器壁挂箱组成，包括楼道内分光器壁挂箱和室外型分光器壁挂箱等等。分光器壁挂箱如图 3-59 所示。

图 3-59　分光器壁挂箱

　　分光器壁挂箱的特点如下：

(1) 集熔接、分光、配线于一体。

(2) 内置绕纤环，尾纤绕纤方便。

(3) 可根据客户要求提供不同的适配器接口。

(4) 上下均可进缆，进缆灵活。

（六）引入光缆子系统

　　引入光缆子系统上接配线光缆子系统下联光纤终端子系统。引入光缆子系统主要完成将光纤从分光器到用户的连接及管理，主要由光缆、终端盒以及配件组成。引入光缆子系统如图 3-60 所示。

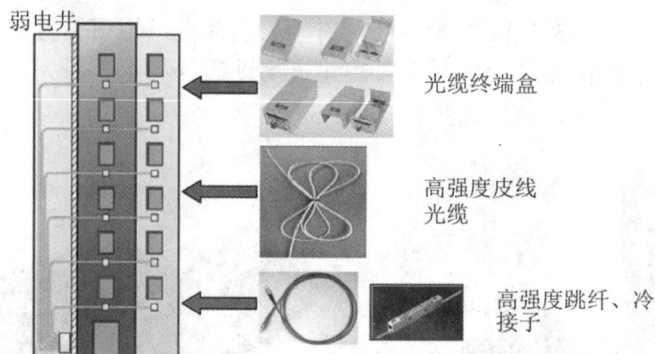

图 3-60　引入光缆子系统

光缆终端盒如图 3-61 所示。

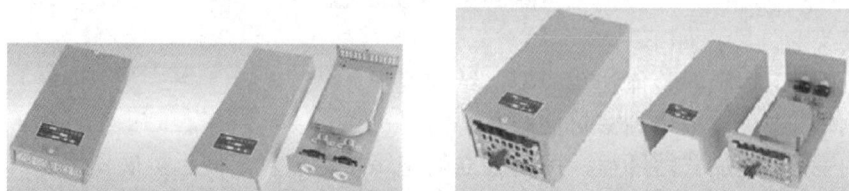

图 3-61　光缆终端盒

光缆终端盒主要用于光缆终端的固定，光缆与尾纤的熔接及余纤的收容和保护，可装在通信机房的墙体或桌面上，容量可为 12～72 芯。在引入光缆子系统中，光纤的接续可以用熔接的方式也可以用冷接子冷接的方式。冷接子如图 3-62 所示。

冷接技术已经相当成熟，冷接能达到熔接的相关技术指标，在 FTTH 的应用中，冷接效率具有熔接不可比拟的优越性，其指标如表 3-8 所示。

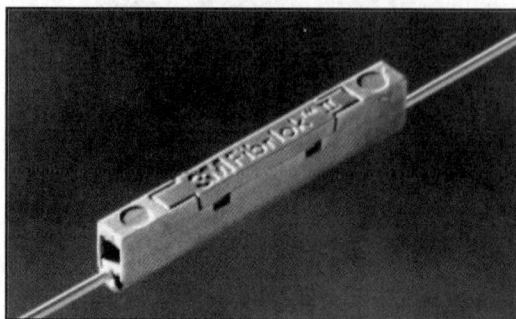

图 3-62　冷接子

表 3-8　冷接技术指标

项　目	指　标
保存年限	30 年
平均插入损耗	< 0.2 dB
回波衰耗	< -40 dB
抗拉强度	大于 4.4 N
工作环境温度	-40～85℃
相对湿度	≤95%(+40℃时)

（七）光纤终端子系统

ODN 的光纤终端子系统完成了 FTTH 的最后一环，实现了光纤信号与用户 ONU 设备的连接，一般要求入户 ODN 设备外形美观，结构简洁，根据具体的应用环境不同，光纤终端子系统具有综合接入箱和光纤盒等不同的形式。

综合接入箱方案将整套应用设备全部安装在一个箱体内，在室内可嵌墙式安装，内部可提供 ONU、UPS 电源、配线等多种功用，是家庭应用的理想选择。综合接入箱如图 3-63 所示。

光纤盒接续是一种简单解决方案，ONU 等外置于桌面上，成本较低一些。光纤盒如图3-64 所示。

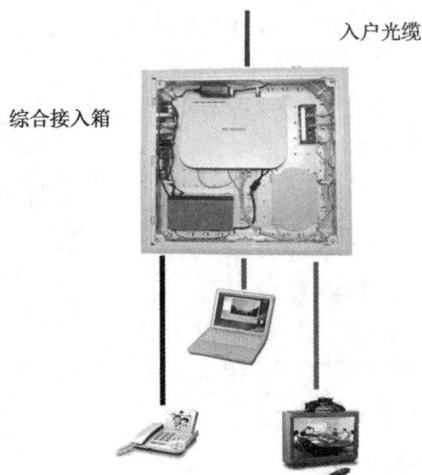

图 3-63　综合接入箱

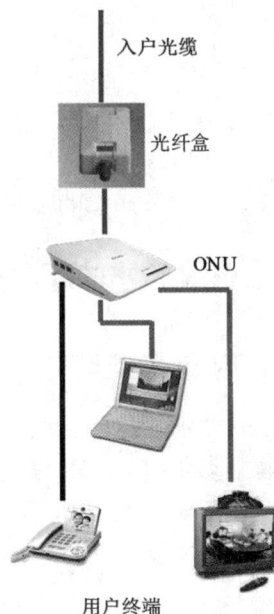

图 3-64　光纤盒

对于 FTTH 网络来说，其 ODN 包含了上述 5 个子系统，一般采用一级或者多级分光，对于一级分光的情况，分光器放置在配线光缆子系统中；对于多级分光的情况，分光器则分布在中心机房配线子系统的 ODF 架或者主干光缆配线子系统的光交接箱以及配线光缆子系统中，其中最后一级分光一般放置在配线光缆子系统中。对于 FTTB 网络来说，由于MDU 设备一般放置在楼道内，因此可以认为 FTTB 网络下的 ODN 光分配点和光用户接入点是合一的，在这种模式下分光器一般放置在中心机房配线子系统的 ODF 架上，或者主干光缆配线子系统的光交接箱中。从光交接箱引出的光纤通过 ONU 配线箱接 MDU 设备。因此，FTTB 网络的配线光缆子系统、引入光缆子系统、光纤终端子系统是三者合一的。

十一、PON 组网应用

在本节中，我们将详细介绍 PON 技术在现实生活中的主要组网应用，包括家庭、企业和行业等不同场景。PON 技术以其高速率、长距离、易扩展性等特点，在各类接入场景中都具有广泛的应用价值。

PON 组网应用

（一）家庭接入

PON 技术在家庭接入场景中的应用主要为用户提供高速宽带上网、IPTV、VoIP 等多媒体服务。通过将光纤直接接入用户家庭，PON 技术可以实现高品质的数字化生活体验。

（二）企业接入

PON 技术在企业接入场景中的应用主要为企业用户提供高速宽带上网、VPN、VoIP 等业务服务。通过搭建高性能、可靠的光纤接入网络，PON 技术可以满足企业用户对高速数据传输、远程办公等需求。

（三）行业接入

PON 技术在行业接入场景中的应用主要为政府、教育、医疗、交通等行业提供专业化的光纤接入解决方案。通过构建高速、安全的光纤接入网络，PON 技术可以满足这些行业对高速、稳定和安全通信的需求。

十二、PON 技术的新发展

（一）PON 技术发展史回顾

下一代 PON 技术

在 PON 技术的发展历程中，标准组织 FSAN/ITU-T 和 IEEE 起到了巨大的推动作用。PON 技术起源于早期的 APON/BPON，商用 PON 技术历经 3 代发展，GPON 和 EPON 已经大规模商用部署。目前 10G-EPON 和 XG(S)-PON 设备已经成熟并步入大规模商用窗口期。PON 技术演进如表 3-9 所示。

表 3-9　PON 技术演进

体系	技术	下行速率	IEEE	ITU-T
第一代	GPON/EPON	2.5 Gb/s/1.25 Gb/s	EPON (IEEE 802.3ah)	GPON (ITU-T G.984)
第二代	10G PON	10 Gb/s	10G-EPON (IEEE 802.3av)	XG-PON(ITU-T G.987) XGS-PON(ITU-T G.9807)
第三代	50G PON	25 Gb/s/50 Gb/s	25G/50G-EPON (IEEE 802.3ca)	50G-PON (ITU-T G.9804)

第一代 GPON/EPON 技术可以为用户提供百兆带宽接入能力，逐步替换原有的铜线接入技术。

第二代 10G PON 可以为用户提供 300 Mb/s～1 Gb/s 带宽，满足 4K/8K 视频业务规模应用，以及 VR/AR 业务的前期导入。面向未来 1 Gb/s 以上带宽需求业务，如极致 AR、政企接入、5G 前传/后传等，并对 PON 技术的带宽和延迟提出更高要求。

10G PON 之后的下一代 PON 技术的发展趋势主要有两种方向：方向一是提高单波长速率；方向二是提高多波长复用总速率。业界普遍认可将下一代光接入网容量提升至 50 Gb/s，因此，如何简单、高效地实现系统容量升级成为目前 PON 领域研究的热点。IEEE 和 ITU-T 就是基于这个思路来研究 PON 技术的后续演进，并在积极推动中。

IEEE 率先启动了下一代 PON 技术的标准制定，在单根光纤上支持 25 Gb/s 下行速率，同时上行支持 10 Gb/s 或 25 Gb/s 速率，并支持和 10G EPON 的兼容。对于 50 Gb/s 带宽需求，采用多波长叠加技术和通道绑定技术提供 2 个 25 Gb/s 通道，实现 50 G/s 速率。

ITU-T 以 G.Sup64 后 10G PON 技术研究报告为基础，考虑了家庭用户、企业用户、移动回传和前传等需求，逐步形成了对于下一代 PON 的需求，聚焦单通道速率为 50 Gb/s 的 50G PON 技术。

PON 技术演进示意图如图 3-65 所示。

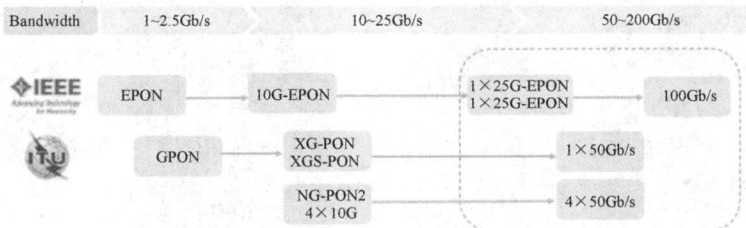

图 3-65　PON 技术演进趋势示意图

(二) 10G PON 技术的发展

PON 技术凭借其点到多点的网络架构及无源 ODN 的特征,已成为 FTTx 领域最受运营商青睐的解决方案。随着 PON 的规模应用和全业务运营的快速发展,运营商对 PON 系统在带宽需求、业务支撑能力、接入节点设备和配套设备性能等方面都提出了更高的期望。PON 系统面向未来的演进方向和演进方式成为业界瞩目的焦点。

PON Combo 三种方案支持 10G GPON 平滑升级。

1. 独立插框 WDM1r 合波器

独立插框 WDM1r 合波器如图 3-66 所示。独立 WDM1r 插框和子卡可灵活按需配置,扩展方便;可以继续利用现网已有的 GPON 单板,保护客户投资;WDM1r 体积较大,部署空间可能不足。

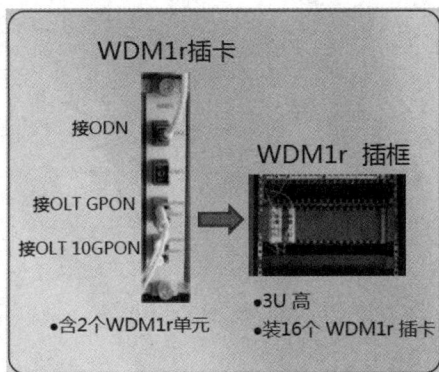

图 3-66　独立插框 WDM1r 合波器

2. PON Combo 合一板

PON Combo 合一板如图 3-67 所示,采用该单板可以大量节省 WDM1r 安装空间,平滑升级部署;重用现网 GPON 和 XG-PON 光模块,产业链成熟(如 GPON C+/C++和 XG-PON N1/N2a),应用 SFP+封装的 GPON 和 XG-PON 光模块,可实现 8×GPON+8×XG-PON 高密度。

3. PON Combo 合一光模块

PON Combo 合一光模块如图 3-68 所示,该模块设备管理、维护简单,采用类似 10G EPON 的管理方式,Combo 光模块采用 XFP 封装,体积大需要定制,C+/N2a 高功率模块在短期内不可获得。

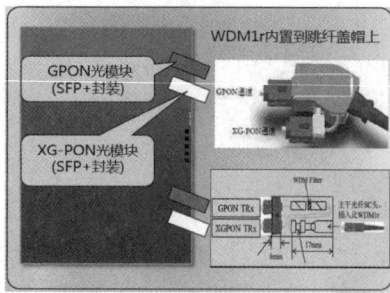

图 3-67　PON Combo 合一板

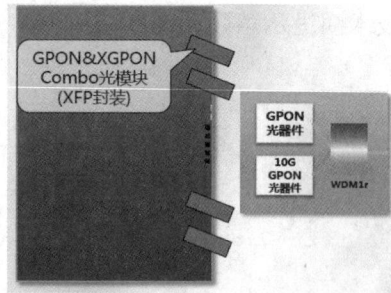

图 3-68　PON Combo 合一光模块

(三) 50G PON 技术的发展

目前 10G PON 已进入批量部署阶段。未来，随着更高带宽的家庭宽带接入，政企接入需求的大量普及，50G PON 将成为有线宽带接入下一阶段的部署趋势。为实现 10G PON 到 50G PON 的平滑演进，满足不同业务的组网需求，10G PON 和 50G PON 将长期共存。为节约机房部署空间，降低光接入设备能耗，有效利用现网的 ODN 资源和降低运营商的网络建设成本，局端设备采用多制式共存的光收发合一模块是目前已被验证的最有效的手段，如 GPON 和 10G PON 共存 Combo PON 光模块。

根据网络平滑演进，节约机房部署空间以及高效利用 ODN 资源的系列要求，有必要开展 50G PON 和 10G PON 业务共存验证和测试，50G PON 平滑演进升级如图 3-69 所示。

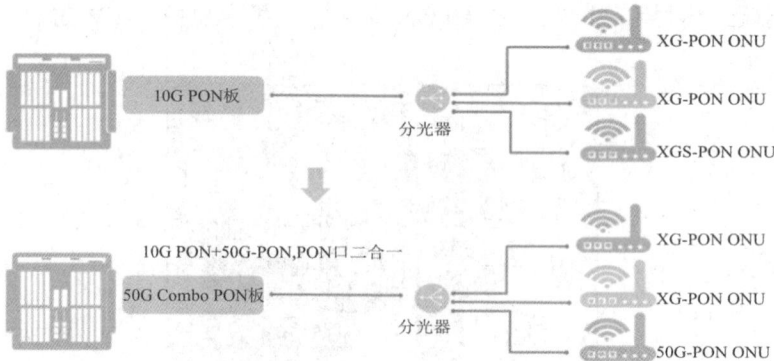

图 3-69　50G PON 平滑演进升级

1. 50G PON 关键技术

单波 50G PON 定位在接入网的中心机房(Central Office)，向上连接业务网络，向下通过各种类型的 ONU 用户侧接口接入用户，系统支持点对多点拓扑，同时支持视频、数据、语音等业务。与 GPON、10G PON 一样，单波长 50G PON 利用波分复用实现单纤双向传输，下行采用 TDM 时分复用，上行采用 TDMA 时分多址接入，实现 OLT 和 ONU 之间点到多点的通信。单波 50G PON 系统架构如图 3-70 所示。

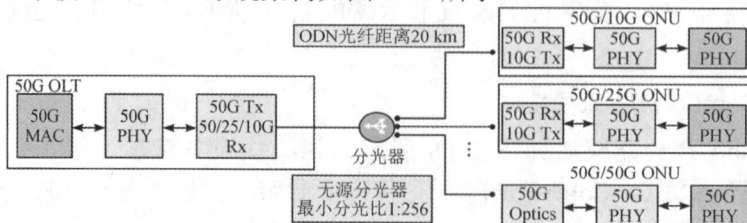

图 3-70　单波 50G PON 系统架构图

2. 50G PON 技术和 10G PON 技术比较

50G PON 和 10G PON 的关键技术比较如表 3-10 所示。

表 3-10　50G PON 和 10G PON 的关键技术比较

序号	技术项	50G PON	10G PON
1	线路速率(下行)	49.7664 Gb/s	9.953 28 Gb/s
2	线路速率(上行)	9.953 28 Gb/s、12.4416 Gb/s、24.8832 Gb/s 和 49.7664 Gb/s	2.488 32、9.953 28 Gb/s
3	线路编码	NRZ	NRZ
4	FEC	LDPC(17 280，14 592)	RS(248，216)
5	安静窗口	安静窗口 支持 DAW 上开放	仅在工作波长上开放
6	CO-DBA	支持	不支持
7	每 T-CONT 每 125 μs 最大突发帧	16	4
8	同一 ODN 共存	与 10G PON 共存	与 GPON 共存
9	通道绑定	支持 TC 层通道绑定	支持业务层通道绑定
10	切片	支持	不支持

3. 50G PON 待研究方向探讨

目前 50G PON 部分相关技术内容已经确定，部分内容和方向尚待进一步研究和明确。

PON 网络未来支持多运营商或业务的独享带宽等需求，支持硬切片是一个重要特性，这个特性将支持 PON 的下行调度能够实现刚性管道的建立，将对于现有的 PON 协议框架产生影响，如果 50G PON 支持这个特性，如何兼容如 XG(S)-PON 等已部署的网络，标准方案还需进一步探讨。

4. 50G PON 技术发展趋势

经过多年的发展和商业应用，基于光纤、无源和点到多点等特征的 PON 技术以其相对于双绞线/同轴电缆的比较优势，获得了业界的极大认可并取得了成功。PON 技术正在向以下方向发展：

1) 拓展应用领域

全光接入：FTTH 是 PON 的传统领域，正在从 GPON 升级到 10G PON，给家庭提供千兆到家带宽。

全光家庭：从千兆到家向千兆在家演进，组建家庭全光网络让每个房间可以部署高频、高带宽 Wi-Fi 6 无线接入。

全光园区：PoL 技术替代传统以太网交换机组建全光园区网络，实现光纤到会议室、光纤到摄像头、光纤到办公位、光纤到机器等。

GPON 已经商用十几年，FTTH 网络正在从 GPON 向 10G PON 升级，从 GPON 到 10G PON，带宽提升了 4 倍，我们有理由相信，比 10G PON 带宽更高的 50G PON 是下一代 PON 技术。

新形势给人类生活习惯带来了很大的变化，家庭的在线教育、家庭办公等业务成为刚需，对 FTTH 网络和全光家庭网络提出了更高的品质保障需求；而全光园区的拓展应用，对网络品质有更高要求，以保证园区生产、办公活动的高效率。

2) 与人工智能相结合

无论是 FTTH 光接入网，还是深入千家万户的全光家庭网络，支撑园区生产活动的全光园区网，人工智能(AI)都是提升网络品质的重要手段。

AI 网络运维：网络内生 AI，能自动故障预警、故障定位甚至恢复。

AI 网络优化：网络内生 AI，能自动适应提升网络业务保证。

50G PON 具有 5 倍于 10G PON 的带宽，加之与人工智能相结合，这些新技术将会使 50G PON 产生质的飞跃。

十三、FTTx 网络规划与设计

(一) FTTx 整体解决方案

FTTx 勘察与设计(IUV 实训)

根据业务和用户预测，针对不同的客户群，采用相应的网络应用模式。坚持"区分市场，有序推广，分步实施"的原则，逐步铺开 FTTx 网络的建设。

在建设初期，可引入 PON 系统，分区域设置供各类客户、各种 FTTx 应用模式共用的 FTTx 网络平台。

对于大客户、商业客户和高端个人用户，可以根据需求推广 FTTH/FTTO 应用。

对于不同规模的大客户、商业客户，可以根据实际业务需求，采用不同的组网方案。

对普通公众用户，应充分利用铜缆资源，采用 FTTC 或者 FTTB 接入应用，可结合 POP 点(业务呈现点)下移、"光进铜退"的演进思路，利用 PON 系统先开展 FTTB/C+DSLAM/LAN/IAD 等应用，并可适当对有需要的用户开展 FTTH 应用，逐步推进 FTTH 接入。

对于新建 LAN 接入的场合，宜采用 PON 系统作为楼层交换机的接入承载。

FTTX 设计应用场景如图 3-71 所示。

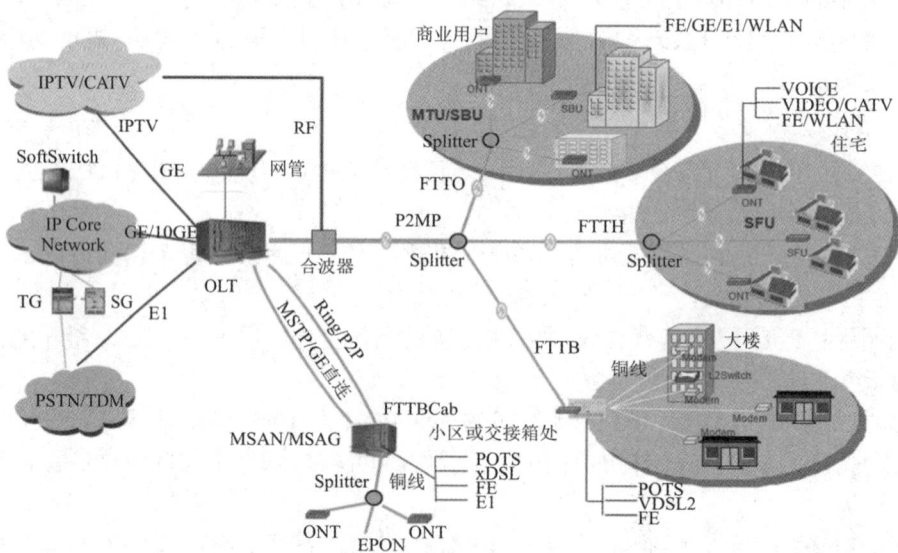

图 3-71　FTTX 设计应用场景

从 FTTx 设备方面来看,无论是技术还是成本都达到了大规模进行 FTTH 建设的条件,但是,ODN 网络作为 FTTH 建设的重要一环,涉及全新的光纤网络的组建和应用,相关 ODN 技术及组网成本,已成为制约 FTTH 大规模应用的重要因素,直接影响到 FTTH 的综合成本、系统性能、可靠性及升级潜力。

FTTH(光纤到户)应用场景拓扑图如图 3-72 所示。主要为高端住宅楼、别墅用户提供 50~1000 Mb/s 宽带接入,提供 Internet 接入、VoIP、IPTV 等。

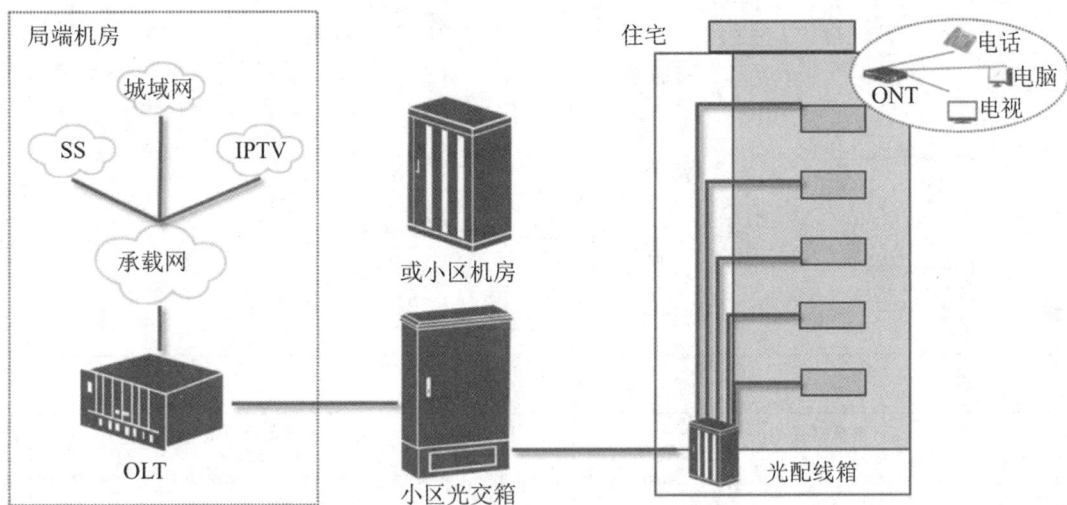

图 3-72　FTTH 应用场景拓扑图

(二) FTTx 的规划与设计(IUV)

在工程项目建设环境下,FTTx 光纤接入网络工程涉及从前期勘察设计到中后期工程施工、验收、管理全建设流程。FTTx 勘察设计包括:工程勘察、工程拓扑规划、工作量计算、预算编制、光衰损耗计算、设计方案报告,见图 3-73。以下基于 IUV-FTTX 光纤接入网络工程虚拟仿真实训平台完成 FTTx 的规划与设计。

图 3-73　勘察设计流程

接下来,通过工程勘察确定工程的拓扑规划。

(1) 根据基站规划图,查找所有基站信息。

基站规划如图 3-74 所示,爱信 M 基站如图 3-75 所示,安捷 D 基站如图 3-76 所示,汇海 C 基站如图 3-77 所示,甲子塘 M 基站如图 3-78 所示,空蓝 D 基站如图 3-79 所示,乐居 D 基站如图 3-80 所示,丽江 M 基站如图 3-81 所示,梅陇 D 基站如图 3-82 所示,新区 M 基站如图 3-83 所示。在图 3-74 中,嘉业 D 基站已拆除,业务归并到附近乐居 D 基站,嘉业 D 基站与东居 D 基站可视为同一基站。

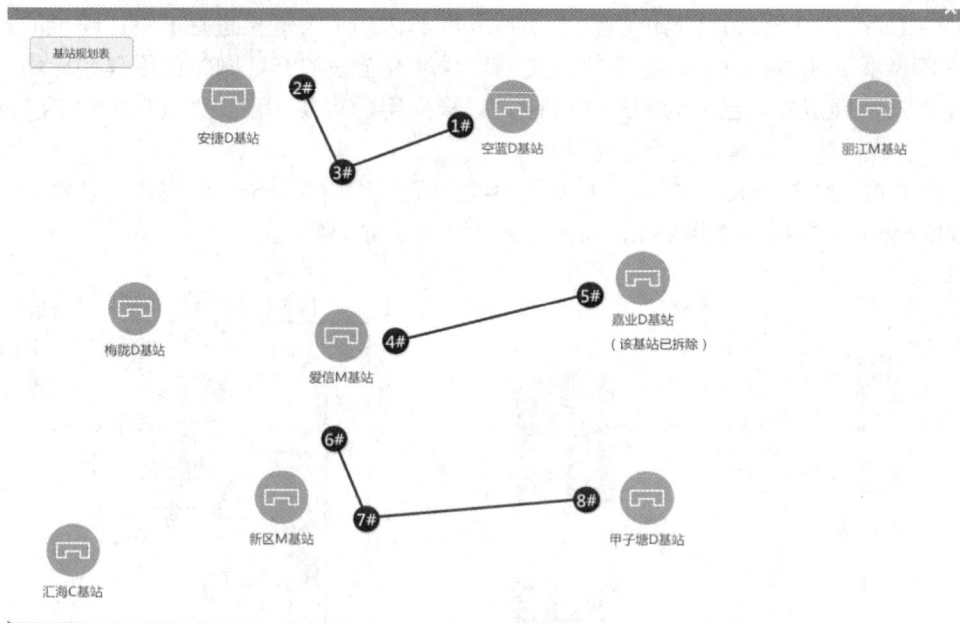

图 3-74 基站规划图

爱信M基站

基站名称	连接光缆段名	光缆长度（公里）	剩余纤芯数（芯）
爱信M	汇海C--48B--爱信M	5	10芯
爱信M	梅陇D--24B--爱信M	1	4芯
爱信M	新区M--24B--爱信M	3	6芯
空闲			
空闲			

图 3-75 爱信 M 基站

安捷D基站

基站名称	连接光缆段名	光缆长度（公里）	剩余纤芯数（芯）
安捷D	梅陇D--24B--安捷D	2.5	8芯
安捷D	安捷D--24B--大浪M	1.5	16芯
空闲			
空闲			
空闲			

图 3-76 安捷 D 基站

汇海C基站 ✕

基站名称	连接光缆段名	光缆长度（公里）	剩余纤芯数（芯）
汇海C	汇海C--48B--新区M	1.5	0芯
汇海C	汇海C--48B--爱信M	5	10芯
汇海C	汇海C--48B--梅陇D	1	10芯
空闲			
空闲			

图 3-77 汇海 C 基站

甲子塘M基站

基站名称	连接光缆段名	光缆长度（公里）	剩余纤芯数（芯）
甲子塘M	甲子塘M--24B--丽江M	2.6	9芯
甲子塘M	甲子塘M--24B--晓村D	1.2	16芯
空闲			
空闲			
空闲			

图 3-78 甲子塘 M 基站

空蓝D基站

基站名称	连接光缆段名	光缆长度（公里）	剩余纤芯数（芯）
空蓝D	空蓝D--24B--丽江M	3.5	10芯
空蓝D	空蓝D--24B--封名M	1.2	9芯
空闲			
空闲			
空闲			

图 3-79 空蓝 D 基站

乐居D基站

基站名称	连接光缆段名	光缆长度（公里）	剩余纤芯数（芯）
乐居D	乐居M--24B--丽江M	3	5芯
乐居D	乐居M--24B--环墙D	2	5芯
空闲			
空闲			
空闲			

图 3-80 乐居 D 基站

图 3-81 丽江 M 基站

图 3-82 梅陇 D 基站

图 3-83 新区 M 基站

(2) 根据勘察情况，确定汇海 C 基站-丽江 M 基站的路由。

基站规划路由如图 3-84 所示。

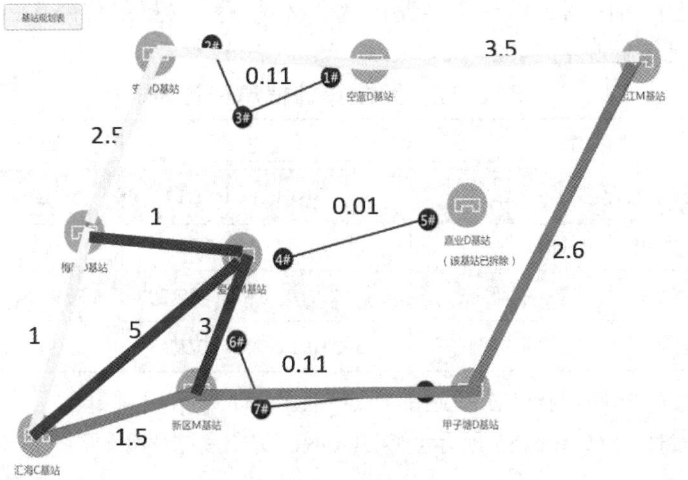

图 3-84 基站规划路由图

基站数据规划见表 3-11。

表 3-11 基站数据规划表

基站名称	光缆连接基站	光缆连接长度/km	剩余纤芯数
汇海 C 基站	梅陇 D 基站	1	10 芯
	新区 M 基站	1.5	0 芯
	爱信 M 基站	5	10 芯
梅陇 D 基站	安捷 D 基站	2.5	8 芯
	爱信 M 基站	1	4 芯

续表

基站名称	光缆连接基站	光缆连接长度/km	剩余纤芯数
新区 M 基站			
爱信 M 基站	新区 M 基础	3	6 芯
安捷 D 基站			
甲子塘 D 基站			
嘉业 D 基站			
空蓝 D 基站			
丽江 M 基站	空蓝 D 基站	3.5	10 芯
	甲子塘 D 基站	2.6	9 芯

(3) 根据确定的路由信息统计主要路由的具体情况，选择最优路由。

路由设计信息统计见表 3-12。

表 3-12　路由设计信息统计表

序号	路由	长度	剩余纤芯	结果
1	汇海-梅陇-安捷-空蓝-丽江	1+2.5+0.11+3.5=7.11	10-8 新设-10	5 跳接
2	汇海-新区-甲子塘-丽江	1.5+0.11+2.6=4.21	0-新设-9	缺少纤芯
3	汇海-爱信-梅陇-安捷-空蓝-丽江	5+1+2.5+0.11+3.5=12.11	10-4-10-新设-10	距离长
4	汇海-爱信-新区-甲子塘-丽江	5+3+0.11+2.6=10.71	10-6-新设-9	距离长

(4) 确定汇海 C 基站-丽江 M 基站的指定路由，计算路由跳纤。

光纤路由路径跳纤如图 3-85 所示，OLT-ONU 光纤路由跳纤如图 3-86 所示。

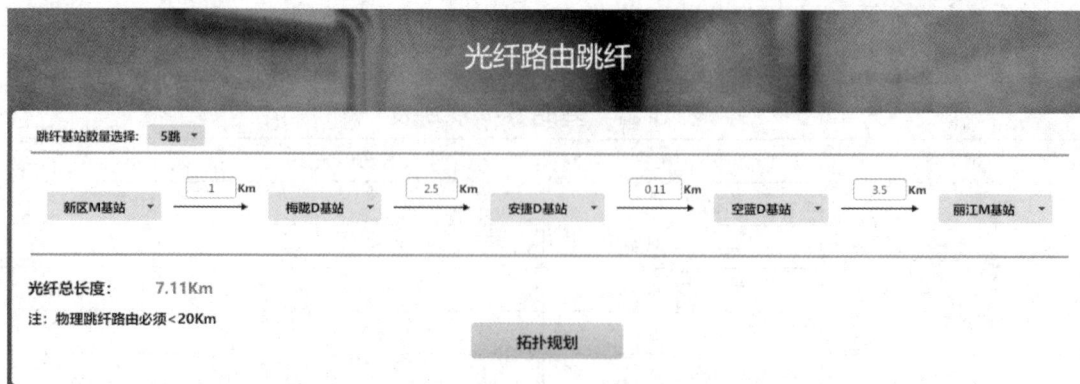

图 3-85　光纤路由路径跳纤图

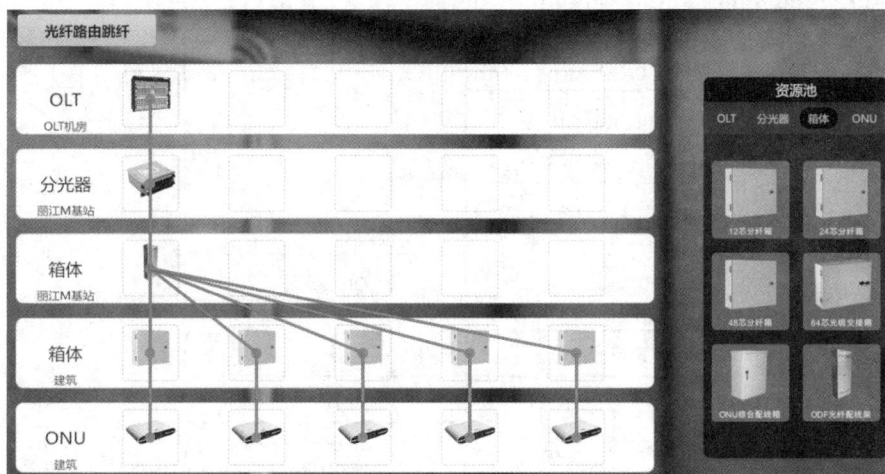

图 3-86 OLT-ONU 光纤路由跳纤图

习 题

1. 什么是 EPON？请画图说明其系统结构。
2. 请简答 EPON 的工作原理什么。
3. 什么是 GPON？请画图说明其系统结构。
4. 请简答 GPON 的工作原理
5. 请分别画图说明 GPON 的 GTC 协议栈、控制管理平面协议栈和 U 平面协议栈。
6. 请简答 DBA 的工作原理。
7. 什么是 TCONT，有哪几种类型？
8. 未来接入网有哪些新技术？
9. FTTx 网络规划与设计的流程有哪些？

任务 3.3 "三网融合"业务

一、PPPoE 的原理

基于以太网的点对点协议(Point to Point Protocol over Ethernet，PPPoE)俗称"虚拟拨号"，用于拨号用户接入宽带业务。PPPoE 相当于把以太网和 PPP 协议(见模块二中任务 2.2 的第二节)相结合，实现用户的接入认证和计费等功能。

PPPoE 的原理(虚拟拨号)

PPPoE 可分为两个阶段，即 PPPoE 接入设备发现阶段和会话阶段。PPPoE 会话过程如图 3-87 所示。

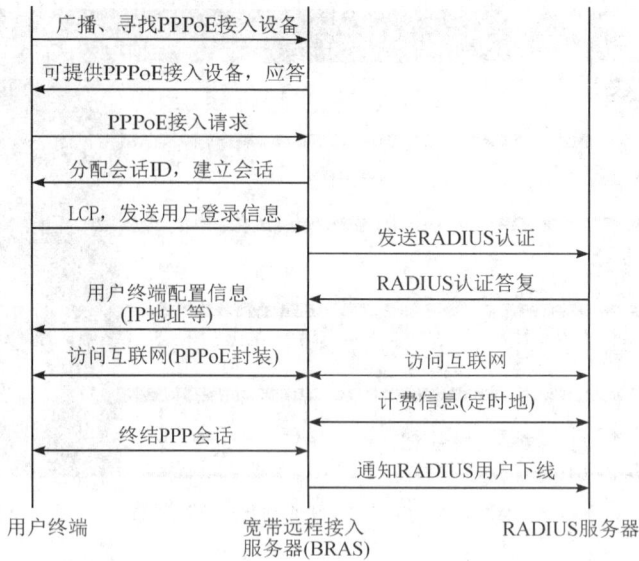

图 3-87　PPPoE 会话过程

（一） PPPoE 的 发 现 阶 段

（1）终端用户发送 PPPoE 发现起始广播包，寻找 PPPoE 接入设备(宽带远程接入服务器 BRAS)，等待其响应。

（2）PPPoE 接入设备(一个或多个)收到发现起始广播包后，若能提供所需服务，则向终端用户发送服务提供包，即向用户应答，告知可以提供 PPPoE 接入。

（3）终端用户在收到服务提供包后，会选定某个 PPPoE 接入设备，向其发送接入请求包。

（4）被选中的 PPPoE 接入设备在收到接入请求包后，产生一个唯一的会话 ID，并将该 ID 返回给终端用户。

（二） PPPoE 的 会 话 阶 段

经过 PPPoE 接入设备发现阶段后，PPPoE 工作过程进入会话阶段。

（1）终端用户发起 PPP 连接请求。

（2）宽带远程接入服务器向 RADIUS 服务器请求认证和授权。

（3）RADIUS 服务器查找自己的用户数据库，根据查找结果把授权信息通过 RADIUS 协议发送给宽带远程接入服务器。

（4）宽带远程接入服务器根据授权信息启动 PPP，即在 PPPoE 终端用户和 PPPoE 接入设备之间建立 PPP 连接，传送 PPP 数据(PPP 封装 IP 报文，以太网帧封装 PPP 数据帧)。

（5）宽带远程接入服务器向 RADIUS 服务器发送计费开始包，RADIUS 服务器收到计费开始包后，把计费信息写入计费文件。

（6）用户上网结束后，断开与宽带远程接入服务器的连接。

（7）宽带远程接入服务器向 RADIUS 服务器发送计费结束包，RADIUS 服务器收到计费结束包后，再次把计费信息写入计费文件。

（三）PPPoE 技术的优势

（1）能利用现有的用户认证、管理、计费系统实现用户统一管理、认证和计费。

（2）既可以按时长计费，也可以按流量计费，能对特定用户设置访问列表过滤或防火墙功能。

（3）能对具体用户访问网络的速率进行控制，可以实现上、下行不对称速率。

（4）可以实现接入时间控制。

（5）PPPoE 系统可以方便地提供动态业务选择特性，可实现接入不同 ISP 的控制能力。

（6）PPPoE 设备可以防止地址冲突和地址盗用，所有 IP 应用数据流均使用相同的会话 ID，保障用户使用 IP 地址的安全性。

（7）PPPoE 技术成熟，互通性好，应用广泛。

（8）PPPoE 与主流计算机操作系统兼容性良好。

PPPoE 数据业务
开通(IUV 实训)

二、PPPoE 业务的开通

（一）拓扑结构图

PPPoE 业务的网络拓扑图如图 3-88 所示。从图中可见，PPPoE 业务涉及用户设备、ONU、分光器、BRAS、AAA 服务器、交换机和路由器等。

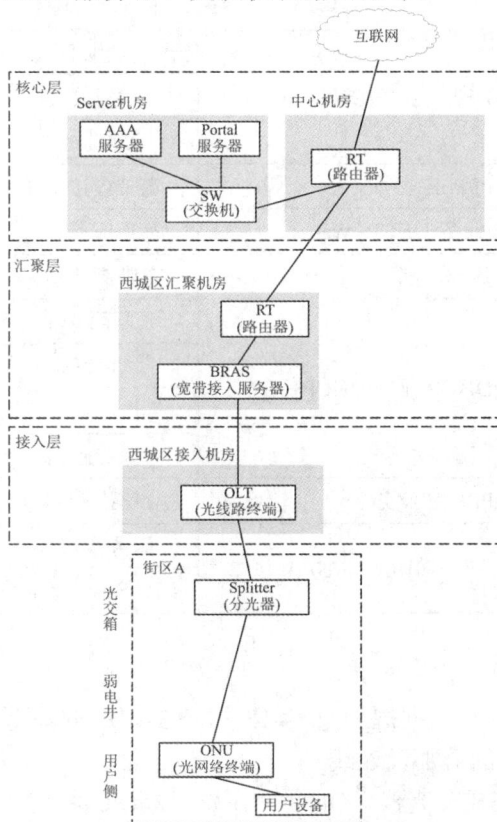

图 3-88　PPPoE 业务网络拓扑图

（二）数据规划

PPPoE 业务路由数据规划见表 3-13，PPPoE 业务数据规划见表 3-14。

表 3-13　PPPoE 业务路由数据规划表

设备名称	本端端口	网络地址	对端设备	对端端口
AAA 服务器	10GE-1/1	192.168.1.0/30	Sever 机房-SW	10GE-1/1
Portal 服务器	10GE-1/1	192.168.1.4/30	Sever 机房-SW	10GE-2/1
万绿市中心机房 RT	10GE-6/1	192.168.1.8/30	Sever 机房-SW	10GE-3/1
万绿市中心机房 RT	40GE-1/1	192.168.1.12/30	西城区汇聚机房 RT	40GE-1/1
西城区汇聚机房 RT	40GE-2/1	192.168.1.16/30	西城区汇聚机房 BRAS	40GE-1/1
西城区汇聚机房 BRAS	40GE-1/1	无	西城区接入机房 OLT(大型)	40GE-1/1

表 3-14　PPPoE 业务数据规划表

设备类型	业务类型		参数
ONU	无	用户端口	Eth_0/1(LAN1)
OLT	PPPoE 业务/DHCP 业务/DHCP+Web	上联端口 VLAN	155
	专线业务	配置	177
	PPPoE 业务/DHCP 业务/DHCP+Web/专线	上行速率配置	确保带宽 1000 kb/s
		下行速率配置	承诺速率 5000 kb/s
BRAS	PPPoE 业务/DHCP 业务/DHCP+Web	域别名	JQA
		网关	172.1.1.1
		地址池	172.1.1.2-172.1.1.254
	PPPoE 业务	宽带虚接口 1	40GE-2/1.1　PPPoE 封装
	DHCP 业务/DHCP+Web	宽带虚接口 1	40GE-2/1.1　IPoE 封装
	专线业务	宽带虚接口 1	40GE-2/1.2
AAA 服务器	PPPoE 业务/DHCP 业务/DHCP+Web	认证端口	1812
		认证密钥	123456
		计费端口	1813
		计费密钥	123456
	PPPoE 业务	账号/密码	JQA/112233
Portal 服务器	DHCP 业务/DHCP+Web	服务器端口	50100
		BRAS 侦听端口	2000

（三）设备连线

根据图 3-88 拓扑规划和数据规划(表 3-13 和表 3-14)完成西城区 PPPoE 业务的设备配置。设备配置主要是设备的添加及连线。

步骤 1：在街区 A 完成分光器、ONU 和用户终端(PC)的连线。操作结果如图 3-89 所示，在设备指示图中，ONU、PC 机、分光器(Splitter)和 ODF 架完成互联。

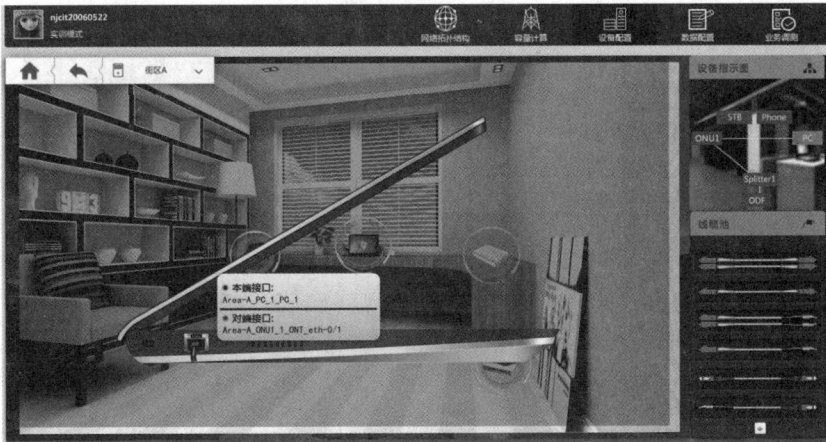

图 3-89 街区 A 终端连线图

步骤 2：在西城区接入机房完成 OLT 与西城区汇聚机房 BRAS 和街区 A 分光器(Splitter)的互联，操作结果如图 3-90 和图 3-91 所示。

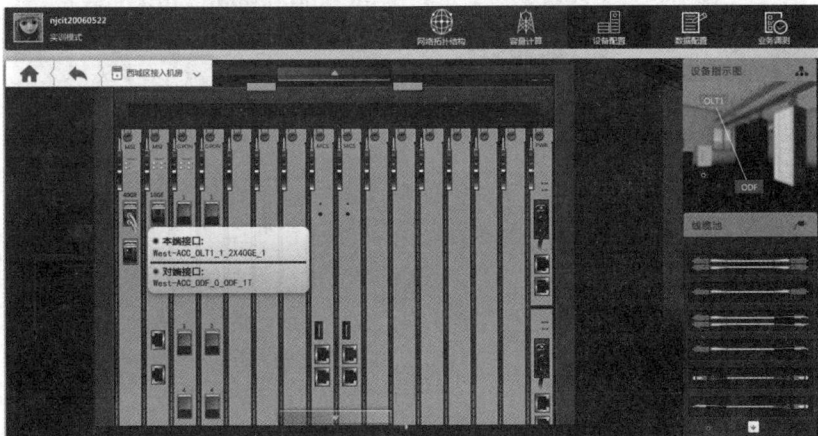

图 3-90 西城区接入机房 OLT 连线图 1

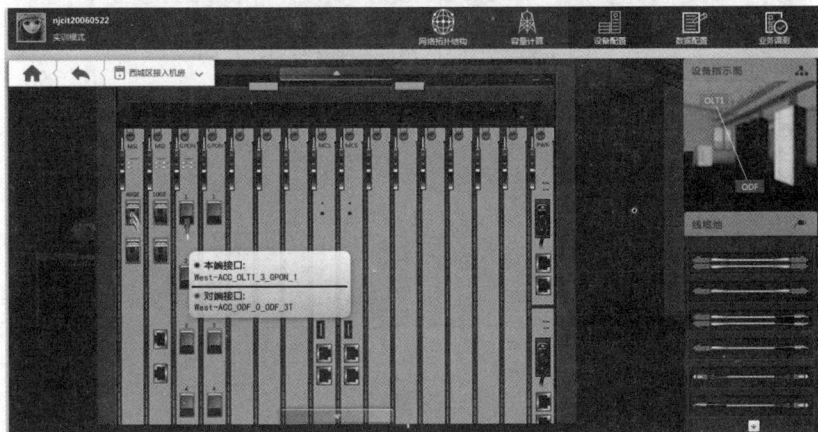

图 3-91 西城区接入机房 OLT 连线图 2

步骤 3：在西城区汇聚机房中，完成 BRAS 与路由器(RT)互联，操作结果如图 3-92 所示，在设备指示图中可见路由器(RT)、BRAS 和 ODF 架已完成互联。

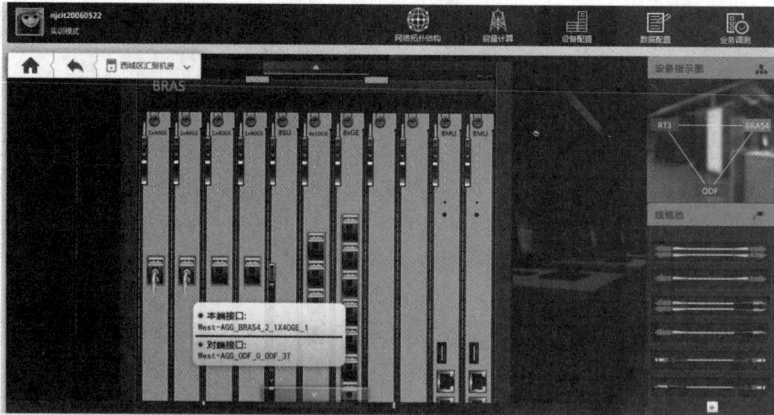

图 3-92　西城区汇聚机房 BRAS 与路由器互联图

　　步骤 4：在中心机房中，完成路由器与 Server 机房交换机(SW)和西城汇聚机房路由器
(RT)设备互联。操作结果如图 3-93 和 3-94 所示。

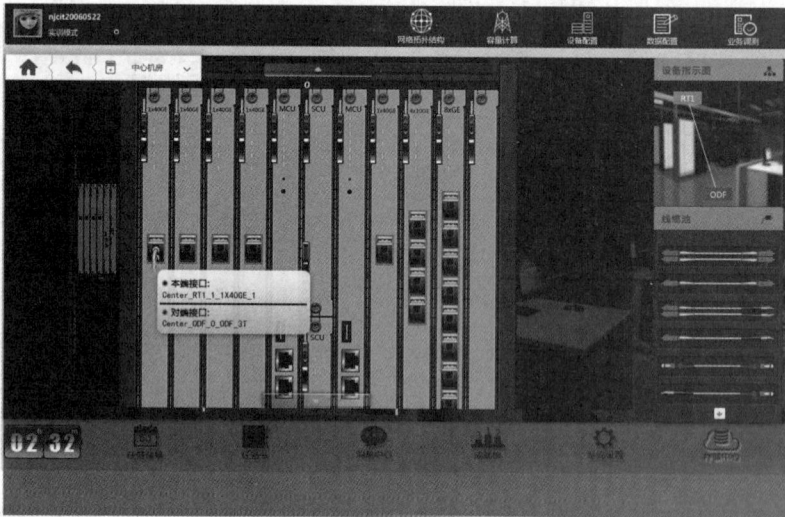

图 3-93　中心机房路由器连线图 1

图 3-94　中心机房路由器连线图 2

步骤 5：在 Server 机房中，完成 AAA 服务器、Portal 服务器、交换机(SW)和中心机房路由器(RT)互联。操作结果如图 3-95、图 3-96 和图 3-97 所示。

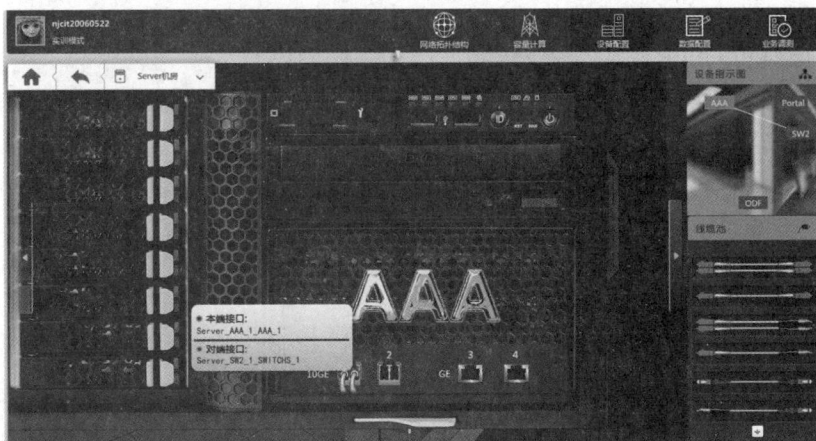

图 3-95　AAA 与 SW 连线图

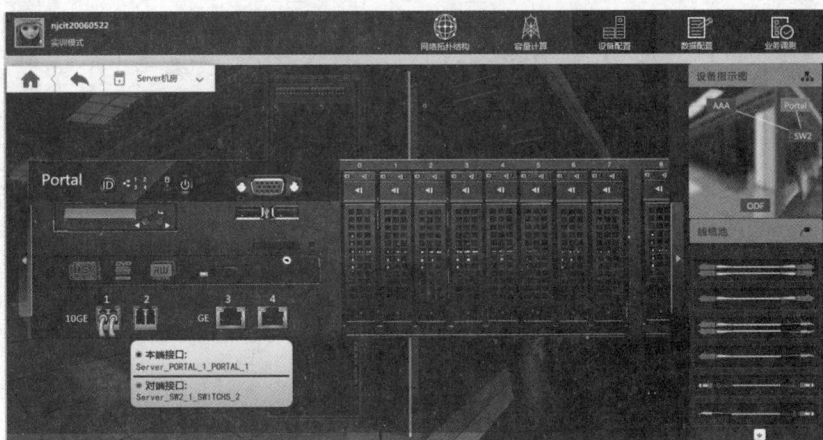

图 3-96　Portal 与 SW 连线图

图 3-97　SW 与 ODF 连线图

（四）对接和路由配置

步骤 1：配置 Server 机房交换机(SW)，需要完成物理接口配置、loopback 接口配置、VLAN 三层接口和 OSPF 路由配置。

步骤 2：在中心机房配置路由器(RT)，需要完成物理接口配置、loopback 接口配置和 OSPF 路由配置。

步骤 3：在西城区汇聚机房配置路由器(RT)，需要完成物理接口配置、loopback 接口配置和 OSPF 路由配置。

步骤 4：在西城区汇聚机房配置 BRAS 设备，需要完成物理接口配置、loopback 接口配置和 OSPF 路由配置。

步骤 5：在 Server 机房配置 AAA 服务器，需要完成物理接口配置和静态路由配置。

步骤 6：在 Server 机房配置 Portal 服务器，需要完成物理接口配置和静态路由配置。

步骤 7：在业务调测界面用 Ping 工具测试对接路由连通性，如图 3-98 所示。

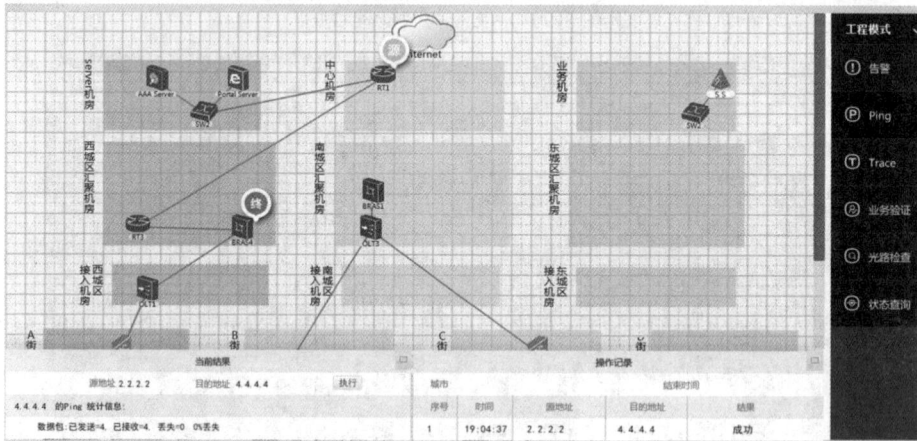

图 3-98 业务调测界面 Ping 结果图

（五）OLT 业务配置

在西城区接入机房完成 OLT 上联端口配置、ONU 类型模板配置、GPON ONU 认证配置、T-CONT 带宽模板配置、GEM Port 带宽模板配置和 GPON 宽带业务配置。GPON 宽带业务配置如图 3-99 所示。

（六）PPPoE 业务配置

进入西城区汇聚机房，在 BRAS 上完成 PPPoE 业务配置。需要配置的内容包括子接口、认证服务器、计费服务器、域配置、宽带虚接口配置、OSPF 接口配置和动态用户接入配置。动态用户接入配置结果如图 3-100 所示。

（七）服务器配置

进入 Server 机房，完成 AAA 服务器的系统设置、账号设置和 DNS 配置。AAA 服务器中账号的设置如图 3-101 所示。

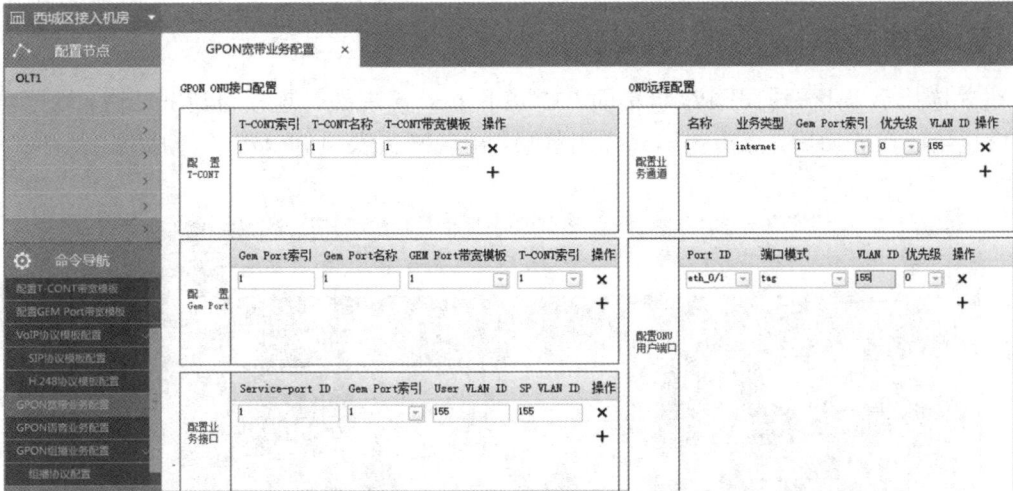

图 3-99　GPON 宽带业务配置图

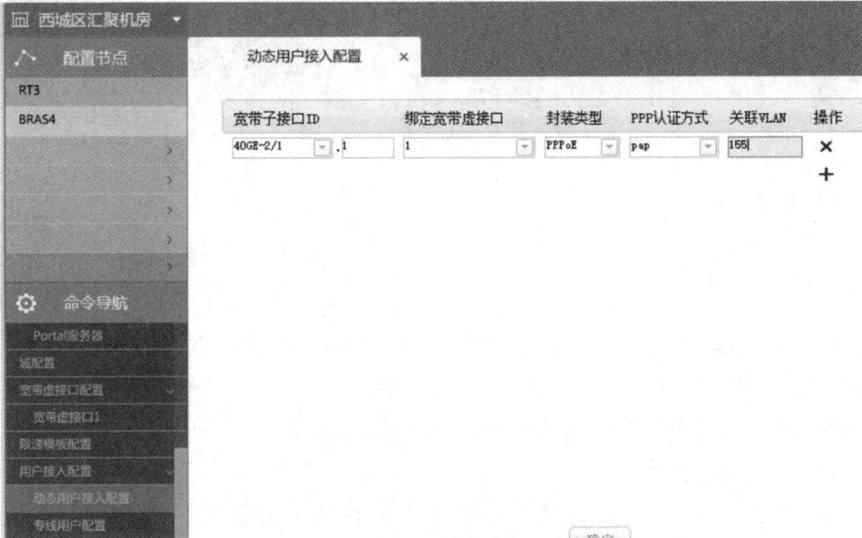

图 3-100　动态用户接入配置图

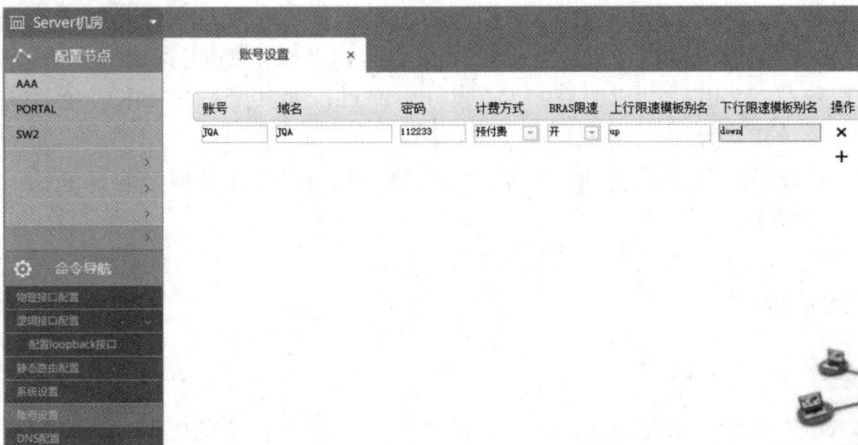

图 3-101　AAA 服务器中账号设置图

(八) 业务测试

进入选择 A 街区，打开 PC 机桌面 PPPoE 图标，出现拨号连接对话框，输入账号和密码，待拨号连接成功后，点击电脑桌面浏览器，出现网页表明 PPPoE 配置成功，如图 3-102 所示。

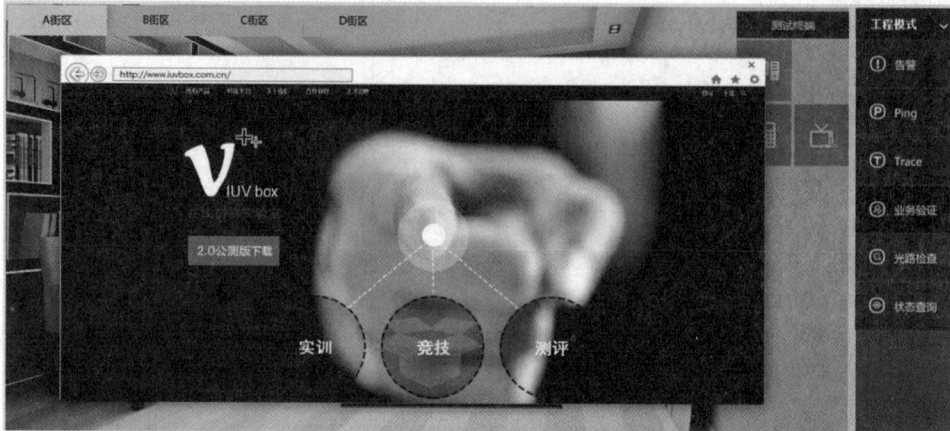

图 3-102　业务验证结果图

三、VoIP 的原理

(一) VoIP 的定义

VoIP 是 Voice over Internet Protocol 的缩写，它是一种通过将声音转换为数字信号，并使用互联网协议传输这些数字信号来实现语音通信的技术。简而言之，VoIP 允许我们使用互联网来进行电话通话和多媒体通信。

VoIP 具有以下主要特点。

(1) 数字化传输。VoIP 将声音信号数字化，将其转换为计算机能够处理的数字数据，然后通过互联网传输。这种数字化的过程涉及采样、量化和编码。

(2) 数据网络。VoIP 使用基于 IP 的数据网络进行通信，与传统电话线路不同。这使得它更灵活，可以通过各种设备(如计算机、智能手机和平板电脑)进行通信。

(3) 成本效益。VoIP 通常比传统电话服务更便宜，尤其是在国际长途通话方面。它允许用户避免高昂的国际漫游费用。

(4) 多媒体支持。除了语音通话，VoIP 还支持视频通话和其他多媒体通信，使其在各种情境下都非常有用。

(5) 集成性。VoIP 可以与其他应用程序和服务(如电子邮件和在线会议)集成，为用户提供更丰富的通信体验。

(二) VoIP 的基本原理

在了解 VoIP 的基本原理之前，让我们首先了解一下语音通信的基本流程。当我们进行语音通话时，我们的声音首先被麦克风捕捉，然后通过扬声器播放给对方。在传统电话网

络中，声音以模拟形式传输，但在 VoIP 中，它被数字化并分成小的数据包，然后通过网络传输。

VoIP 包括以下关键技术：

(1) 语音数字化：VoIP 的第一步是将模拟声音信号转换为数字信号。这个过程称为语音数字化。语音信号以一定的时间间隔进行采样，将连续的声音信号转化为离散的数据点。随后，这些数据点被量化并编码成数字形式。

(2) 编解码(Codec)：数字化的语音信号需要使用编解码器进行处理，以减小数据量并提高传输效率。不同的编解码器具有不同的性能特点，例如 G.711 提供高质量的语音传输，但需要更多的带宽；而 G.729 具有更高的压缩率，适用于低带宽网络。

(3) 数据传输：VoIP 数据以数据包的形式通过 IP 网络进行传输。每个数据包包含了一小段语音数据和相关的控制信息，以确保数据的完整性和时效性。这些数据包可以使用 UDP 协议或 TCP 协议传输，具体取决于 QoS 要求。

(4) QoS：为了确保语音通话的质量，QoS 是至关重要的。QoS 包括带宽管理、延迟控制、丢包修复和抖动缓冲等技术，以确保通话的清晰度和稳定性。

(5) 数据包接收和解封装：接收端接收传入的数据包并将其解封装，还原为数字语音信号。解封装过程包括去除控制信息、解码和重构原始声音信号。

VoIP 的基本原理是将声音数字化、分割成数据包、通过网络传输、在接收端解封装和还原为声音信号的过程。这种数字化和分割的方法允许语音信号通过互联网进行传输，使其具有高度的灵活性和成本效益。

(三) H.248 协议

1. H.248 协议概述

H.248 属于媒体网关控制协议，其在网络中的应用场景如图 3-103 所示。

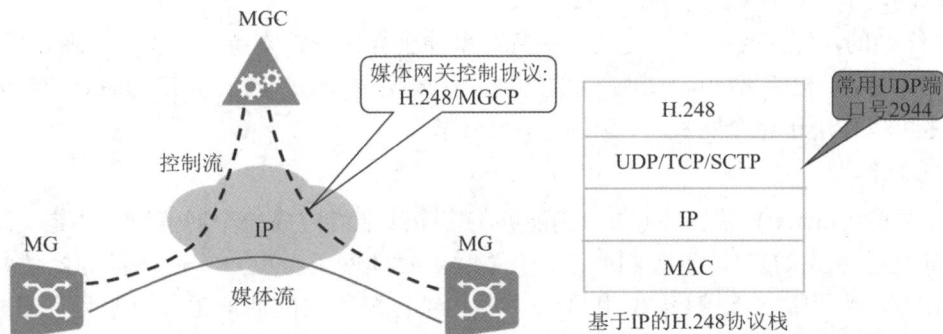

图 3-103　H.248 协议在网络中的应用场景

H.248 是一种用于控制媒体网关(Media Gateway，MG)的通信协议，也被称为 MGCP 协议(Media Gateway Control Protocol)。H.248 协议由媒体网关控制器(Media Gateway Controller，MGC)负责协调，其核心功能是分离控制流与媒体流。控制流由 MGC 通过 IP 网络向 MG 发送指令(如呼叫建立、媒体资源分配等)，媒体流在 MG 之间直接传输语音、视频等多媒体数据，不经过 MGC，以降低时延。H.248 支持 UDP、TCP、SCTP 多种传输层协议，通常使用 UDP 端口 2944。H.248 协议使用 IP 协议完成数据传输。

H.248 协议具有以下主要特点：

(1) 分离控制平面和数据平面。H.248 协议采用分离的控制平面和数据平面架构。控制平面负责处理信令，包括建立、修改和终止通话的请求，而数据平面负责实际的语音和媒体数据传输。

(2) 灵活性。H.248 协议非常灵活，可以用于控制各种媒体网关，包括传统 TDM(Time-Division Multiplexing)网关和 IP 网关。这使得它非常适合在混合网络环境中使用。

(3) 支持多媒体。H.248 不仅支持语音通信，还支持多媒体通信，如视频和音频。这使得它适用于各种应用，包括视频会议和流媒体传输。

(4) 错误处理。H.248 协议包括丰富的错误处理机制，以确保通信的稳定性和可靠性。它可以处理丢失的信令消息和错误的数据包。

(5) 标准化。H.248 协议是由国际电信联盟(ITU-T)标准化的，为多供应商环境中的互操作性提供了基础。

2. H.248 的相关术语

1) 终端

在 H.248 协议中，终端(Termination)是媒体网关(MG)中实现通信功能的核心逻辑单元，类似于一个"虚拟通信接口"，负责收发媒体流(如语音、视频数据)或控制信号(如通话指令)。每个终端由媒体网关分配一个唯一的标识符(Termination ID)，用于精确区分和管理不同的通信资源。

终端分为半永久性终端和临时性终端两类。半永久性终端可以代表物理实体，如一个 TDM 信道，此时，只要 MG 存在这个信道，这个终端就存在。临时性终端可以代表临时性的信息流，如 RTP 流，此时，只有当 MG 使用这些信息流时，这个终端才存在。

终端的功能和根终端的介绍如下：

(1) 终端的功能：支持信号处理、支持对事件进行检测、支持对数据进行统计。

(2) 根终端：根终端(Root)是特殊的终端，代表整个 MG。当 root 作为命令的输入参数时，命令可以作用于整个网关，而不是一个终端。

2) 关联

通过关联(Context)，媒体网关(MG)能够将多个终端绑定成一个通信组，并定义这些终端之间的连接方式与媒体处理规则。每个关联由媒体网关分配一个唯一的 32 位标识符 (ContextID)，类似于"会话编号"，用于在网关内部区分不同的通信组，以避免资源冲突。ContextID 在 MG 内部是唯一的。

3) 拓扑结构

关联的拓扑结构描述关联中终端之间的媒体的流向。它有三种连接值：单向，双向，隔离。单向是指两个终端之间的单向媒体流。双向是指的两个终端之间的双向媒体流。隔离是指两个终端之间没有媒体流。拓扑结构只用于描述关联。

3. H.248 消息

H.248 的消息分为命令和响应。所有的 H.248 命令都要接收者回送响应。命令和响应的结构基本相同，命令和响应之间由事务 ID 相关联。协议信息的编码格式可以是文本格式，也可以是二进制格式。MGC 必须支持两种格式，而 MG 可以支持任一种格式。

　　图 3-104 展示了 H.248 协议的消息结构，其采用分层设计，包含消息、事务、关联、命令、描述符等内容。消息(Message)是 H.248 协议的基本通信单元，用于媒体网关控制器(MGC)与媒体网关(MG)之间的交互。消息由若干事务(Transaction)组成，每个事务通过唯一的事务 ID(Transaction ID)来标识。例如，图中"Transaction 1"至"Transaction IDn"表示一个消息可包含多个事务。每个事务包含一个或多个上下文(Context)，每个上下文通过上下文 ID (Context ID)唯一标识。上下文定义了媒体网关中逻辑关联的终端集合及其连接关系。上下文中包含若干命令(如 CMD 1 至 CMDn)，用于执行具体操作(如添加、修改或删除终端)。每个命令通过描述符(如 Des-1 至 Des-n)携带详细参数，如媒体流属性、编解码格式等。

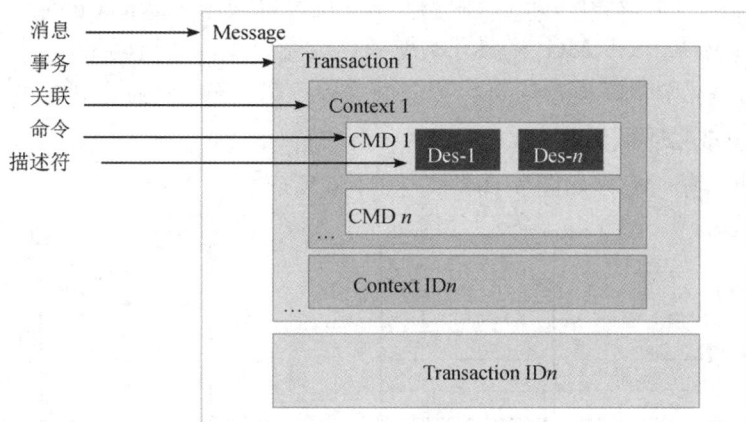

图 3-104　H.248 消息结构

4. H.248 协议命令

　　H.248 协议定义了 8 个命令，用于对协议连接模型中的逻辑实体(关联和终端)进行操作和管理，命令提供了实现对关联和终端完全控制的机制。

　　H.248 规定的命令大部分用于 MGC 实现对 MG 的控制。通常 MGC 作为命令起始者发起，MG 作为命令响应者接收。但是，Notify 和 ServiceChange 命令除外。Notify 命令由 MG 发送给 MGC，而 ServiceChange 既可以由 MG 发起，也可以由 MGC 发起。

　　1) Add

　　MGC→MG，增加一个终端到一个关联中，当不指明 ContextID 时，将生成一个关联，然后再将终端加入该关联中。

　　2) Modify

　　MGC→MG，修改一个终端的属性、事件和信号参数。

　　3) Subtract

　　MGC→MG，从一个关联中删除一个终端，同时返回终端的统计状态。如关联中再没有其他终端将删除此关联。

4) Move

MGC→MG，将一个终端从一个关联移到另一个关联。

5) AuditValue

MGC→MG，获取有关终端的当前特性，事件、信号和统计信息。

6) AuditCapabilities

MGC→MG，获取 MG 所允许的终端的特性、事件和信号的所有可能值的信息。

7) Notify

MG→MGC，MG 将检测到的事件通知给 MGC。

8) ServiceChange

MGC↔MG 或 MG→MGC， MG 使用 ServiceChange 命令向 MGC 报告一个终端或者一组终端将要退出服务或者刚刚进入服务。MG 也可以使用 ServiceChange 命令向 MGC 进行注册，并且向 MGC 报告 MG 将要开始或者已经完成了重新启动工作。同时，MGC 可以使用 ServiceChange 命令通知 MG 将一个终端或者一组终端进入服务或者退出服务。

5. MG 用户成功呼叫流程

MG 用户成功呼叫流程如图 3-105 和图 3-106 所示。

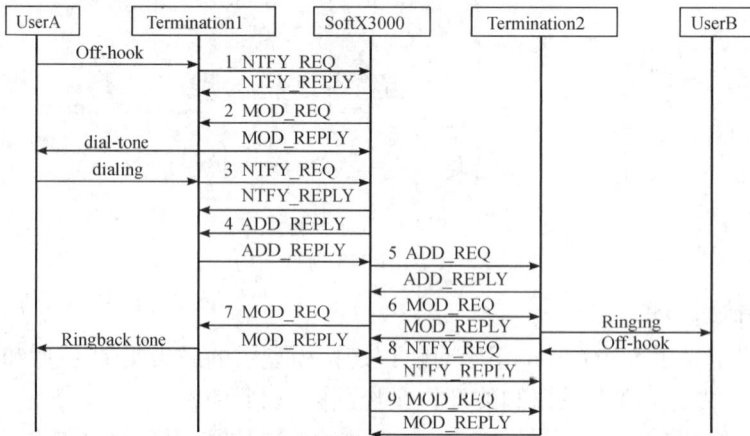

图 3-105　H.248 呼叫流程 1

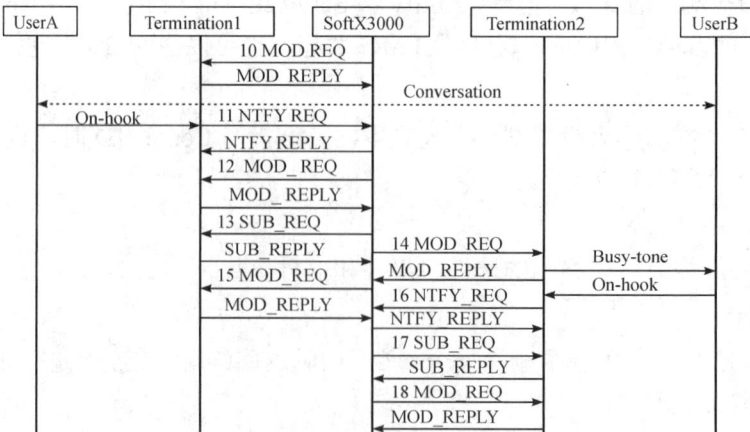

图 3-106　H.248 呼叫流程 2

H.248 呼叫流程如下：

步骤 1：主叫用户 UserA 摘机，网关通过 NTFY_REQ 命令，把摘机事件通知给 SoftX3000。

步骤 2：SoftX3000 收到主叫用户摘机事件后，通过 MOD_REQ 命令指示网关给用户 UserA 放拨号音，并且把 DigitMap(拨号规则)通知给终端 Termination 1，要求根据 DigitMap 收号，并同时检测用户挂机事件。终端 Termination 1 给 UserA 送拨号音。

步骤 3：UserA 拨号，终端 Termination 1 对所拨号码进行收集，并与对应的 DigitMap 进行匹配，匹配成功，通过 NTFY_REQ 命令发送给 SoftX3000。

步骤 4：MGC 在 MG 中创建一个新 context，并在 context 中加入 TDM termination 和 RTP termination。

步骤 5：MGC 进行被叫号码分析后，确定被叫 UserB 与 MG 的物理终端 Termination 2 相连。

步骤 6：MGC 发送 MOD_REQ 命令给终端 Termination 2，修改终端 Termination 2 的属性并请求 MG 给 UserB 放振铃音。MG 返回 MOD_REPLY 响应进行确认，同时给 UserB 放振铃音。

步骤 7：MGC 发送 MOD_REQ 命令给终端 Termination 1，修改终端 Termination 1 的属性并请求 MG 给 UserA 放回铃音。MG 返回 MOD_REPLY 响应进行确认，同时给 UserA 放回铃音。

步骤 8：被叫 UserB 摘机，MG 把摘机事件通过 NTFY_REQ 命令通知 MGC。

步骤 9：MGC 把与终端 Termination 1 的关联标识通过 MOD_REQ 命令送给与终端 Termination 2 的关联标识，MG 返回 MOD_REPLY 响应进行确认。

步骤 10：MGC 把与终端 Termination 2 的关联标识通过 MOD_REQ 命令送给与终端 Termination 1 的关联标识，MG 返回 MOD_REPLY 响应进行确认。

步骤 11：主叫用户 UserA 挂机。MG 发送 NTFY_REQ 命令通知 MGC。MGC 发送 NTFY_REPLY 确认已收到通知命令。

步骤 12：收到 UserA 的挂机事件，MGC 给 MG 发送 MOD_REQ 命令修改终端 Termination 1 属性，请求网关进一步检测终端 Termination 1 发生的事件，如摘机事件等。MG 发送 MOD_REPLY 响应确认已接收 MOD_REQ 命令并执行。

步骤 13：MGC 收到 UserA 的挂机事件后，向 MG 发送 SUB_REQ 命令，把关联中所有的半永久型终端和临时的 RTP 终端删除，从而删除关联，拆除呼叫。

步骤 14：MGC 给 MG 发 MOD_REQ 命令修改终端 Termination 2 的属性，请求 MG 监测终端 Termination 2 发生的事件，如挂机等，并且请求 MG 给终端 Termination 2 送忙音。MG 返回 MOD_REPLY 响应确认收到 MOD_REQ 命令，同时给 UserB 送忙音。

步骤 15：终端 Termination 1、RTP 终端、MGC 之间的关联和呼叫拆除之后。MGC 向 MG 发送 MOD_REQ 命令，请求 MG 监测终端 Termination 1 发生的事件，如摘机事件等。MG 返回 MOD_REPLY 响应确认已接收 MOD_REQ 命令。此时关联为空。

步骤 16：被叫用户 UserB 挂机。MG 发送 NTFY_REQ 命令通知 MGC。MGC 发送

NTFY_REPLY 确认已收到通知命令。

步骤 17：MGC 收到 UserB 的挂机事件后，向 MG 发送 SUB_REQ 命令，把关联中的半永久型终端和临时的 RTP 终端删除，从而删除关联，拆除呼叫。

步骤 18：终端 Termination 2、RTP 终端、MGC 之间的关联和呼叫拆除之后。MGC 向 MG 发送 MOD_REQ 命令，请求 MG 监测终端 Termination 2 发生的事件，如摘机事件等。

(四) SIP 协议

1. SIP 概述

SIP 属于媒体网关控制协议，如图 3-107 所示。

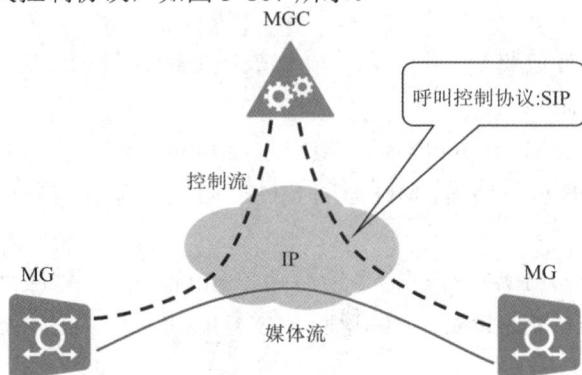

图 3-107   SIP 协议在网络中的应用场景

SIP(Session Initiation Protocol)是另一种常用于 VoIP 通信的协议，它主要用于建立、修改和终止会话，包括语音通话和视频通话。SIP 协议是一种轻量级的协议，它使用文本消息进行通信，类似于 HTTP。

SIP 协议的主要特点如下：

(1) 会话控制。SIP 协议用于建立和管理通信会话，包括语音通话、视频通话和即时消息。它定义了如何启动、修改和终止这些会话。

(2) 地址解析。SIP 使用统一资源标识符(URI)来标识终端设备和用户。这使得它可以与互联网上的其他服务(如电子邮件)集成。

(3) 消息格式。SIP 消息使用文本格式，类似于 HTTP。这使得它易于理解和调试。

(4) 代理和重定向。SIP 允许使用代理服务器来处理呼叫，以便路由通话。它还支持呼叫的重定向，以实现呼叫转发。

(5) 支持多媒体。与 H.248 类似，SIP 也支持多媒体通信，允许语音和视频通话。

(6) 可扩展性。SIP 是一种可扩展的协议，可以根据应用程序的需求进行扩展和定制。

SIP 协议通常与其他协议结合使用，如 SDP(Session Description Protocol)用于描述媒体会话参数。它在 VOIP 通信中发挥着重要的角色，特别是在互联网电话服务(VoIP)中。

2. SIP 的相关术语

1) 呼叫

一个呼叫由一个公共源端邀请的一个会议中的所有参加者组成，由一个全球唯一的 Call-ID 进行标识。例如，由同一个源邀请的一个会议的所有参加者构成一个呼叫；点到点

IP 电话会话是一种最简单的会话，它映射为单一的 SIP 呼叫。

2) 事务

SIP 是一个客户/服务器协议。客户和服务器之间的操作从第 1 个请求至最终响应为止的所有消息构成一个 SIP 事务。一个正常的呼叫一般包含三个事务。其中，呼叫启动包含两个操作请求：邀请(Invite)和证实(ACK)，前者需要回送响应，后者只是证实已收到最终响应，不需要回送响应。呼叫终结包含一个操作请求：再见(Bye)。

3) SIP URL

为了能正确传送协议消息，SIP 还需解决两个重要的问题。一是寻址，即采用什么样的地址形式标识终端用户；二是用户定位(下面介绍)。SIP 沿用 WWW 技术解决这两个问题。

寻址采用 SIP URL(Uniform Resource Locator)，按照 RFC2396 规定的 URI(Uniform Resource Identifier)导则定义其语法，特别是用户名字段可以是电话号码，以支持 IP 电话网关寻址，实现 IP 电话和 PSTN 的互通。

SIP URL 的一般结构如下：

SIP：用户名：口令@主机：端口；传送参数；用户参数；方法参数；生存期参数；服务器地址参数？头部名＝头部值。例如，Sip：55500200@127.0.0.1：5061；User=phone；Sip：alice@registrar.com；method=REGISTER。

3. SIP 消息

SIP 消息采用文本方式编码，分为两类：请求消息和响应消息。请求消息：客户端为了激活按特定操作而发给服务器的 SIP 消息。响应消息：用于对请求消息进行响应，指示呼叫的成功或失败状态。 请求消息和响应消息都包括 SIP 头字段和 SIP 消息字段。用于客户端为了激活按特定操作而发给服务器的 SIP 消息，包括 INVITE、ACK、BYE、CANCEL、REGISTER、OPTIONS 等。

1) 请求消息

(1) INVITE：发起会话请求，邀请用户加入一个会话，会话描述含于消息体中。对于两方呼叫来说，主叫方在会话描述中指示其能够接受的媒体类型及其参数。被叫方必须在成功响应消息的消息体中指明其希望接受哪些媒体，还可以指示其行将发送的媒体。

如果收到的是关于参加会议的邀请，被叫方可以根据 Call-ID 或者会话描述中的标识确定用户已经加入该会议，并返回成功响应消息。

(2) ACK：证实已收到对于 INVITE 请求的最终响应；该消息仅和 INVITE 消息配套使用。

(3) BYE：结束会话。

(4) CANCEL：取消尚未完成的请求，对于已完成的请求(即已收到最终响应的请求)则没有影响。

(5) REGISTER：注册。

(6) OPTIONS：查询服务器的能力。

2) 响应消息

用于对请求消息进行响应，指示呼叫的成功或失败状态。不同类的响应消息由状态码来区分。状态码包含三位整数，状态码的第一位用于定义响应类型，另外两位用于进一步对响应进行更加详细的说明。

(1) 1xx 临时响应，表示已经接收到请求消息，正在对其进行处理。

(2) 2xx 成功响应，表示请求已经被成功接受、处理。

(3) 3xx 重定向响应，表示需要采取进一步动作，以完成该请求。

(4) 4xx 客户端出错，表示请求消息中包含语法错误或者 SIP 服务器不能完成对该请求消息的处理。

(5) 5xx 服务器端出错，表示 SIP 服务器故障不能完成对正确消息的处理。

(6) 6xx 全局错误，表示请求不能在任何 SIP 服务器上实现。

4. SIP 实体间的呼叫流程

SIP 实体间的呼叫流程，如图 3-108 和图 3-109 所示。

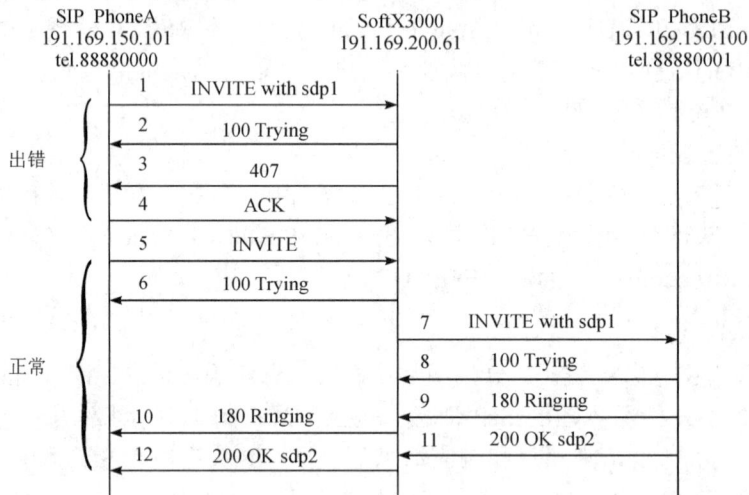

图 3-108　SIP 呼叫流程 1

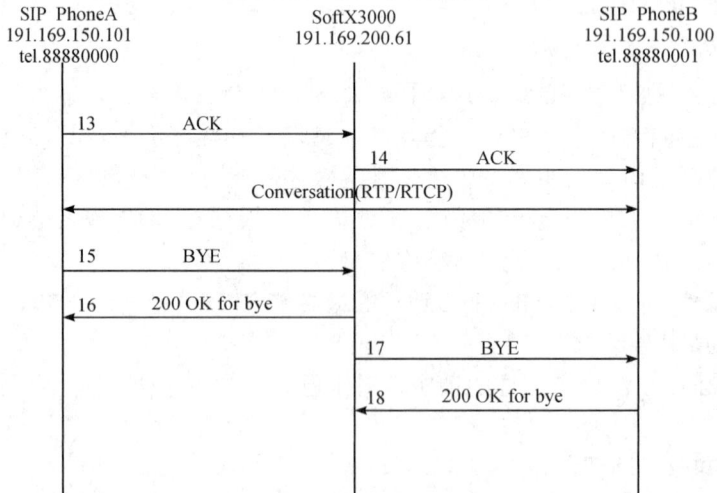

图 3-109　SIP 呼叫流程 2

SIP 呼叫流程描述如下：

(1) SIP_A 摘机，向 SoftX3000 发送 INVITE 请求消息，请求 SoftX3000 邀请 SIP_B 加入会话。同时，将其 IP 地址"191.169.150.101"、端口号"8766"、净荷类型、净荷类型对

应的编码等信息传送给 SoftX3000。

(2) SoftX3000 回 100 Trying 响应给 SIP_A，表示已经接收到请求消息，正在对其进行处理。

(3) SoftX3000 回 407 Proxy Authentication Required 响应给 SIP_A，表明 SoftX3000 要求对用户进行认证，并且通过 Proxy-Authenticate 字段携带 SoftX3000 支持的认证方式 Digest 和 SoftX3000 域名 "huawei.com"，产生本次认证的 NONCE，并且通过该响应消息将这些参数返回给终端从而发起对用户的认证过程。

(4) SIP_A 向 SoftX3000 发送 ACK 消息，证实已经收到 SoftX3000 对于 INVITE 请求的最终响应。

(5) SIP_A 重新向 SoftX3000 发送 INVITE 请求消息。携带 Proxy-Authorization 字段，包括认证方式 DIGEST、SIP_A 的用户标识(此时为电话号码)、SoftX3000 的域名、NONCE、URI 和 RESPONSE(SIP_A 收到 407 响应后，根据服务器端返回的信息和用户配置等信息采用特定的算法生成加密的 RESPONSE)。

(6) SoftX3000 回 100 Trying 响应给 SIP_A，表示已经接收到请求消息，正在对其进行处理。

(7) SoftX3000 向 SIP_B 发送 INVITE 请求消息，请求 SIP_B 加入会话，并且通过该 INVITE 请求消息携带 SIP_A 的会话描述给 SIP_B。

(8) SoftX3000 回 100 Trying 响应给 SIP_A，表示已经接收到请求消息，正在对其进行处理。

(9) SIP_B 振铃，并回 180 Ringing 响应通知 SoftX3000。

(10) SoftX3000 回 180 Ringing 响应给 SIP_A，SIP_A 听回铃音。

(11) SIP_B 摘机，回 200 OK 响应给 SoftX3000，表示其发过来的 INVITE 请求已经被成功接受、处理。并且通过该消息将自身的 IP 地址 "191.169.150.100"、端口号 "8788"、净荷类型、净荷类型对应的编码等信息传送给 SoftX3000。

(12) SoftX3000 回 200 OK 响应给 SIP_A，表示其发过来的 INVITE 请求已经被成功接受、处理，并且将 SIP_B 的会话描述传送给 SIP_A。

(13) SIP_A 向 SoftX3000 发送 ACK 消息，证实已经收到 SoftX3000 对于 INVITE 请求的最终响应。

(14) SoftX3000 向 SIP_B 发送 ACK 消息，证实已经收到 SIP_B 对于 INVITE 请求的最终响应。

(15) SIP_A 挂机，向 SoftX3000 发送 BYE 消息，请求结束本次会话。

(16) SoftX3000 回 200 OK 响应给 SIP_A，表明会话结束。

(17) SoftX3000 向 SIP_B 发送 BYE 消息，表明已经成功结束会话。

(18) SIP_B 挂机，回 200 OK 响应给 SoftX3000，表明已经成功结束会话。

四、VoIP 业务的开通

(一) 拓扑结构图

VoIP 业务网络拓扑如图 3-110 所示。从图中可见，VoIP 业务

语音业务开通(IUV 实训)

涉及的设备包括电话机、ONU、分光器、OLT、BRAS、软交换设备(SS)、路由器和交换机等。

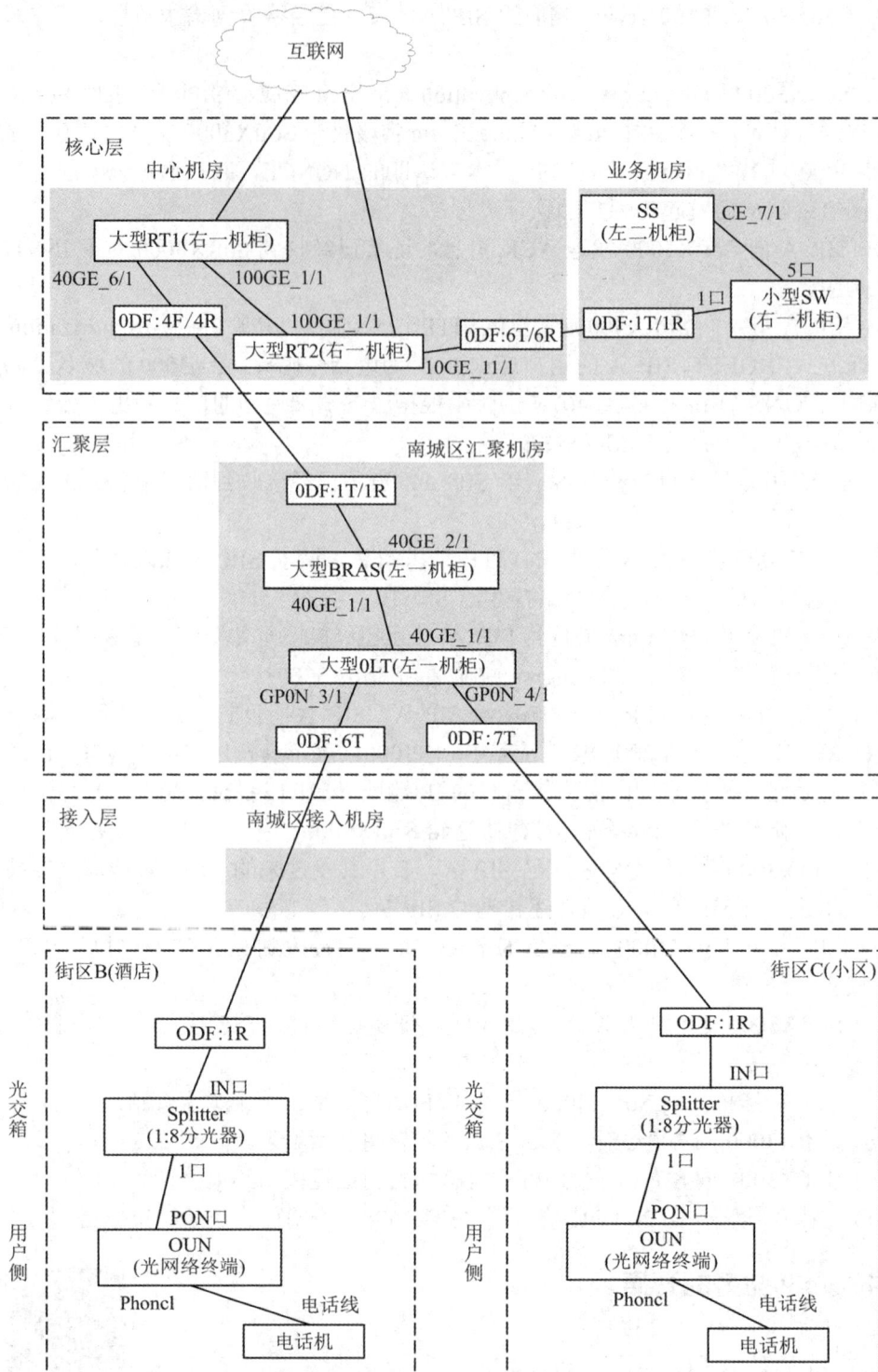

图 3-110 VoIP 业务网络拓扑图

按照图 3-110 完成设备连线,连线方法参考任务 3.3 中 PPPoE 业务开通的设备连线部分。

（二）数据规划

VoIP 业务对接数据规划见表 3-15，业务数据规划见表 3-16。

表 3-15　VoIP 业务对接数据规划

设备名称	本端端口	网络地址	对端设备	对端端口
业务机房 SS	GE_7/1	11.11.11.0	业务机房 SW(小型)	GE_5 口
中心机房 RT1(大型)	100GE_1/1	100.100.100.0/30	中心机房 RT2(大型)	100GE_1/1
中心机房 RT1(大型)	40GE_6/1	12.1.1.0/30	南城汇聚机房 BRAS(大型)	40GE_2/1
中心机房 RT2(大型)	10GE_11/1	11.1.1.0/30	业务机房 SW(小型)	10GE_1 口
南城汇聚机房 BRAS(大型)	40GE_1/1	无	南城汇聚机房 OLT(大型)	40GE_1/1

表 3-16　VoIP 业务数据规划

设备类型	街区	描　　述		参数
ONU	街区 B	ONU 端口		POTS_0/1
	街区 C			POTS_0/1
OLT	街区 B	上联端口 VLAN		10
		关联 GPON 端口		GPON_3/1
		上行带宽		128 kb/s
		下行带宽		128 kb/s
		SIP 代理服务器地址		1.1.1.1
	街区 C	上联端口 VLAN		11
		关联 GPON 端口		GPON_4/1
		上行带宽		128 kb/s
		下行带宽		128 kb/s
		H.248 代理服务器地址		1.1.1.1
BRAS	街区 B	网关	无	13.13.13.1
		宽带虚接口 2 地址池	40GE_1/1.1	13.13.13.2～13.13.13.254
	街区 C	网关	无	14.14.14.1
		宽带虚接口 1 地址池	40GE_1/1.2	14.14.14.2～14.14.14.254
SS	街区 B	IAD	SIP 协议	13.13.13.10
		电话号码		87783881
	街区 C	IAD	H.248 协议	14.14.14.10
		电话号码		87784881

（三）业务机房软交换设备配置

按照表 3-15 和表 3-16 完成数据配置。

进入业务机房，完成软交换(SS)设备的物理接口配置、loopback 地址配置、静态路由配置、节点配置(SIP 和 H.248 两种协议)、本局放号配置、IAD 对接配置和号码分析-本局局码配置。SS 设备本局局码配置如图 3-111 所示。

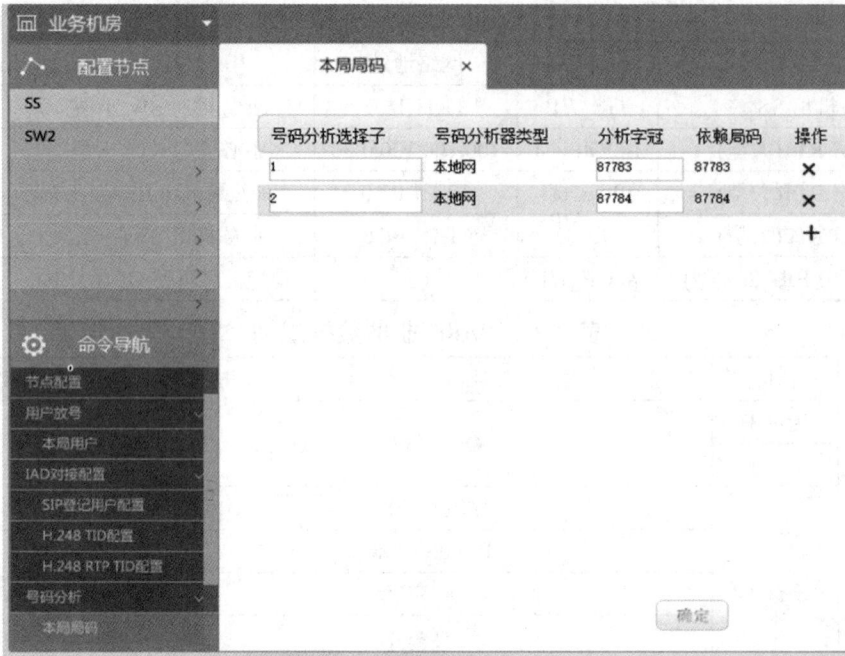

图 3-111　SS 设备本局局码配置

(四) 业务机房交换机配置

进入业务机房，完成交换机(SW)的物理接口配置、VLAN 三层接口配置、静态路由配置、OSPF 路由配置。静态路由配置如图 3-112 所示，OSPF 接口配置如图 3-113 所示。

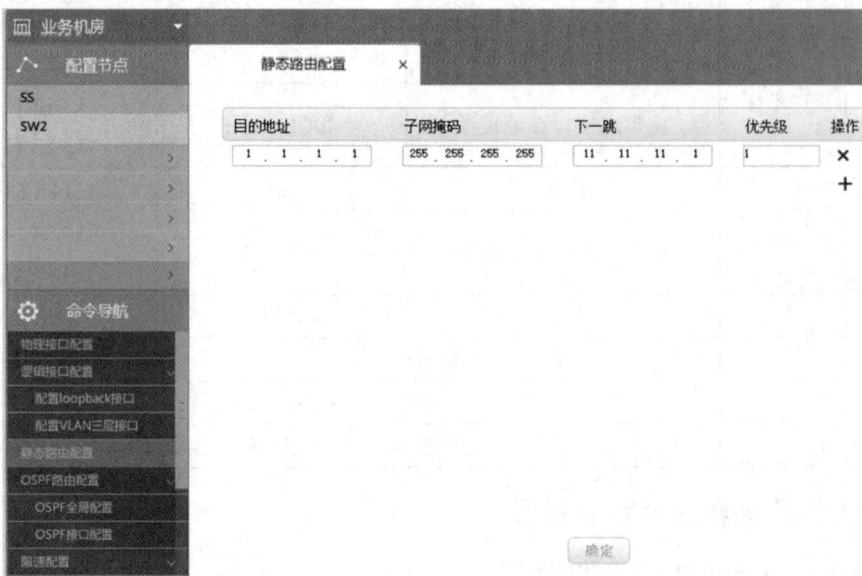

图 3-112　业务机房 SW 静态路由配置

业务机房 ▼							
配置节点	OSPF接口配置 ×						
SS	接口ID	接口状态	ip地址	子网掩码	OSPF状态	OSPF区域	cost
SW2	VLAN 10	up	11.11.11.2	255.255.255.252	启用 ▼	0	1
	VLAN 11	up	11.1.1.2	255.255.255.252	启用 ▼	0	1

命令导航

物理接口配置
逻辑接口配置
　配置loopback接口
　配置VLAN三层接口
静态路由配置
OSPF路由配置
　OSPF全局配置
　OSPF接口配置
限速配置

确定

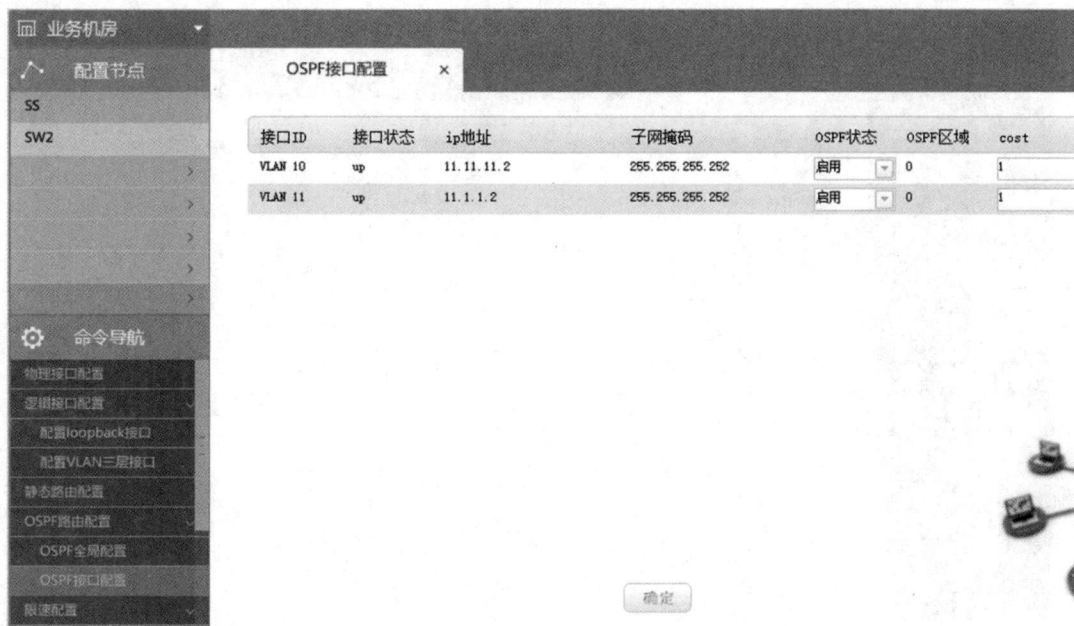

图 3-113　业务机房 SW OSPF 接口配置

(五) 中心机房路由器配置

进入中心机房，完成两台路由器(RT1 和 RT2)的物理接口配置、OSPF 全局配置和 OSPF 接口配置。RT1 和 RT2 的 OSPF 接口配置，如图 3-114、图 3-115 所示。

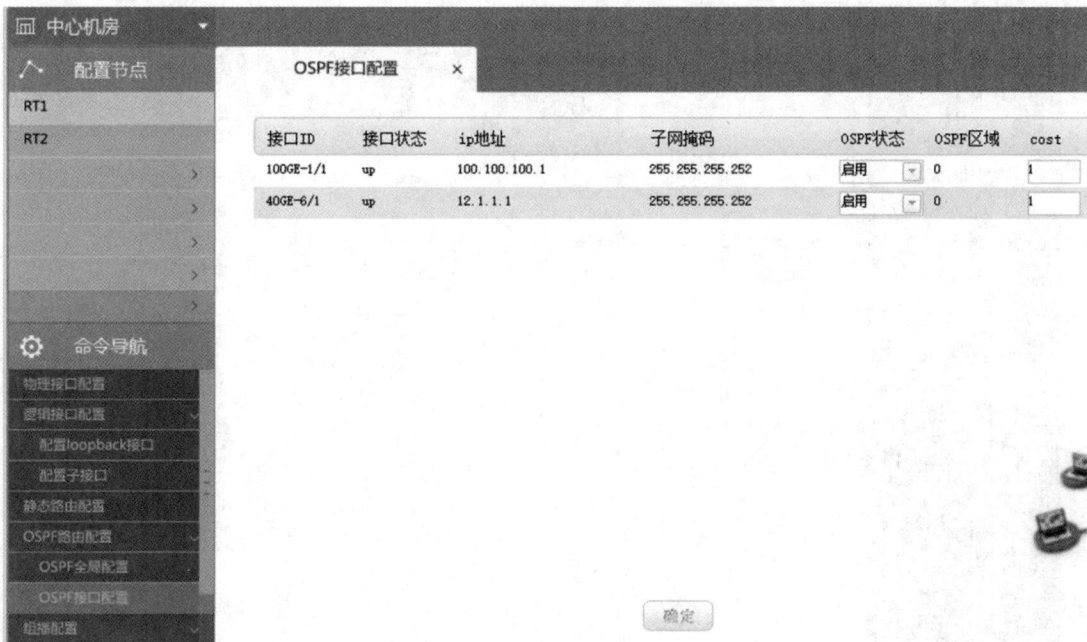

中心机房 ▼							
配置节点	OSPF接口配置 ×						
RT1	接口ID	接口状态	ip地址	子网掩码	OSPF状态	OSPF区域	cost
RT2	100GE-1/1	up	100.100.100.1	255.255.255.252	启用 ▼	0	1
	40GE-6/1	up	12.1.1.1	255.255.255.252	启用 ▼	0	1

命令导航

物理接口配置
逻辑接口配置
　配置loopback接口
　配置子接口
静态路由配置
OSPF路由配置
　OSPF全局配置
　OSPF接口配置
组播配置

确定

图 3-114　中心机房 RT1 OSPF 接口配置

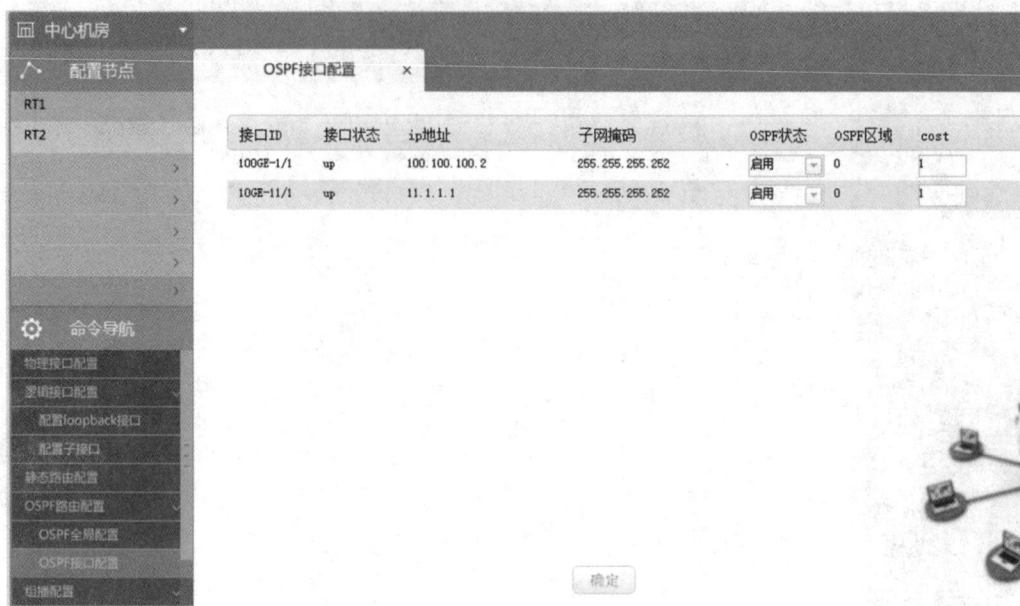

图 3-115   中心机房 RT2 OSPF 接口配置

(六) 汇聚机房 BRAS 配置

进入南城区汇聚机房，打开 BRAS，完成物理接口配置、两个宽带虚接口配置、OSPF 全局配置和 OSPF 接口配置、专线用户接入配置。OSPF 接口配置如图 3-116 所示，BRAS 专线用户接入配置如图 3-117 所示。

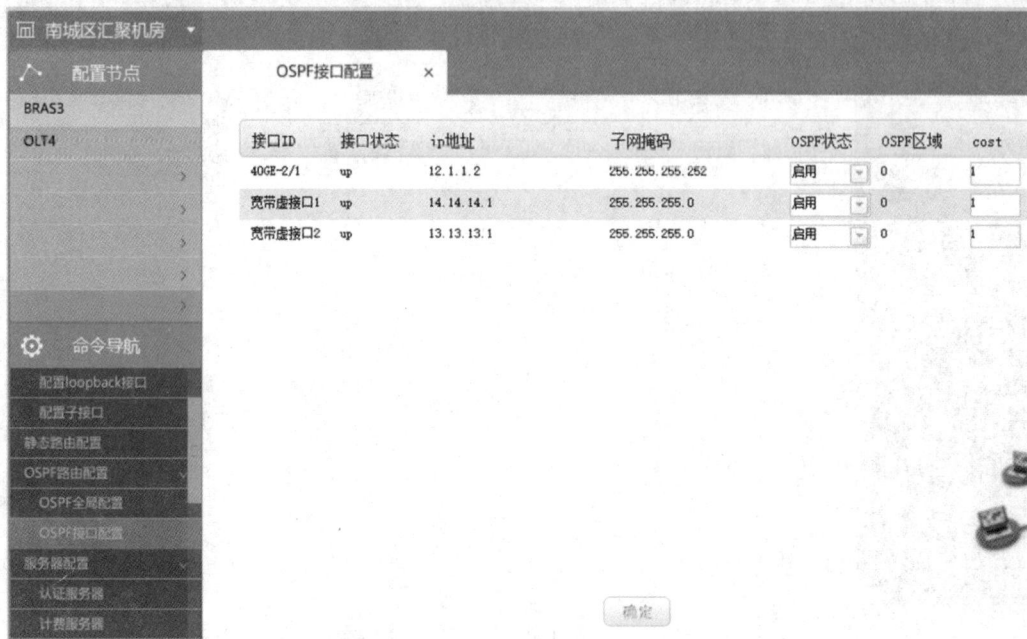

图 3-116   南城区汇聚机房 BRAS OSPF 接口配置

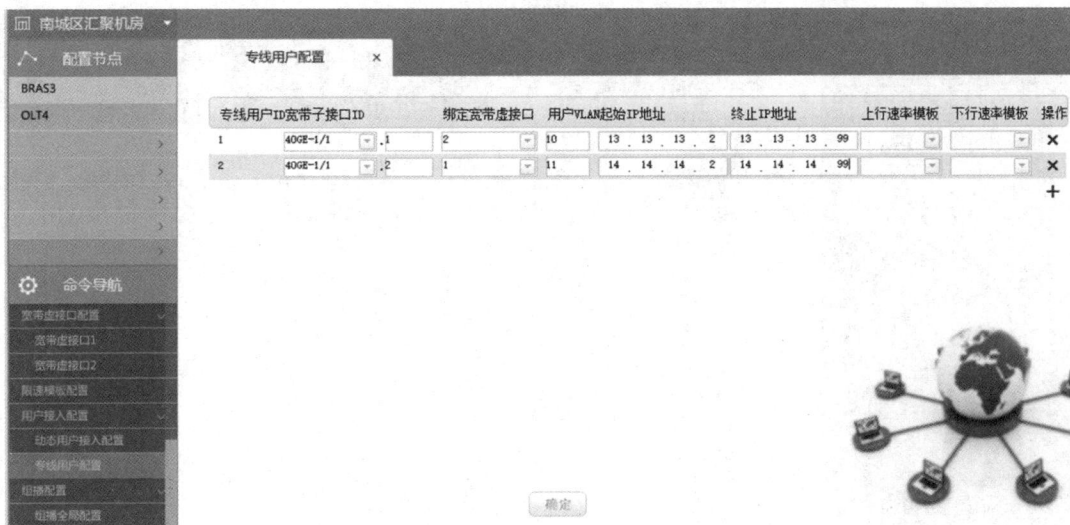

图 3-117　南城区汇聚机房 BRAS 专线用户配置

(七) 汇聚机房 OLT 配置

进入南城区汇聚机房，打开 OLT，完成 OLT 上联端口配置、ONU 类型模板配置、ONU 认证配置、T-CONT 带宽模板配置、GEM Port 带宽模板配置、VoIP 协议模板配置、GPON 语音业务配置。VoIP 协议模板配置如图 3-118 和图 3-119 所示。

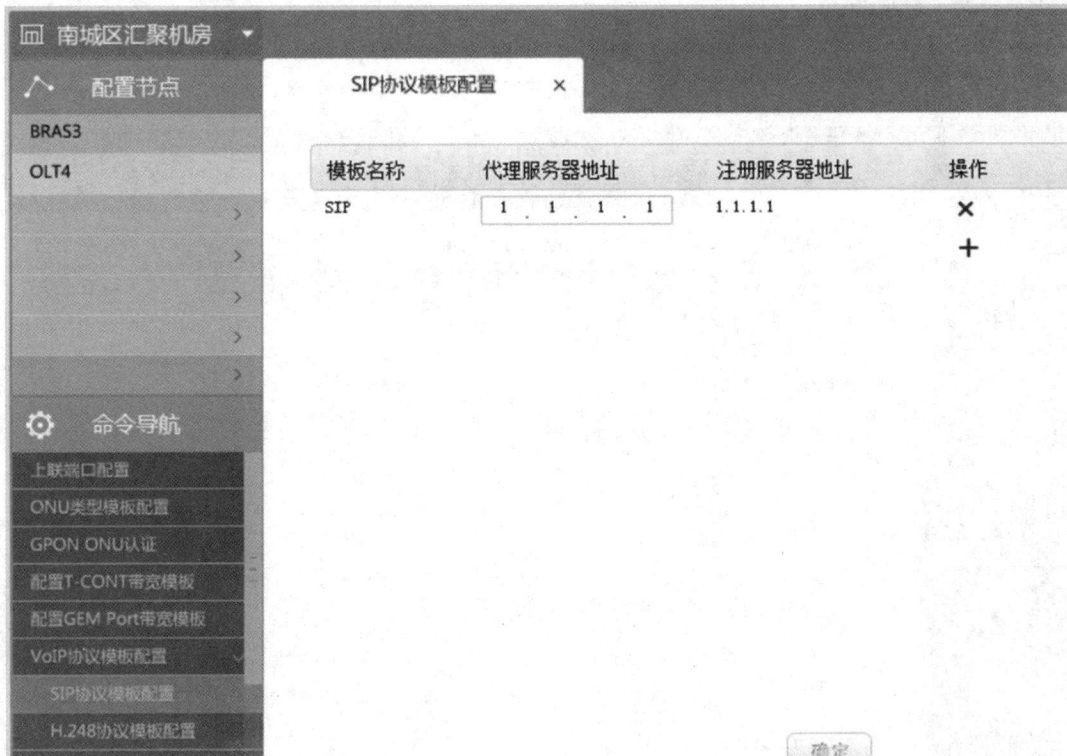

图 3-118　南城区汇聚机房 OLT SIP 协议模板配置

图 3-119 南城区汇聚机房 OLT H.248 协议模板配置

GPON 语音业务如图 3-120～图 3-123 所示。

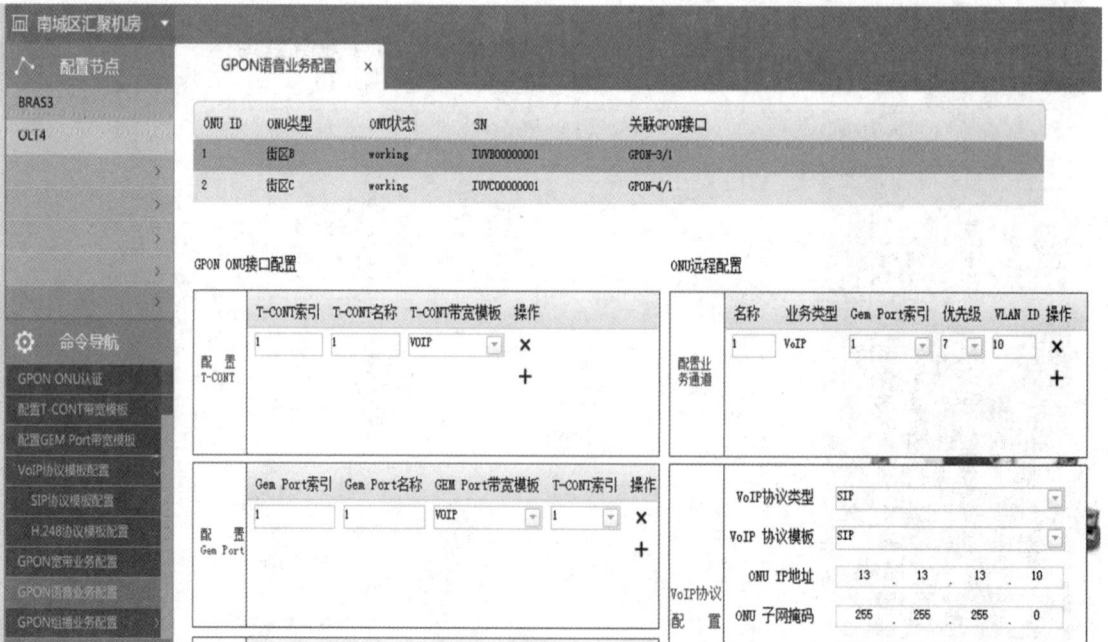

图 3-120 街区 B GPON 语音业务配置 1

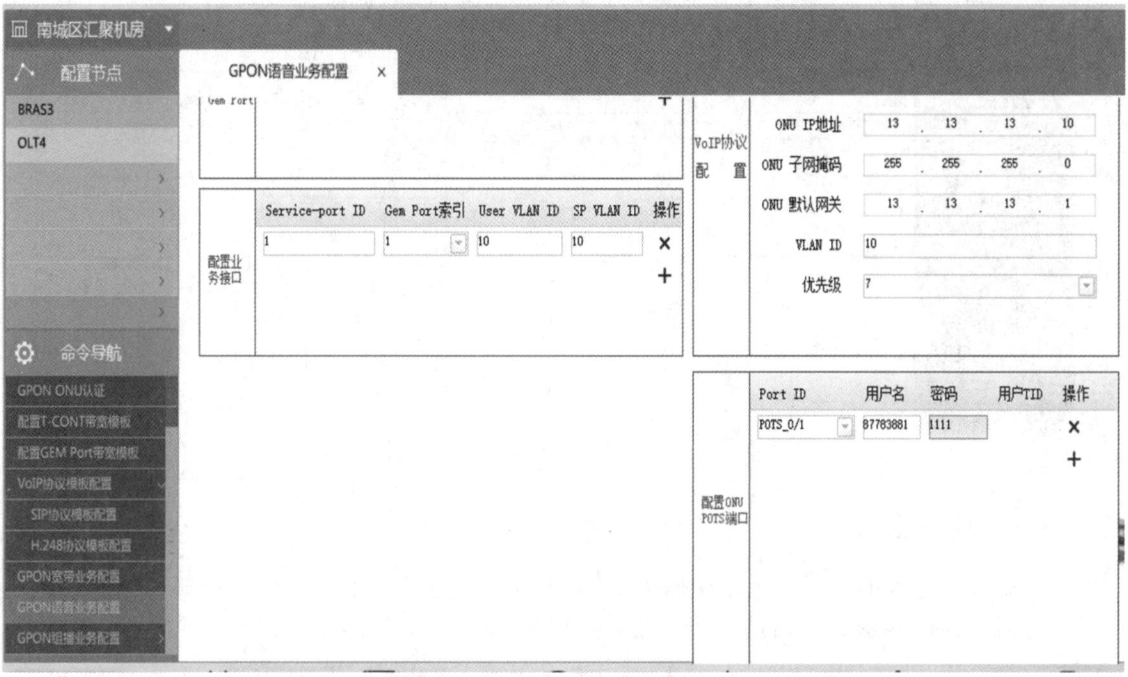

图 3-121 街区 B GPON 语音业务配置 2

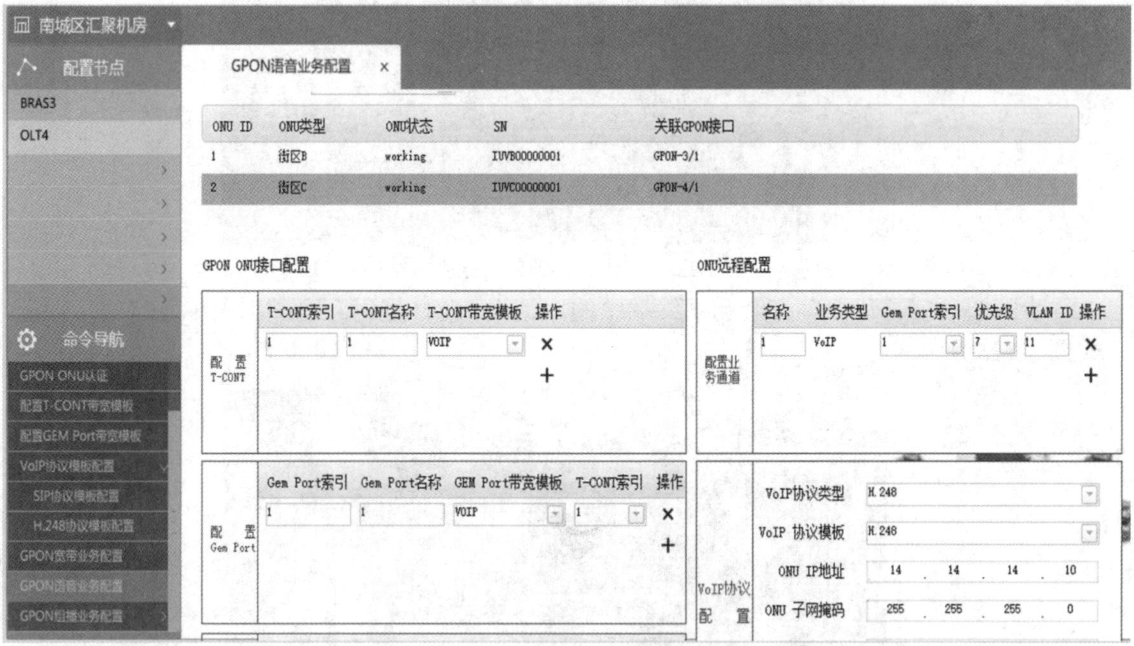

图 3-122 街区 C GPON 语音业务配置 1

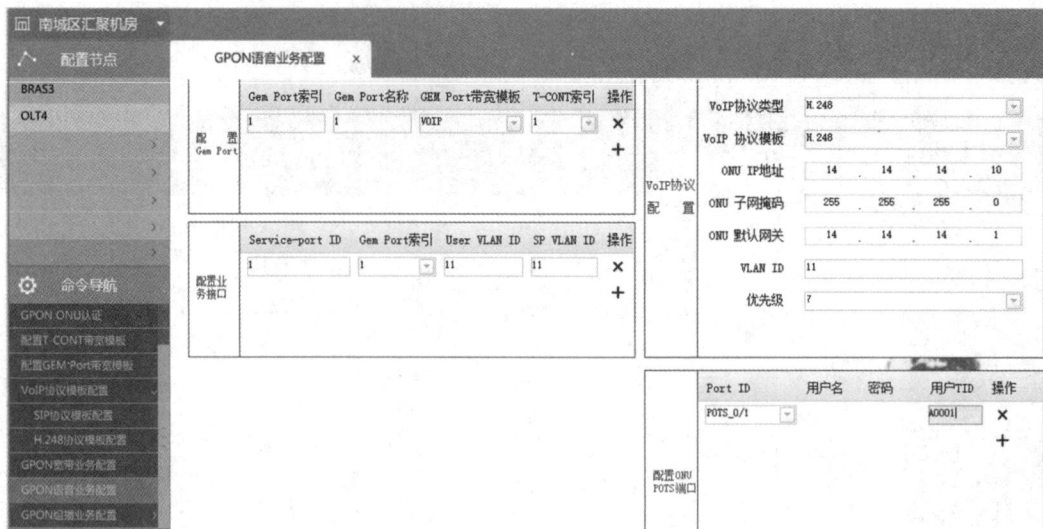

图 3-123　街区 C GPON 语音业务配置 2

（八）业务测试

步骤 1：进入 B 街区，单击测试终端中的电话机图标，单击电话机的摘机键，输入号码，然后单击呼叫键。正常情况下，应该听到回铃音，如图 3-124 所示。

图 3-124　街区 B VoIP 业务测试结果

步骤 2：进入街区 C，打开测试终端中的电话机，拨打号码。正常情况下，应有回铃音。如图 3-125 所示。

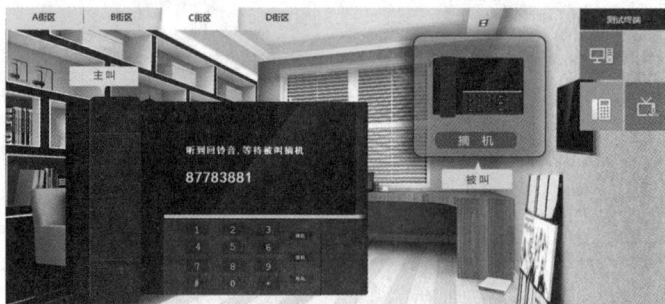

图 3-125　街区 C VoIP 业务测试结果

五、IPTV 的原理

(一) IPTV 的基本原理

IPTV 原理

IPTV(Internet Protocol Television)是一种通过互联网协议传输电视信号的技术，它已经在宽带接入网络中取得了广泛的应用。

IPTV 涉及多个关键组成部分，包括内容提供商、IPTV 服务器、IP 网络和终端设备。IPTV 各组成部分的功能如下：

(1) 内容提供商。内容提供商是制作和供应电视节目的实体，他们可能是电视台、电影制片厂、体育联盟或其他媒体公司。这些提供商将他们的内容数字化并上传到 IPTV 服务器。

(2) IPTV 服务器。IPTV 服务器是存储和分发电视内容的关键组成部分。这些服务器通常位于数据中心，负责管理大量的视频内容。IPTV 服务器将内容流分成数据包并将其传输到 IP 网络。

(3) IP 网络。IPTV 使用 IP 网络来传输数字内容。IP 网络提供了高带宽和可伸缩性，以支持高质量的视频传输。

(4) 终端设备。终端设备包括智能电视、智能手机、平板电脑或个人电脑。这些设备接收并解码通过 IP 网络传输的数据包，并将其显示为视频内容。

(5) 协议和编解码器。IPTV 使用一系列协议来管理流媒体传输，包括 RTSP(Real-Time Streaming Protocol)、RTP(Real-time Transport Protocol)和 UDP(User Datagram Protocol)。此外，编解码器用于将数字视频和音频解码为可视和可听的内容。

IPTV 处于宽带接入网络末端，主要考虑的是 OLT 接收到的 IPTV 数据流如何传到终端设备，主要使用 IGMP 组播协议来实现。

(二) 组播的基本原理

1. 技术背景

通信数据的传输方式有单播、广播和组播。单播实现点到点传输，只有一个发送者和一个接收者。广播实现点到所有点传输，只有一个发送者和局域网内所有的可达接收者。IPTV 应用要求相同的数据流传到多个不同的终端。在单播方式下，网络中将出现多份相同的信息流，增加网络负担。在广播方式下，带宽浪费严重，不需要这些信息的用户也会受到影响，还可能由于路由回环引起严重的广播风暴。

如图 3-126 所示，在组播方式下，单一的数据流被同时发送给一组用户，相同的组播数据流在每一条链路上最多仅有一份。相比单播来说，使用组播方式传递信息，用户的增加不会显著增加网络负载，这不但减轻了服务器和 CPU 的负荷，而且节约网络带宽。

组播报文可以跨网段传输，不需要此报文的用户不能收到该报文。相比广播来说，使用组播方式可以远距离传输信息，且只将信息传输到有接收者的地方，从而保障了信息的安全性。综上所述，组播技术有效地解决了单点发送多点接收的问题，实现了 IP 网络中点到多点的高效数据传送。

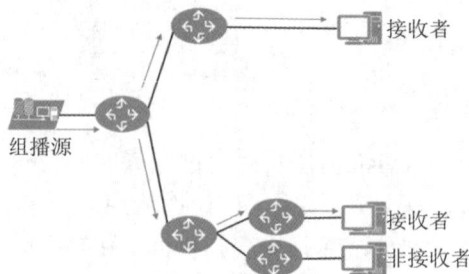

图 3-126　组播网络示意图

2. 组播的基本概念

组播组是发送者和接收者之间的一个约定，如同电视频道。电视台是组播源，它向某频道内发送数据。STB 是接收者主机，观众选择收看某频道的节目，表示主机加入某组播组；然后 STB 播放该频道电视节目，表示主机接收到发给这个组的数据。

观众可以随时控制 STB 的开关和频道间的切换，表示主机动态地加入或退出某个组播组。常见 IPTV 场景直播业务采用的是组播方式，而点播业务采用单播的形式。

如图 3-127 所示，在组播方式中，信息的发送者称为组播源；接收相同信息的接收者构成一个组播组，并且每个接收者都是组播组成员；提供组播功能的路由器称为组播路由器；组播源向特定组播组发送组播数据，它并不关心组成员的所在；组播路由器把数据拷贝并转发给需要该数据或存在组播接收者的网络分支；主机加入自己感兴趣的组播组，以便收到发往这些组播组的数据包。

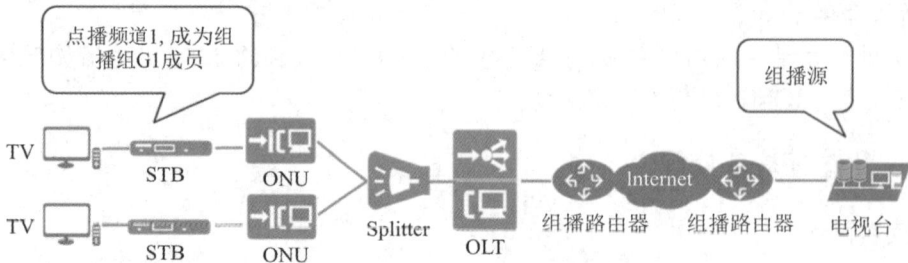

图 3-127　PON 网络组播示意图

3. 组播的特点和应用

1) 组播的优势

(1) 提高效率：降低网络流量，减轻硬件负荷。

(2) 优化性能：减少冗余流量，节约网络带宽，降低网络负载。

(3) 分布式应用：组播可以适应分布式应用，当接收者数量发生变化时，网络流量的波动很平稳。

(4) 提高安全性：相对于广播，被传递的信息只会发给需要该信息的接收者，提高信息传输的安全性。

2) 组播的劣势

(1) 尽力而为：组播是基于 UDP 的，报文丢失是不可避免的，因此组播应用程序不能依赖组播网络进行可靠性保证，必须针对组播网络的这个特点进行特别设计。

(2) 没有拥塞避免机制：缺省 TCP 窗口机制和慢启动机制，组播可能会出现拥塞。

(3) 报文重复：某些组播协议的特殊机制(如 Assert 机制和 SPT 切换机制)可能会造成数据包的重复。

(4) 报文失序：同样组播协议有时候会造成报文到达的次序错乱。

3) 组播的应用

组播的应用包括：

(1) 网络电视(IPTV)、视频/音频会议、视频点播(VOD)等。

(2) 远程教育、远程医疗、网络游戏等。

(3) 实时音频/视频分发、大规模信息推送等其他需要一对多数据传输的应用场景。

(三) 组播架构和地址

1. 组播架构

组播的架构如图 3-128 所示，在组播协议体系中，根据协议的作用范围，组播协议分为组播组管理协议 IGMP(用于主机-组播路由器间)和组播路由协议(用于组播路由器-组播路由器间)。

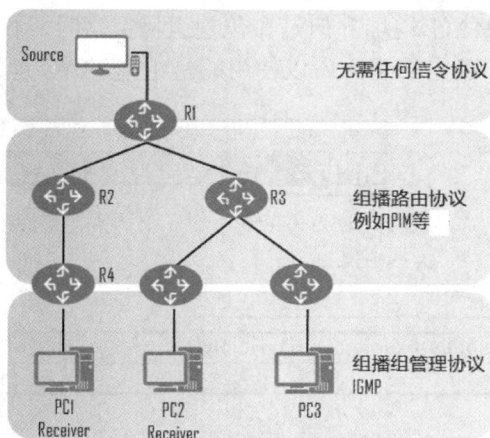

图 3-128 组播架构图

(1) 组播组管理协议 IGMP(Internet Group Management Protocol)：用于主机和路由器之间，定义了主机与路由器之间建立和维护组播成员关系的机制，包括 IGMPv1/v2/v3。

(2) 组播路由协议：主要任务是构建无环的分发树结构，建立和维护组播路由，并正确、高效地转发组播数据。

组播路由协议又分为域内组播路由协议(PIM-SM、PIM-DM、DVMRP)和域间组播路由协议(MBGP、MSDP)。同时为了有效抑制组播数据在二层网络中的扩散，引入了 IGMP Snooping 等二层组播协议。

2. 组播 IP 地址

在 IPv4 地址空间中，D 类地址(224.0.0.0/4)用于组播。组播 IP 地址代表一个接收者的集合。主要的组播地址如表 3-17 所示。

表 3-17　组 播 地 址 表

地　　址	说　　明
224.0.0.0～224.0.0.255	永久组地址，该类组播地址只能在本地链路工作，IANA 将这些地址保留用于特殊用途。例如： 224.0.0.1　所有节点 224.0.0.2　所有路由器 224.0.0.5 OSPF 路由器组播地址 224.0.0.9 RIPv2 路由器
224.0.1.0～238.255.255.255	用户组地址，这类组播地址全局有效
232.0.0.0～232.255.255.255	SSM(Source Specific Multicast，特定源组播)组地址
239.0.0.0～239.255.255.255	本地管理组地址，该范围的地址类似于私有地址

3. 组播 MAC 地址与映射

组播 MAC 地址映射如图 3-129 所示。在以太网传输单播 IP 报文的时候，目的 MAC 地址使用的是接收者的 MAC 地址。但是在传输组播报文时，传输目的不再是一个具体的接收者，而是一个成员不确定的组，所以使用的是组播 MAC 地址。

图 3-129　组播 MAC 地址映射

IANA 规定，组播 MAC 地址的高 25 bit 为 0x01005E，MAC 地址的低 23 bit 为组播 IP 地址的低 23 bit。由于 IP 组播地址的前 4 bit 是 1110，代表组播标识，而后 28 bit 中只有 23 bit 被映射到 MAC 地址，这样 IP 地址中就有 5 bit 信息丢失，直接的结果是，出现了 32 个 IP 组播地址映射到同一 MAC 地址上。

(四) IGMP 协议

1. IGMP 协议管理

如图 3-130 所示，IGMP 用于主机(组播成员)和组播路由器之间。主机使用 IGMP 报文向组播路由器申请加入和退出组播组。在默认时，组播路由器是不会向接口下转发组播数据流的，除非该接口上存在组播成员。组播路由器通过 IGMP 查询网段上是否有组播组的成员。IGMP 有三个版本：IGMPv1、IGMPv2 和 IGMPv3。目前应用最广泛的是 IGMPv2。

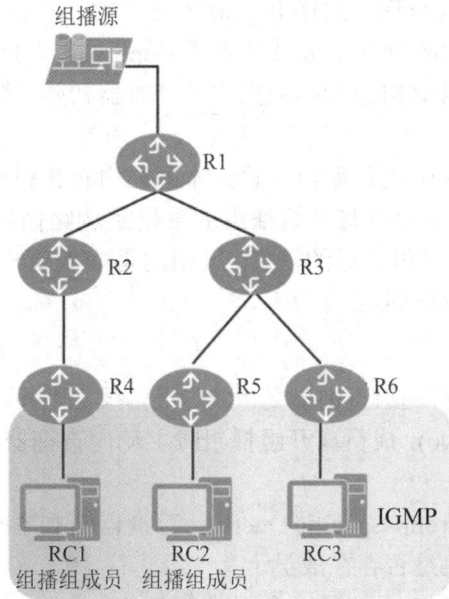

图 3-130 IGMP 协议工作范围

2. IGMPv1 报文

IGMPv1 只有两种报文：普遍组查询报文(General Query)，用于查询者了解有哪些接收者；成员报告报文(Membership Report)，通告给查询者加组的消息。

IGMPv1 协议主要是基于查询和响应机制完成组播组管理。在多路由器共享网段上，由三层路由协议选举出唯一的组播信息转发者，并将其作为 IGMPv1 的查询器，负责该网段的组成员关系查询。

IGMP 组成员关系维护的过程如图 3-131 所示。

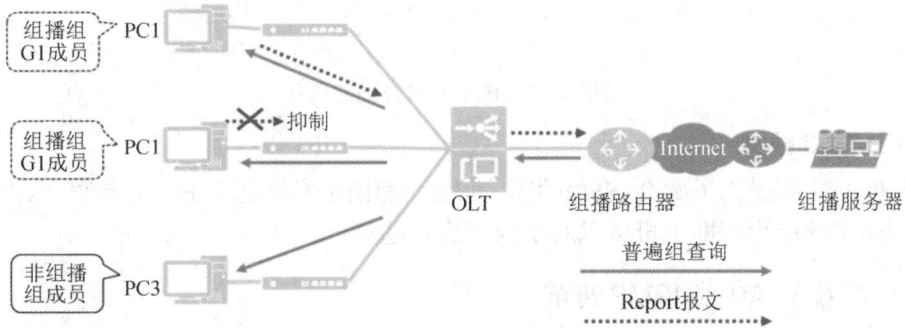

图 3-131 IGMPv1 协议

具体工作流程如下：

(1) IGMP 查询器周期性地发送普遍组查询报文进行成员关系查询。该报文的目的地址为 224.0.0.1，表示该网段上的所有主机和路由器。

(2) 网段内所有主机都收到该普遍组查询报文，不同的主机会有不同的响应。

(3) 不在组播组的成员，如 PC3，不作任何响应。

(4) 在组播组 G1 的成员会在本地启动计时器。如果计时器超时，PC1 未侦听到其他成员响应的 Report 报文，则向查询器发送 Report 响应报文，报文中携带组播组 G1 地址。如果在计时器超时前，PC2 侦听到其他成员响应的 Report 报文(PC1 发出的)，则不向查询器发送 Report 响应报文，即抑制自己的响应报文。计时器初始值为从 0 到最大响应之间的一个随机数，默认值是 10 s。

(5) 查询器接收到 Report 消息后，了解到本网段内存在组播组 G1 的组成员，则生成 (*，G1)组播转发项。网络中一旦有该组播组的数据到达路由器，将向该网段成员转发。IGMPv1 中没有专门定义离开组播组的消息，采用的是静默离开，待主机离开组播组后，便不会再对普遍组查询报文做出回应。

3. IGMPv2 报文

与 IGMPv1 相比，除了普遍组查询报文和成员报告报文以外，IGMPv2 新增了两种报文。

(1) 成员离开报文(Leave)：成员离开组播组时主动向查询器发送的报文，用于宣告自己离开了某个组播组；

(2) 特定组查询报文(Group-Specific Query)：查询器向共享网段内指定组播组发送的查询报文，用于查询该组播组是否存在成员。

如图 3-132 所示，IGMPv2 中如果一个网段中有多台 IGMP 路由器，这些路由器都发送 IGMP 查询的话就显得非常多余且低效。IGMP 会在这些路由器(的接口)中选出一个 IGMP 查询器。

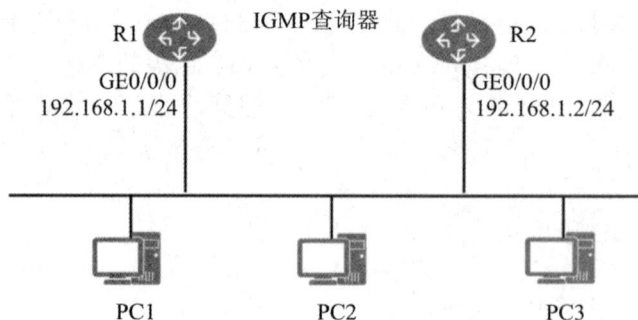

图 3-132　IGMP 多查询器选择

4. IGMPv3 报文

IGMPv3 主要是为了配合 SSM(指定信源组播)模型发展起来的，它提供了在报文中携带组播源信息的能力，即主机可以对组播源进行选择。

(五) 组播 VLAN 的 IGMP 模式

1. IGMP Snooping

IGMP 侦听，指二层数据链路层设备对主机和路由器之间传送的 IGMP 报文进行监听和透传，在二层维护二层组播地址表，使组播数据不会在数据链路层被广播。

2. IGMP Proxy

组播代理，指在树形网络拓扑下，设备不对组播转发建立路由，只负责对组播协议报文的代理功能。

3. IGMP OFF

该组播 VLAN 不能正常开展组播业务，主机不会对报文进行接收，当所有组播 VLAN 的模式都为 OFF 时，单板也不接收 IGMP 报文。

（六）PON 网络组播转发原理

PON 网络中组播数据转发如图 3-133 所示。

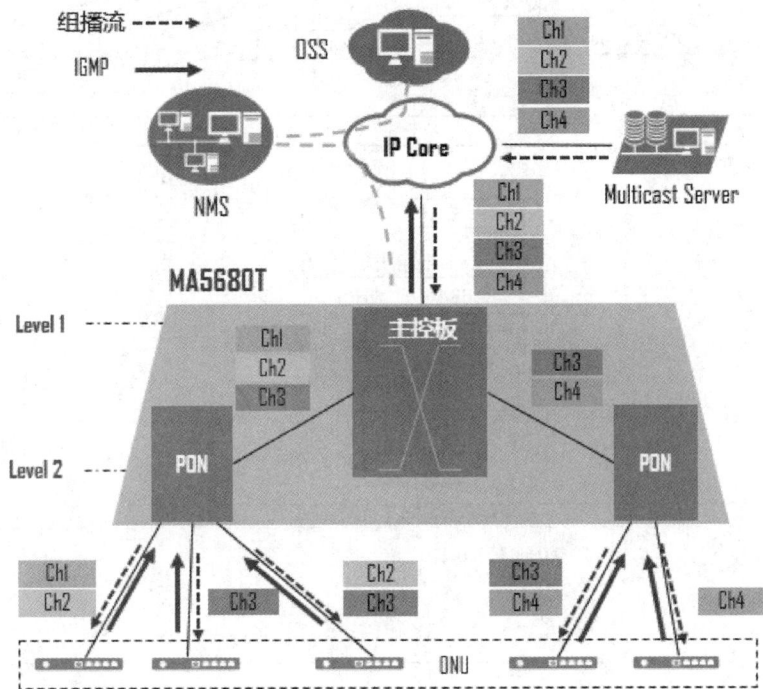

图 3-133　PON 网络组播转发

(1) OLT 和 ONU 开启 IGMP Snooping 或 IGMP Proxy 组播报文转发模式。

(2) 主控板向相应的业务板复制转发组播报文。

(3) 单板向相应的 PON 口复制转发组播报文。

(4) PON 向该 PON 口下所有 ONU 广播组播报文。

(5) ONU 根据组播转发表，接收过滤组播流。

六、 IPTV 业务的开通

（一）拓扑结构图

IPTV 业务网络拓扑如图 3-134 所示。从图中可见，IPTV 业务涉及的设备有机顶盒(STB)、ONU、分光器、OLT、BRAS、CDN Node、Middle Ware(MW)、EPG、路由器和交换机等。

视频业务开通(IUV 实训)

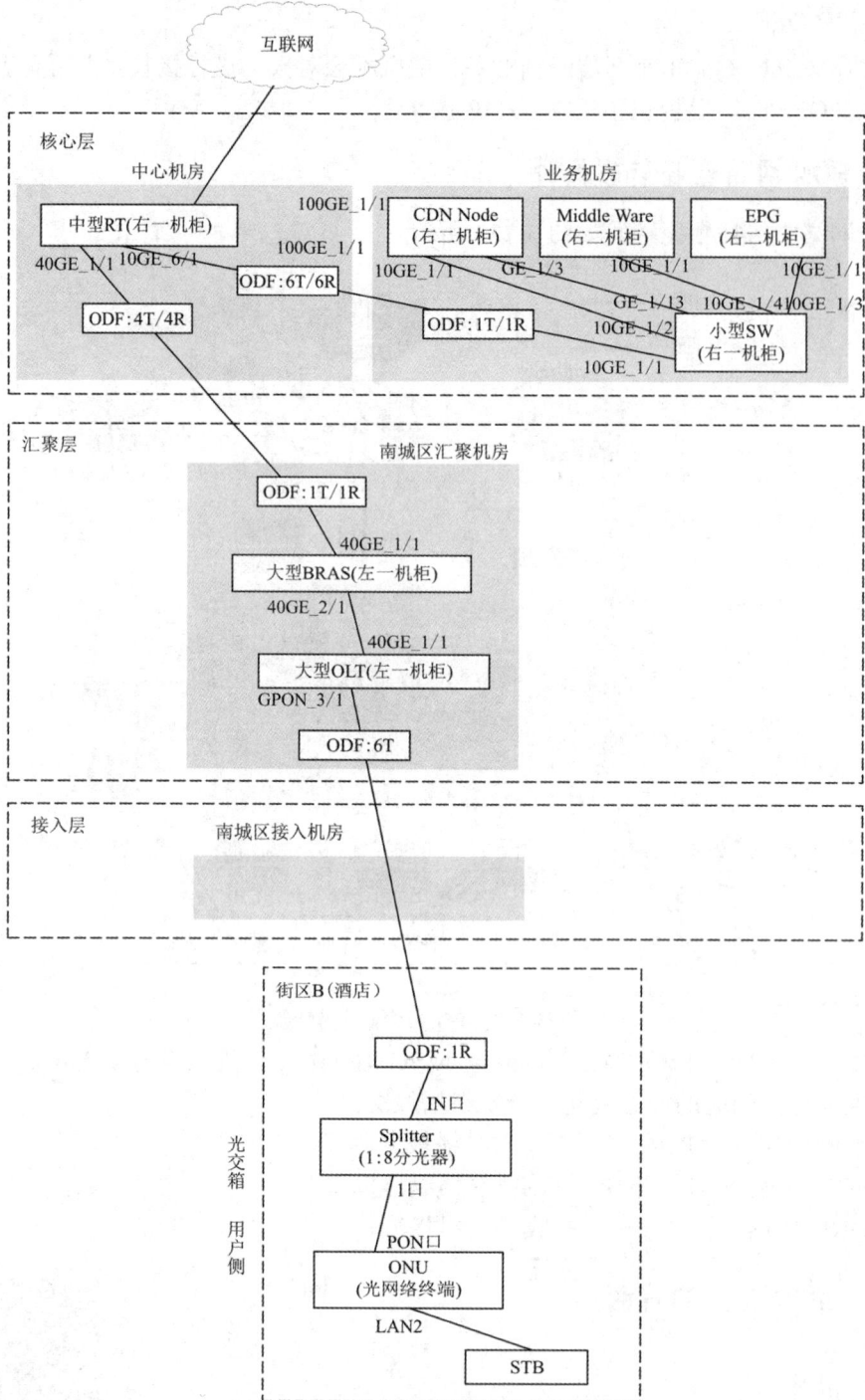

图 3-134　IPTV 业务网络拓扑图

按照图 3-134 完成设备连线，连线方式参考任务 3.3 中 PPPoE 业务开通的设备连线部分。

(二) 数 据 规 划

IPTV 业务数据规划见表 3-18 和表 3-19。

表 3-18　IPTV 业务数据规划 1

设备名称	本端端口	端口网络	对端设备	对端端口
业务机房 CDN Node	10GE_1/1	13.13.13.0/24	业务机房 SW (小型)	10GE_1/2
	GE_1/3	16.16.16.0/24		GE_1/13
业务机房 MW	10GE_1/1	14.14.14.0/24		10GE_1/4
业务机房 EPG	10GE_1/1	15.15.15.0/24		10GE_1/3
中心机房 RT(中型)	10GE_6/1	100.1.1.0/30		10GE_1/1
南城区汇聚机房 BRAS (大型)	40GE_1/1	100.1.1.4/30	中心机房 RT	40GE_1/1
	40GE_2/1		南城区汇聚机房 OLT(大型)	40GE_1/1
南城区汇聚机房 OLT(大型)	GPON_3/1		B 街区	

表 3-19　IPTV 数据规划 2

设备类型	业务配置	数据
STB	账号和密码	账号为 123，密码为 123
ONU	业务接口	Eth_0/2
OLT	组播 VLAN	1000
	User VLAN	999
	上行带宽配置	固定带宽 11 111 kb/s
	下行带宽配置	承诺速率 10 000 kb/s
	MVLAN 组播组	224.1.1.1～239.1.1.1
BRAS	网关	66.66.66.1
	宽带虚接口地址池	40GE_2/1.1 66.66.66.2～66.66.66.100
	RP 地址	100.1.1.2
CDN Node	IP 地址	13.13.13.13/24
	信令接口	GE_1/3
	媒体接口	10GE_1/1
MW	IP 地址	14.14.14.14/24
	直播标清地址	224.1.1.1
	直播高清地址	224.9.9.9
	用户名及密码	账号为 123，密码为 123
EPG	IP 地址	15.15.15.15/24

(三) 业务机房 CDN Node 设备配置

设备配置的前提：在容量计算标签页，把街区 B 设置为酒店模式。按照图 3-134 完成设备添加和连线。

设备配置按照表 3-18 和表 3-19 规划的数据完成。

进入业务机房，完成 CDN Node 物理接口配置、静态路由配置、系统基本配置。CDN Node 系统基本配置，如图 3-135 所示。

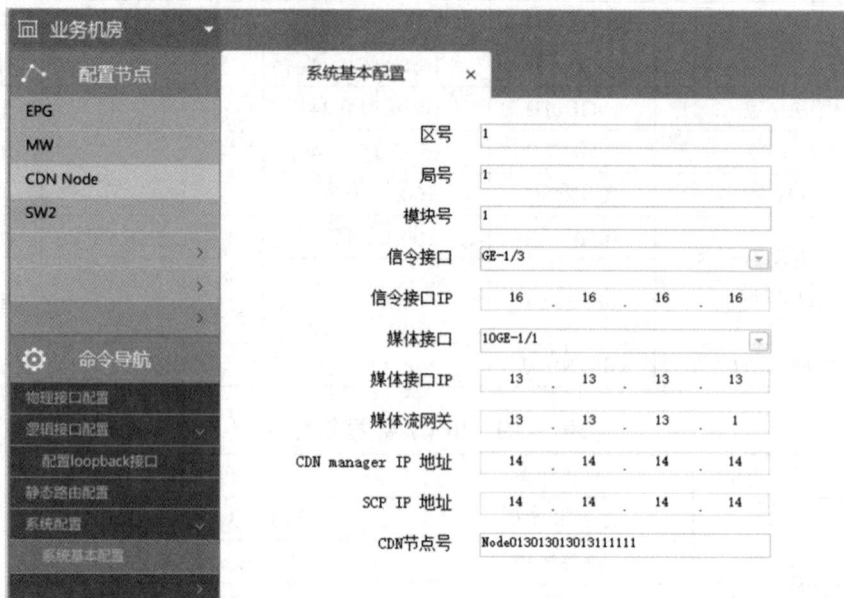

图 3-135　业务机房 CDN Node 系统基本配置

(四) 业务机房 MW 设备配置

进入业务机房，打开 MW，完成物理接口配置、静态路由配置、SCP 配置、CDN Manager 配置、EAS 配置、DB 配置-产品信息配置、DB 配置-产品包信息配置、DB 配置-用户信息配置。业务机房 MW 的 SCP 配置如图 3-136 所示。

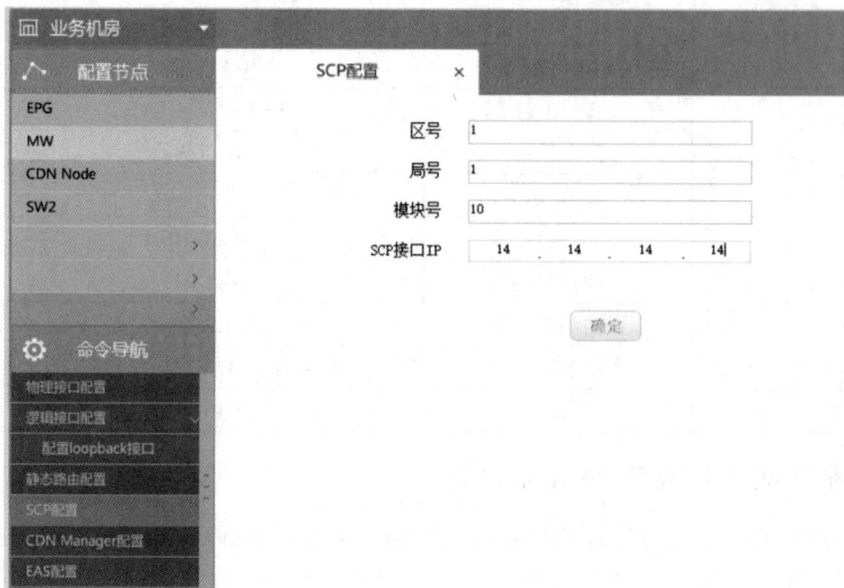

图 3-136　业务机房 MW 的 SCP 配置

业务机房 MW 的 CDN Manager 配置如图 3-137 所示。

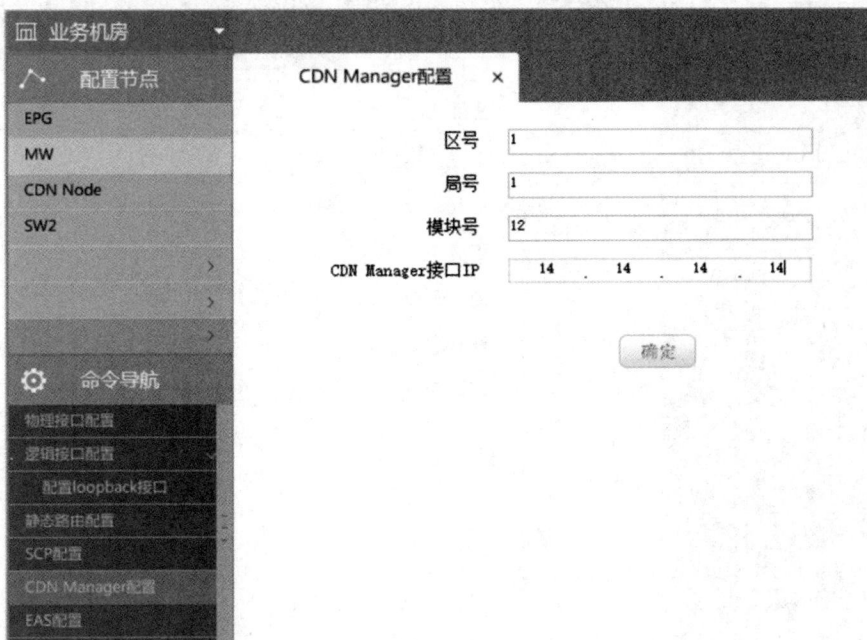

图 3-137　业务机房 MW 的 CDN Manager 配置

业务机房 MW 的 EAS 配置如图 3-138 所示。

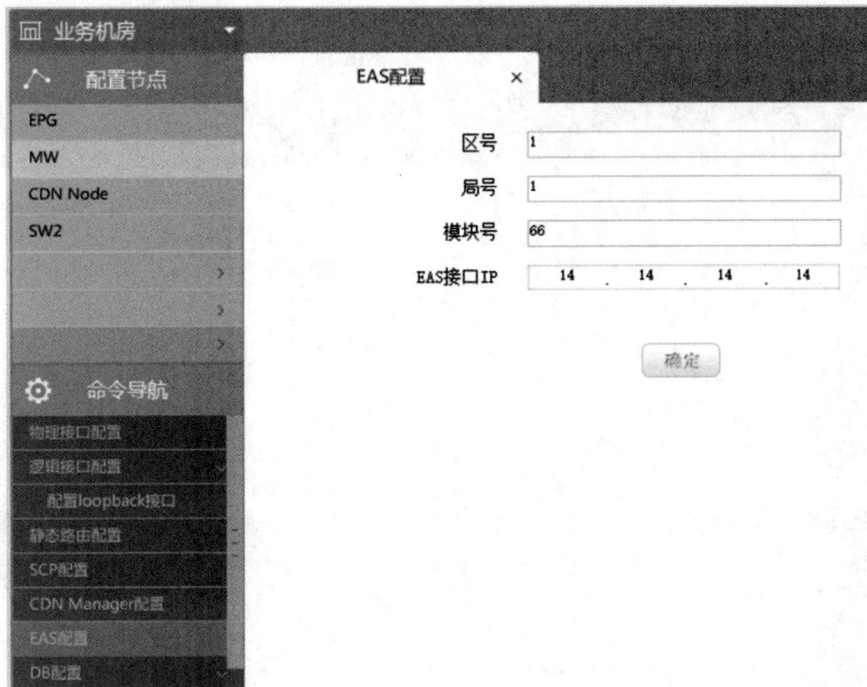

图 3-138　业务机房 MW 的 EAS 配置

MW 设备中，DB 配置中的产品信息配置如图 3-139 所示。

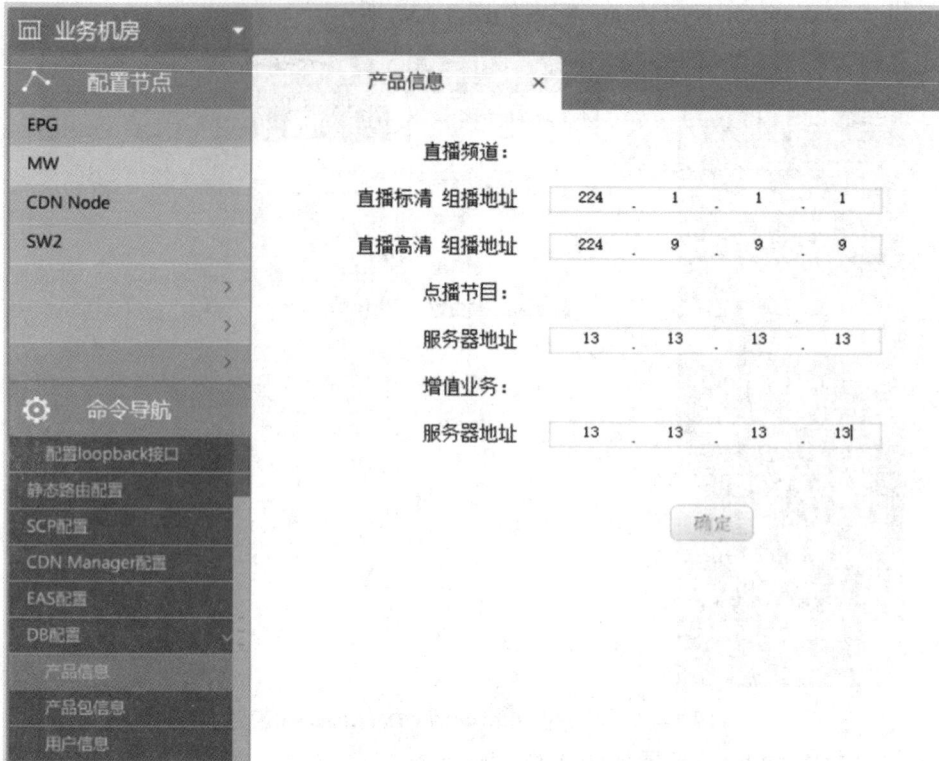

图 3-139　业务机房 MW 设备-DB 配置-产品信息配置

在 MW 设备中，完成 DB 配置中的产品包信息配置，如图 3-140 所示。

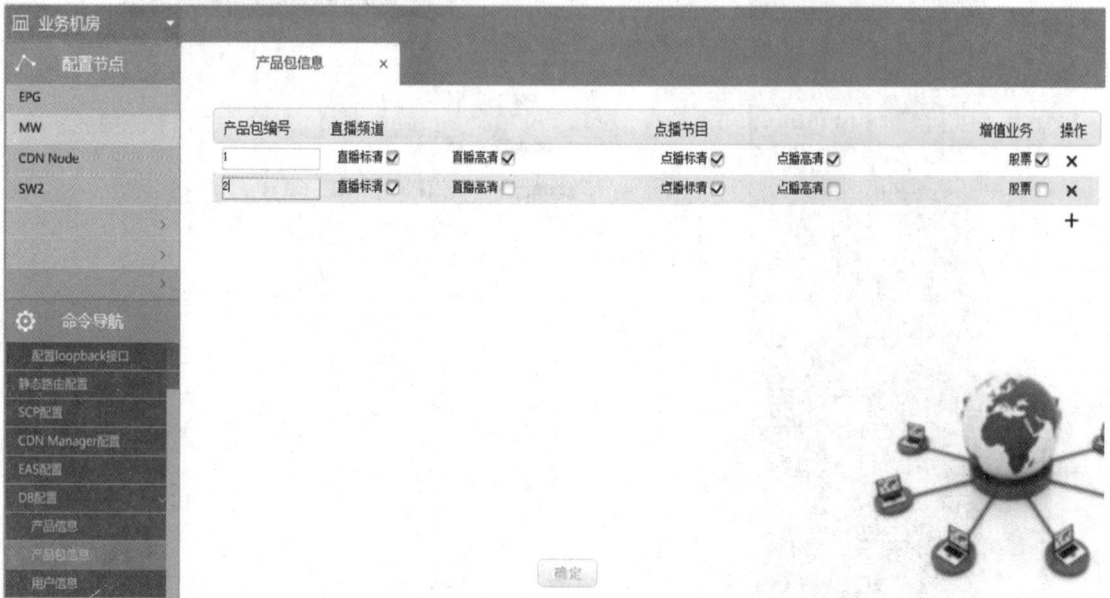

图 3-140　业务机房 MW 设备-DB 配置-产品包信息配置

在 MW 设备中，DB 配置中的用户信息配置如图 3-141 所示。

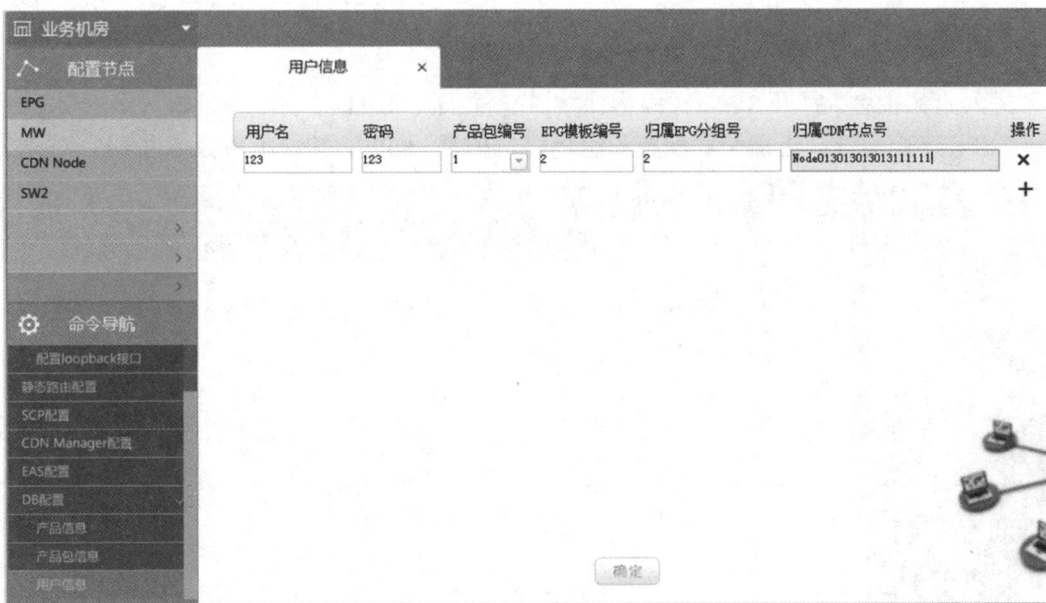

图 3-141　业务机房 MW 设备-DB 配置-用户信息配置

（五）业务机房 EPG 设备配置

进入业务机房，打开 EPG 设备，完成物理接口配置、静态路由配置、EPG 的系统基本配置。EPG 的系统基本配置如图 3-142 所示。

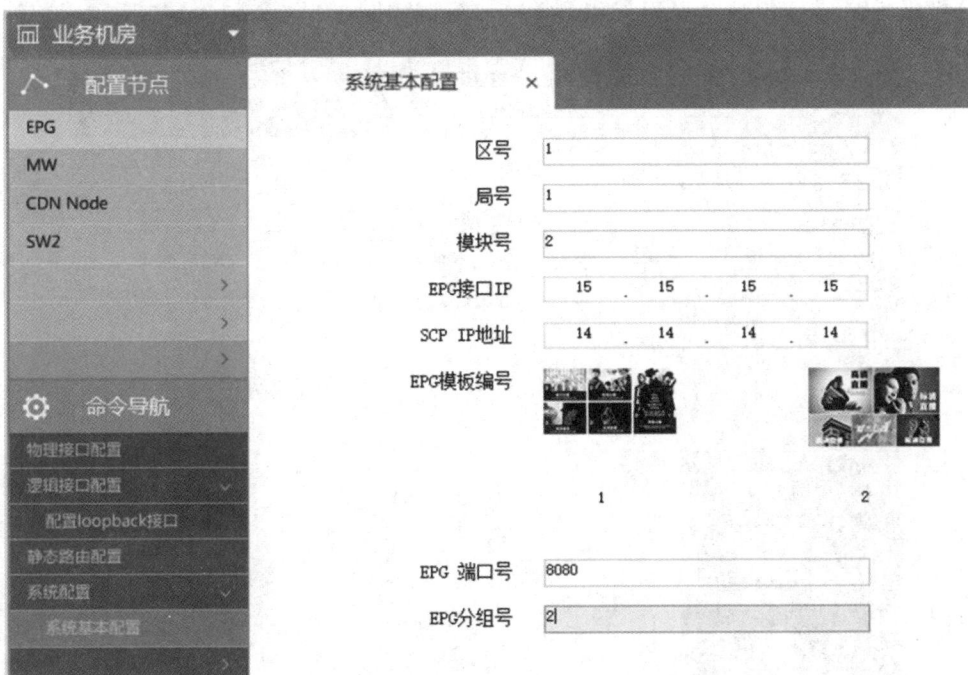

图 3-142　业务机房 EPG 系统配置-系统基本配置

(六) 业务机房交换机配置

进入业务机房，打开 SW，完成物理接口配置、loopback 接口配置、VLAN 三层接口配置、OSPF 路由配置、组播全局配置和组播接口配置。OPSF 接口配置如图 3-143 所示。

图 3-143　业务机房 SW OSPF 接口配置

交换机(SW)完成组播全局配置和组播接口配置如图 3-144 和图 3-145 所示。

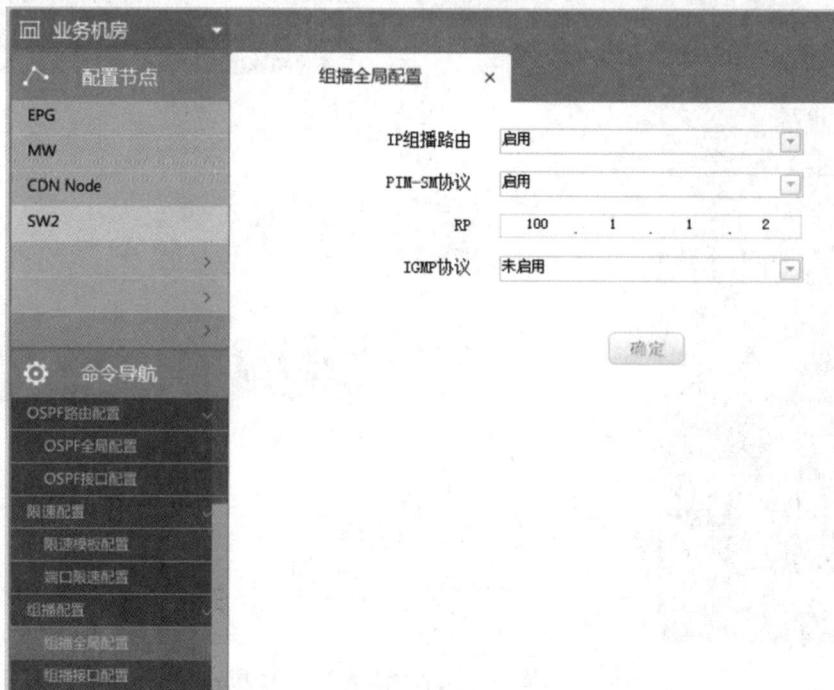

图 3-144　业务机房 SW 组播全局配置

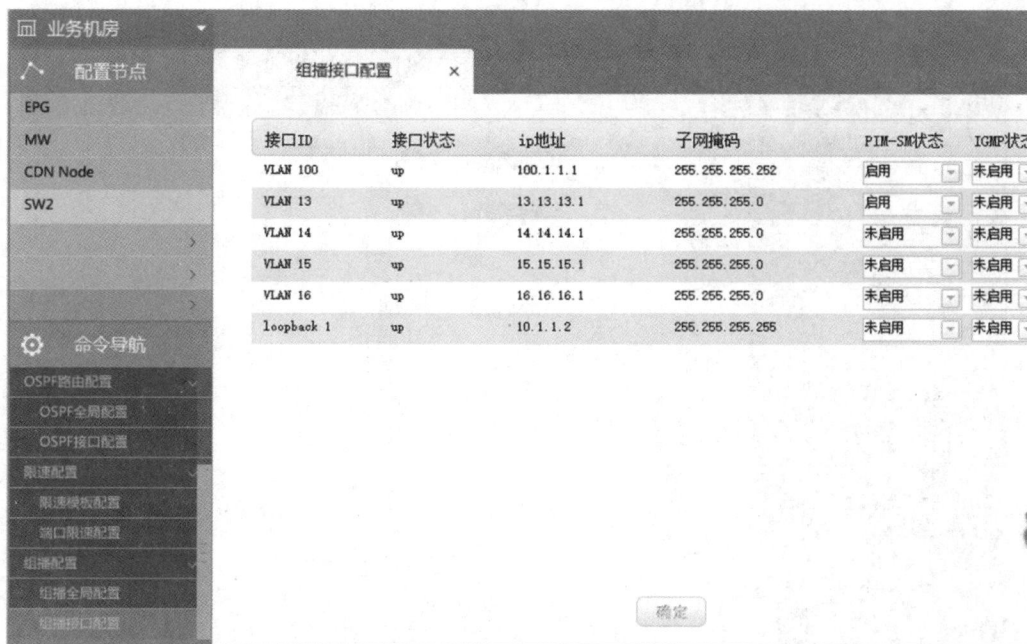

图 3-145　业务机房 SW 组播接口配置

(七) 中心机房路由器配置

进入中心机房，打开 RT，完成物理接口配置、OSPF 路由配置、组播配置。OSPF 接口配置如图 3-146 所示。

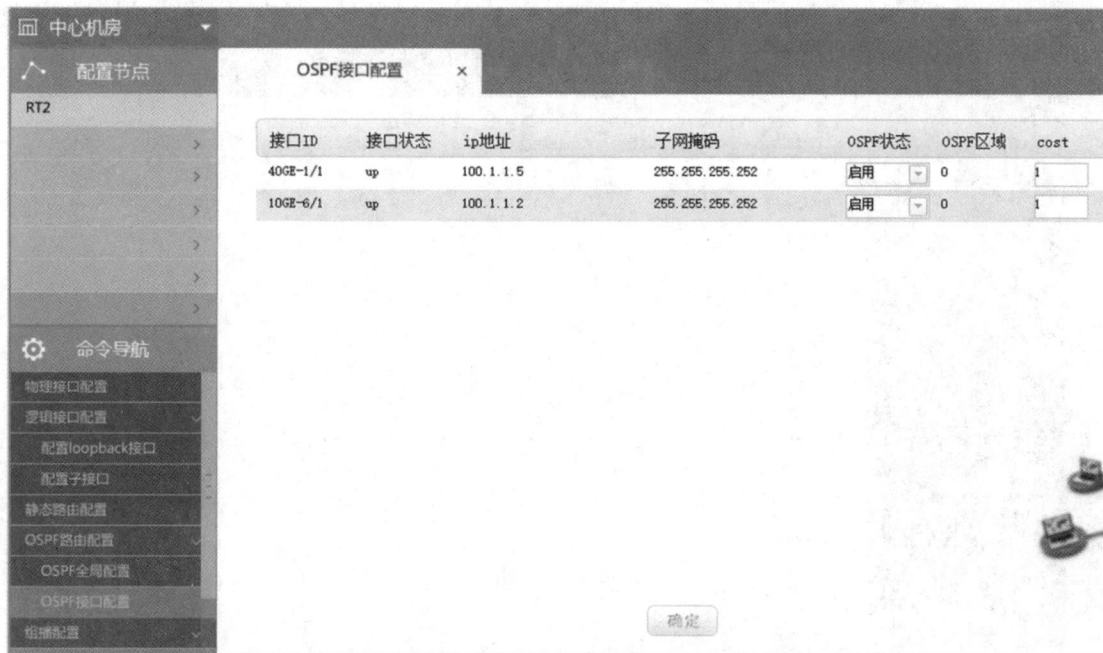

图 3-146　中心机房 RT OSPF 接口配置

路由器(RT)的组播配置如图 3-147 和图 3-148 所示。

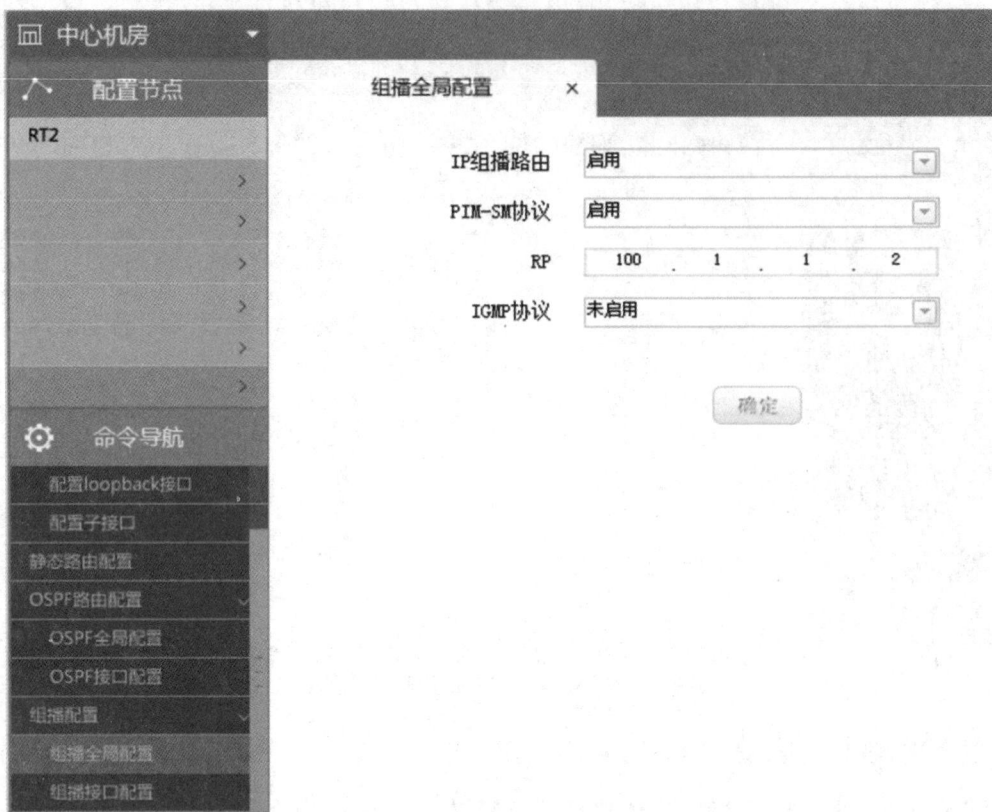

图 3-147　中心机房 RT 组播全局配置

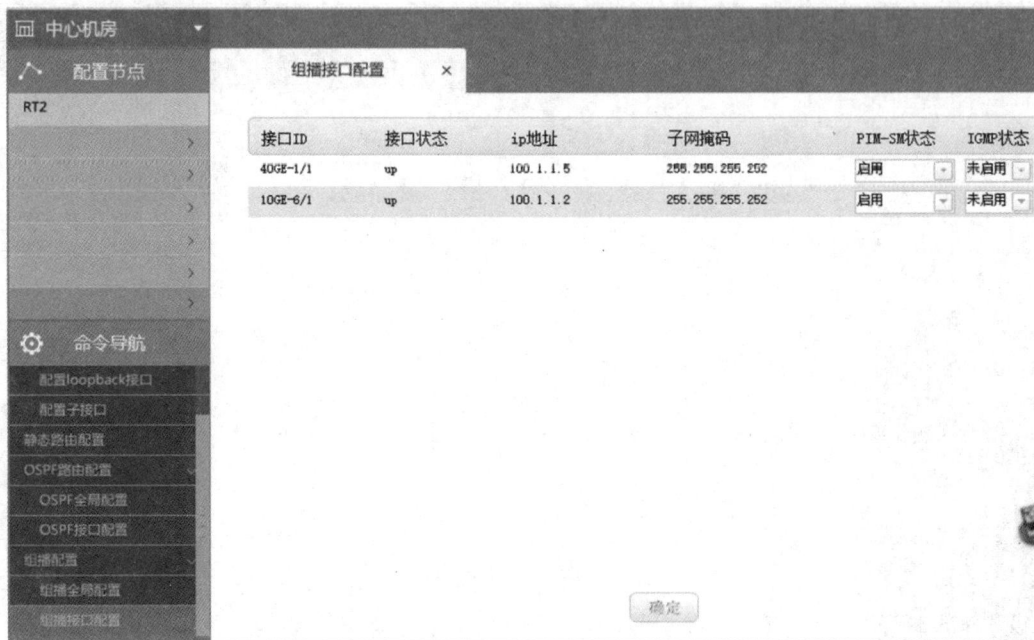

图 3-148　中心机房 RT 组播接口配置

(八) 汇聚机房 BRAS 配置

进入南城区汇聚机房，选择 BRAS，完成物理接口配置、宽带虚接口配置、OSPF 路由配置、组播配置、动态用户接入。BRAS 的宽带虚接口配置如图 3-149 所示。

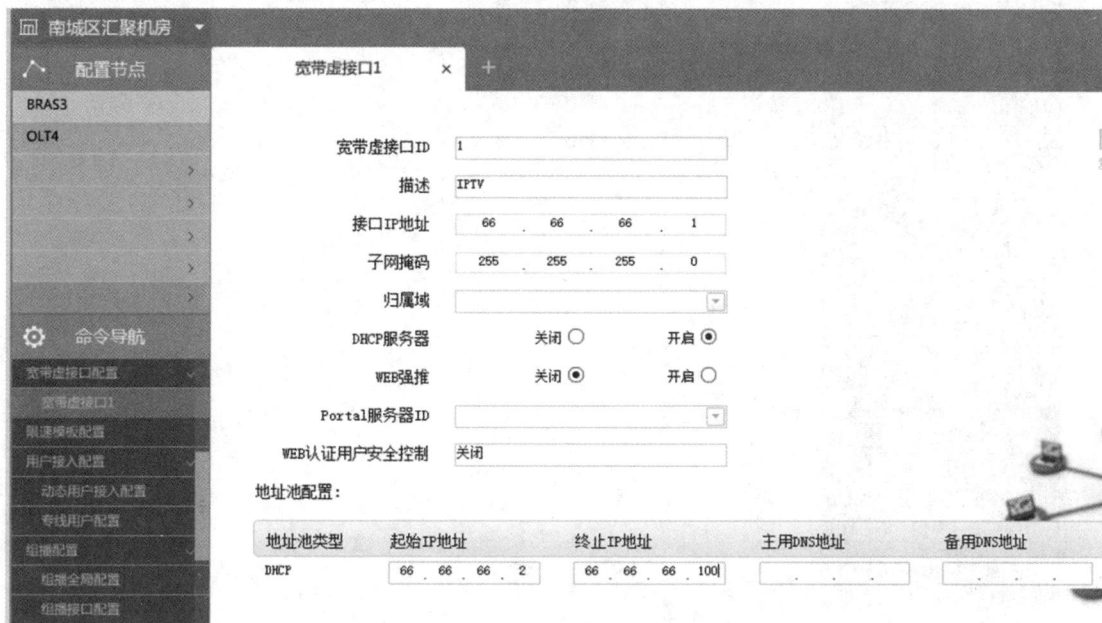

图 3-149　BRAS 宽带虚接口配置

BRAS 的 OSPF 接口配置如图 3-150 所示。

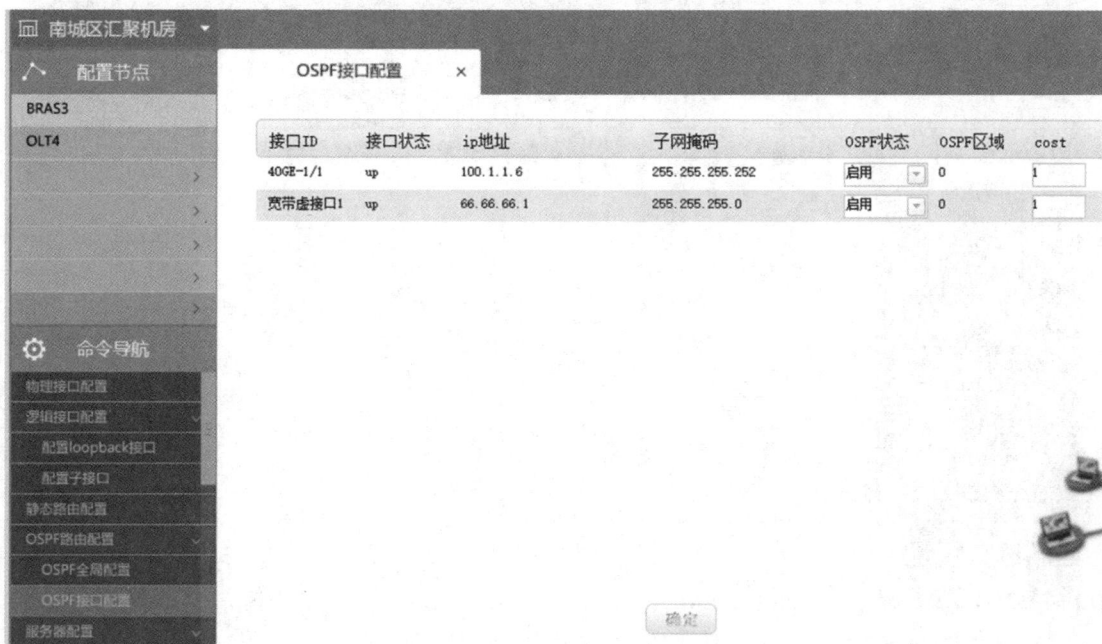

图 3-150　BRAS 的 OSPF 接口配置

BRAS 的组播配置如图 3-151 和图 3-152 所示。

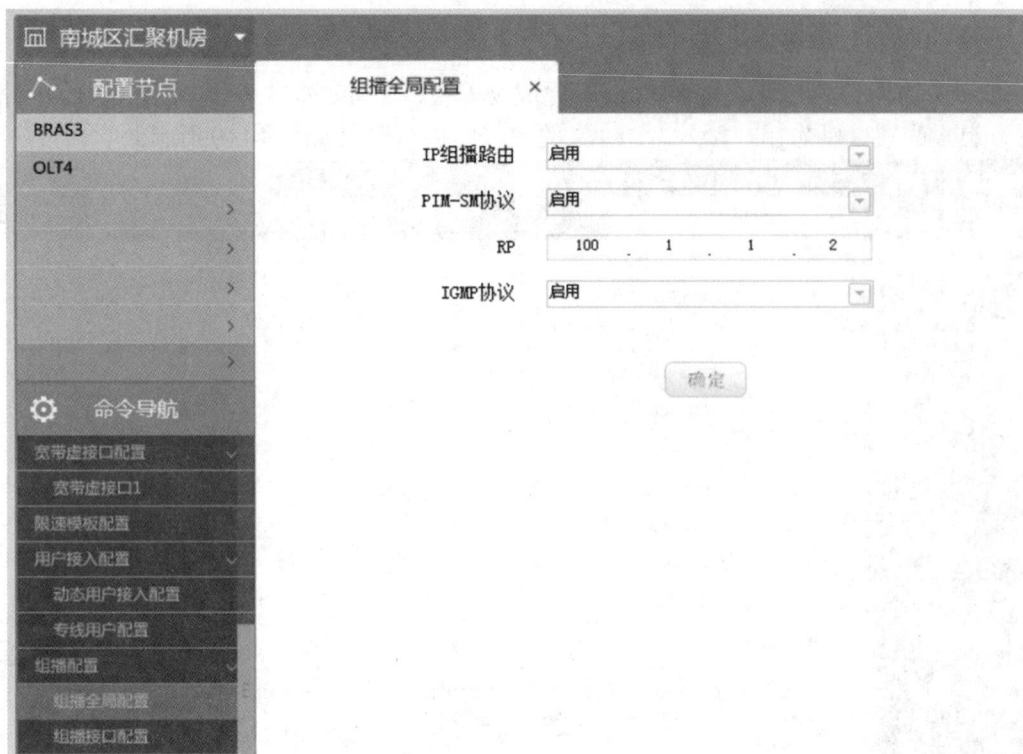

图 3-151 BRAS 组播全局配置

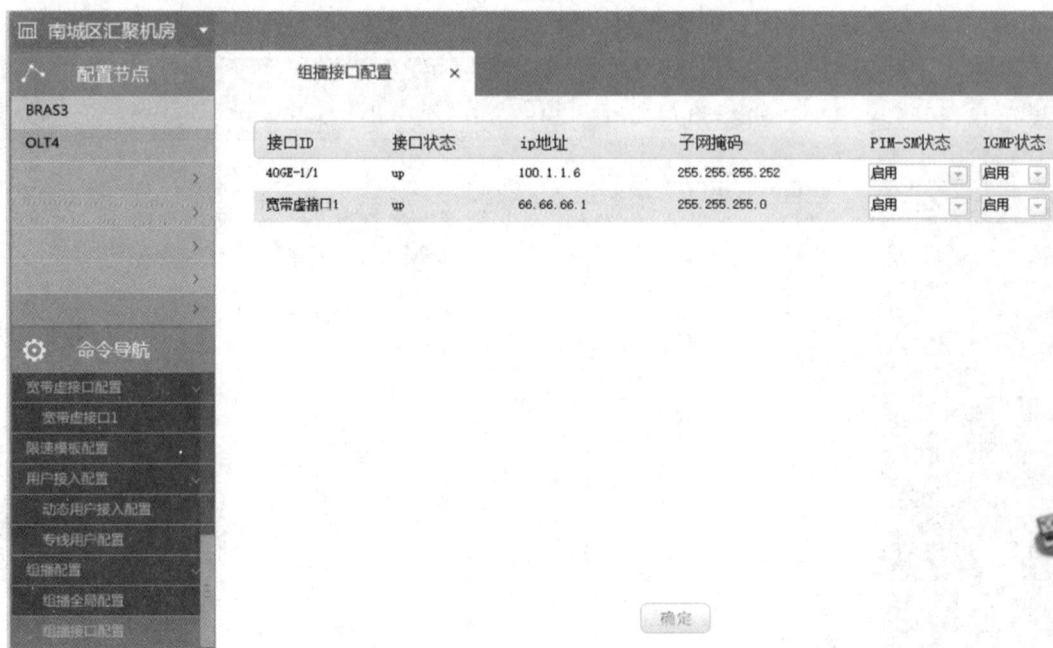

图 3-152 BRAS 组播接口配置

BRAS 的动态用户接入如图 3-153 所示。

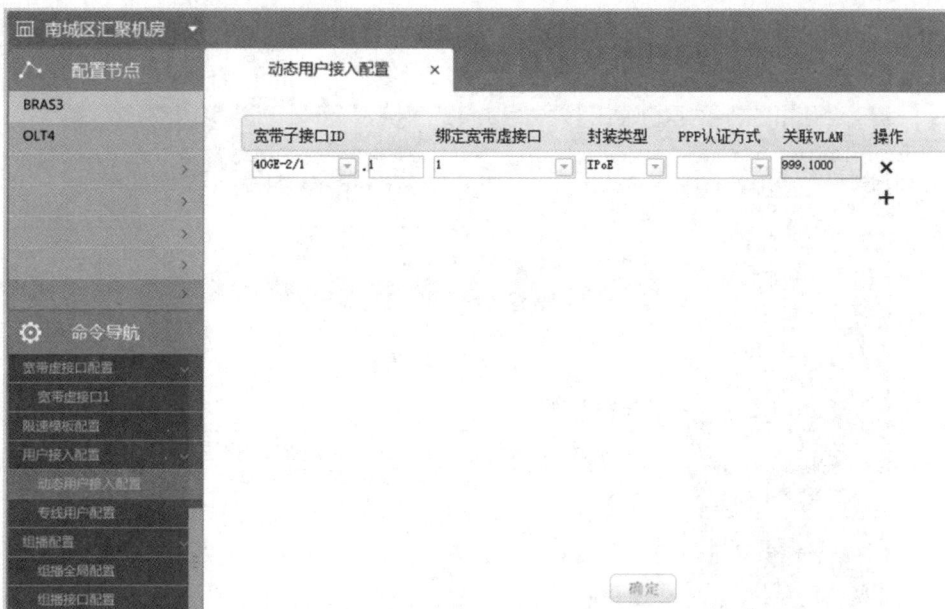

图 3-153　BRAS 动态用户接入配置

(九) 汇聚机房 OLT 配置

进入南城区汇聚机房，选择 OLT，完成上联端口配置、ONU 类型模板配置、ONU 认证配置、T-CONT 带宽模板配置、GEM Port 带宽模板配置、GPON 组播协议配置、组播业务配置。

OLT GPON 组播协议配置如图 3-154 所示。

图 3-154　南城区汇聚机房 OLT 组播协议配置

OLT 组播业务配置(Port ID 端口的选择一定要与 STB 所连的 ONU 端口一致)如图 3-155 和图 3-156 所示。

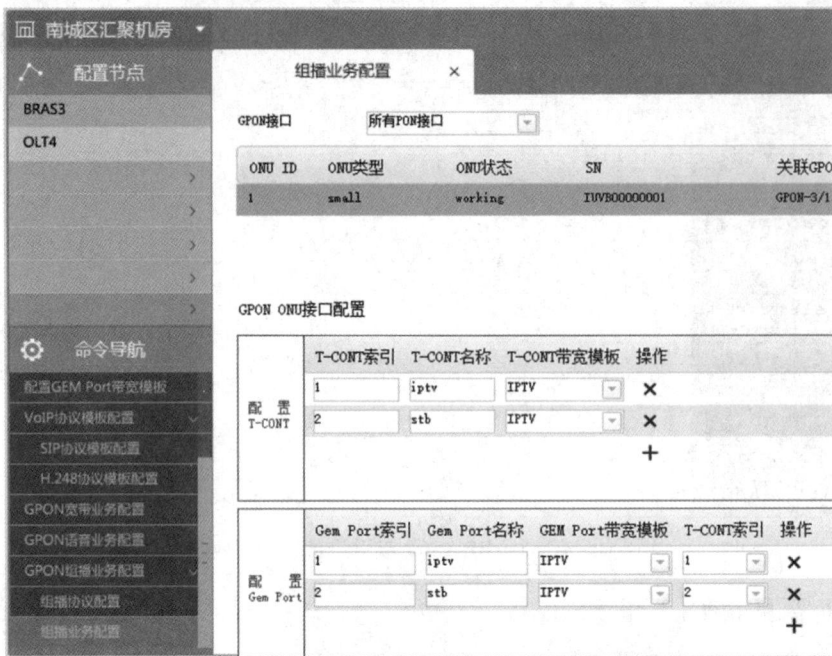

图 3-155　南城区汇聚机房 OLT 组播业务配置 1

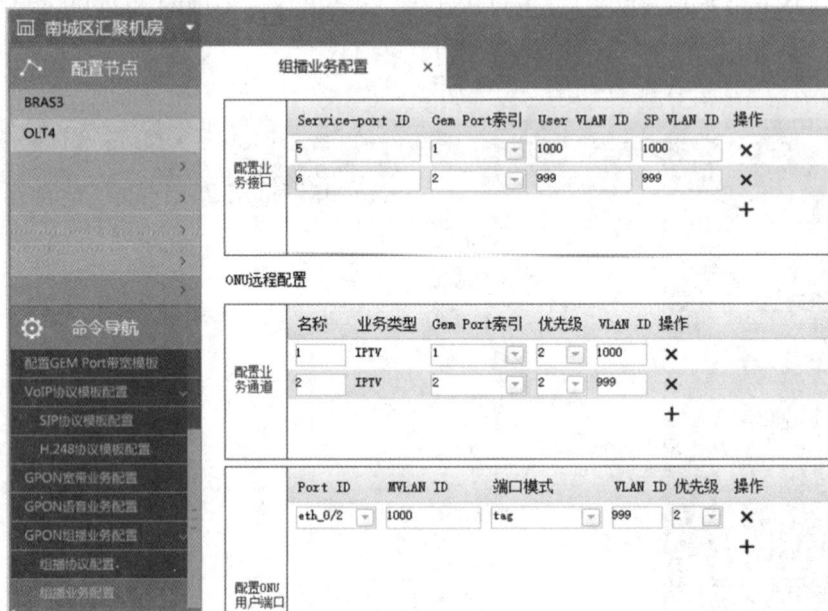

图 3-156　南城区汇聚机房 OLT 组播业务配置 2

(十) STB 配置

进入街区 B，选择 STB，完成系统配置，如图 3-157 所示。

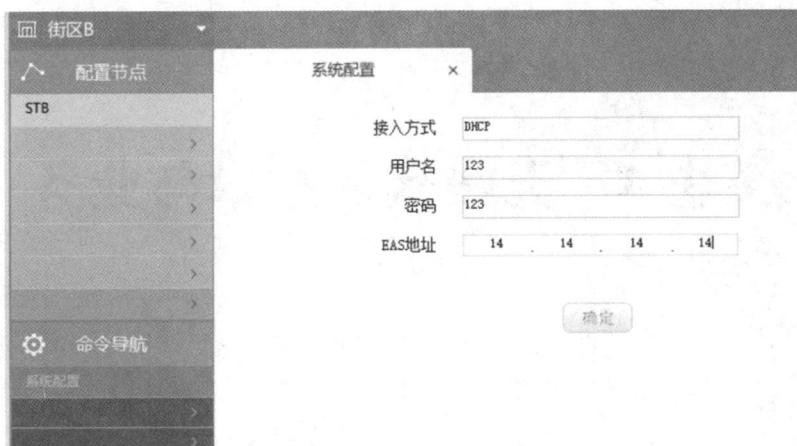

图 3-157　街区 B STB 系统配置

（十一）业务测试

进入街区 B，选择电视机，在电视机屏幕上单击"直播高清"，出现动画并伴有声音，如图 3-158 所示。

图 3-158　街区 B IPTV 业务验证

习 题

1. 请简答 VoIP 系统由哪些部分组成。
2. 请简答 PPPoE 协议工作分哪几个阶段。
3. 请简答 PAP 认证和 CHAP 认证的工作原理和区别。
4. 请简答 VoIP 系统的组成。
5. 请简答 H.248 协议命令有哪些。
6. 请简答 IGMP 协议的工作原理。

模块 4　无线接入技术与业务

任务 4.1　认识无线接入网

一、无线接入网的概念

(一) 无线接入概述

1. 无线接入的定义

无线接入是一种通信方式，它允许设备通过无线信号与网络或其他

无线接入的定义

设备建立连接，而无须使用物理线缆。无线接入技术通过将数据转换为电磁波、红外线或其他无线传输媒质的信号来实现。无线接入的应用范围广泛，包括无线局域网(WLAN)、移动通信网络、物联网(IoT)、卫星通信系统等。

无线接入给用户带来了诸多便利，最显著的是它允许用户或设备在一定范围内自由移动，而不受物理线缆的限制。这使得移动设备、无线网络和无线传感器网络能够在各种场景下得以广泛应用，包括家庭、企业、城市、偏远地区和全球范围。无线接入技术的不断发展和创新推动了通信、互联网、物联网和移动计算等领域的进步，为人们的生活和工作带来了更大的便利和灵活性。

2. 无线接入与有线接入的界定

有线接入的界定方式如下：

(1) 有线接入是指数据通过物理线缆传输到设备之间的连接方式。

(2) 这种连接方式包括但不限于以太网(Ethernet)连接、光纤连接、同轴电缆连接等。

(3) 所有涉及使用物理线缆来传输数据的情况都可归类为有线接入。

无线接入的界定方式如下：

(1) 无线接入是指数据通过无线传输媒质(如无线电波、红外线、微波等)传输数据的连接方式。

(2) 这种连接方式包括但不限于 WLAN 连接、蜂窝移动通信连接、蓝牙连接、红外线连接等。

(3) 所有涉及使用无线传输媒质传输数据的情况都可归类为无线接入。

在某些有线和无线接入混合使用的场景中，一般会称之为无线接入网。

(二) 无线接入网的优缺点

无线接入技术的普及和发展已经深刻地改变了我们的通信方式和生活方式。它为我们提供了许多便捷性和灵活性，同时也带来了一些挑战和限制。下面我们将探讨无线接入网的优点和缺点。

无线接入网的优点如下：

(1) 灵活性和便携性。

无线接入允许用户在一定范围内自由移动，不受物理线缆的限制，为用户提供了极大的灵活性和便携性。

(2) 快速部署。

相对于有线网络，无线接入的安装和配置更加便捷，节省了布线的时间和成本。

(3) 覆盖范围可扩展。

可以通过添加额外的接入点轻松扩展覆盖范围，以适应不同场所和需求。

(4) 适应难以布线的环境。

适用于难以进行物理布线的地方，如历史建筑或户外场所。

(5) 移动通信。

广泛用于移动通信，支持手机和移动设备的无缝连接。

无线接入网的缺点如下：

(1) 有限的带宽。

相比有线连接，无线接入通常带宽受限，可能限制数据的传输速度和性能。

(2) 信号干扰。

无线接入容易受到外界信号干扰，包括来自其他设备和物理障碍的影响，可能导致连接不稳定。

(3) 安全性问题。

无线网络可能更容易受到安全漏洞的攻击，需要额外的安全措施来保护数据的隐私和完整性。

(4) 覆盖范围限制。

每个无线接入点的覆盖范围有限，需要更多的设备来覆盖大面积区域。

(5) 电池寿命。

移动设备连接无线网络可能会消耗电池更快，需要更频繁地充电。

总的来说，无线接入的特点十分明显，在实际应用中，需要取决于具体的应用需求和环境条件。

二、无线接入网的分类

当谈到无线接入网的分类时，我们可以将其分为多个不同的子类别，每个子类别都具有特定的特征和应用领域。以下是对无线接入网的一些主要分类以及每个分类的详细介绍。

（一）无线局域网(WLAN)

无线局域网(WLAN)是一种用于连接个人设备的无线接入技术。WLAN 广泛应用于家庭和小型办公室环境。其关键特点和组成部分包括：

(1) 技术标准。WLAN 通常遵循 IEEE 802.11 系列标准，包括 802.11b/g/n/ac/ax 等。

(2) 设备。典型的 WLAN 设备包括无线控制器、无线接入点和无线网卡。

(3) 覆盖范围。WLAN 的覆盖范围通常在几十米到几百米之间，可以根据需要扩展。

(4) 应用。家庭网络、小型企业、咖啡馆、酒店等地的无线网络。

（二）蜂窝移动通信系统

蜂窝移动通信系统是一种用于移动通信的无线接入技术，其主要用途是支持手机和移动设备的通信。其关键特点和组成部分包括：

(1) 网络架构。蜂窝系统采用多个基站构成的网络，每个基站覆盖一个特定的区域(蜂窝)。

(2) 技术标准。3G、4G LTE 和 5G 等技术标准用于蜂窝移动通信。

(3) 设备。蜂窝系统包括手机、数据卡、基站等。

(4) 覆盖范围。蜂窝移动通信系统具有广泛的覆盖范围，从城市到农村地区都有应用。

（三）无线城域网(Wireless MAN)

无线城域网是一种覆盖城市范围的无线接入网络，通常采用 WiMAX(Worldwide

Interoperability for Microwave Access)等技术标准。其关键特点和应用包括：

(1) 应用领域。无线城域网用于城市的宽带互联网接入、企业通信、城市监控等。

(2) 技术标准。WiMAX 技术是无线城域网的主要技术标准，提供高速互联网接入。

(3) 设备。WiMAX 基站和 CPE(Customer Premises Equipment)用于城市范围内的连接。

(四) 卫星通信系统

卫星通信系统是一种通过卫星传输数据的无线接入技术，用于实现全球范围的通信覆盖。其关键特点和组成部分包括：

(1) 应用领域。卫星通信系统广泛应用于全球通信、广播、军事通信、灾难恢复等领域。

(2) 技术标准。一些著名的卫星通信系统包括 GPS(全球定位系统)、伽利略(Galileo)和GLONASS(俄罗斯导航卫星系统)等。

(3) 设备。卫星通信系统包括地面站、卫星、用户终端设备等。

(五) 物联网(IoT)网络

物联网网络是一种连接大量物联网设备的无线接入技术，允许各种物体和传感器之间进行通信。其关键特点和应用包括：

(1) 应用领域。物联网网络应用于智能家居、智能城市、工业自动化、医疗保健等领域。

(2) 技术标准。物联网网络采用各种协议和标准，如 LoRaWAN、NB-IoT 等。

(3) 设备。物联网网络连接传感器、设备、控制器和云服务器。

(六) 传感器网络

传感器网络是一种由大量传感器节点组成的无线接入网络，用于监测和收集环境数据。关键特点和组成部分包括：

(1) 应用领域。传感器网络应用于环境监测、农业、医疗、军事等领域。

(2) 技术标准。传感器网络使用的通信协议包括 ZigBee、Z-Wave 等。

(3) 设备。传感器网络包括传感器节点、数据收集器和数据处理单元。

以上是无线接入网络的一些类型，每个类型都具有不同的特点和应用场景。了解这些分类有助于更好地理解无线接入技术的多样性及其广泛应用。

三、容量计算

(一) 任务说明

完成 WLAN 的容量计算。

(二) 容量计算的步骤

(1) 打开 IUV 仿真软件，单击选择"容量计算"按钮。

(2) 在西城区街区 A 中选择"酒店"模型，如图 4-1 所示。

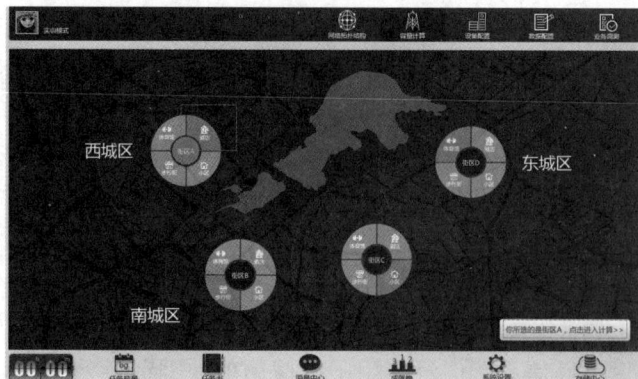

图 4-1   容量计算西城区设置

（3）单击右下角的"你所选的是街区 A，点击进入技术>>"按钮，进入场景模型计算，根据所规定的任务选择模型-室内非密集模型。

（4）单击"选择，点击进入下一步"按钮，参考计算公式进行覆盖估算，如图 4-2 所示。

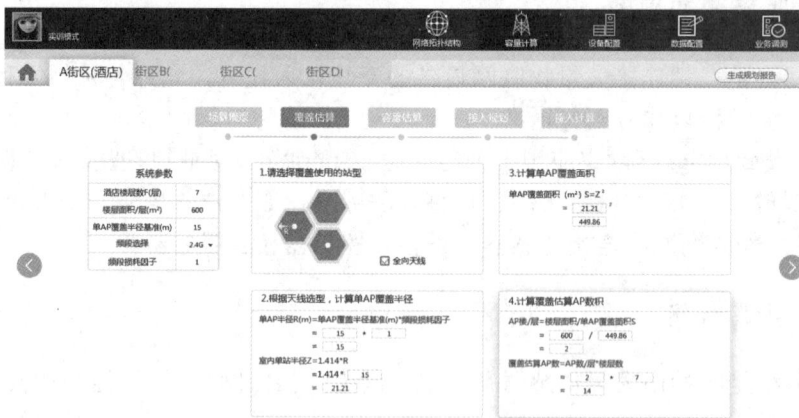

图 4-2   覆盖估算图

（5）完成覆盖估算后，单击">"进行下一步容量估算。

（6）根据系统所给参数，计算 WLAN 用户数、容量估算 AP 数、该街区 AP 规模和 WLAN 容量，如图 4-3 所示。

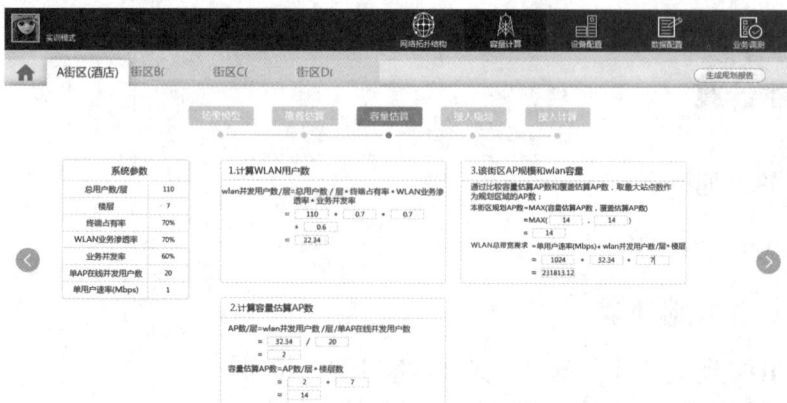

图 4-3   容量估算图

(7) 完成容量估算后,单击">"进入下一步的接入规划。

(8) 根据任务要求选择"FTTB",可手动填写 WLAN 接入参数或勾选同步无线侧的数据,操作结果如图 4-4 所示。

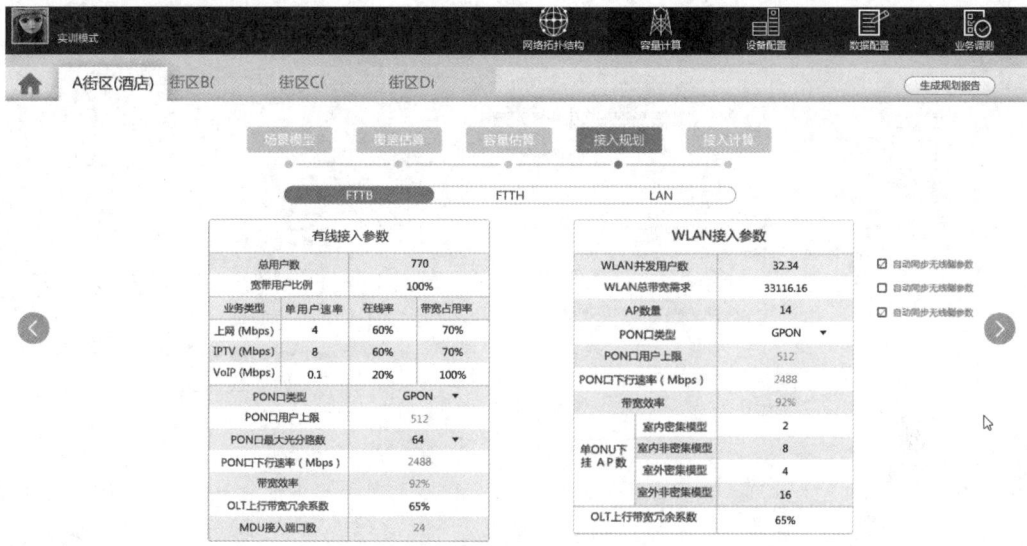

图 4-4　接入规划图

(9) 单击">"进入下一步接入计算,选择"有线接入"。

(10) 计算 PON 口用户容量和 ONU 数量,选择 splitter 类型;计算所需要的 ONU 总数和 PON 数量;计算接入带宽总需求,如图 4-5 所示。

图 4-5　接入计算-有线接入

(11) 计算 WLAN 接入方式的容量,单击右面选择"WLAN 接入"计算。

(12) 计算单 WLAN 接入 PON 口的数量;计算接入 PON 口 OUN 的数量;选择使用的 splitter 类型;计算接入带宽总需求,如图 4-6 所示。

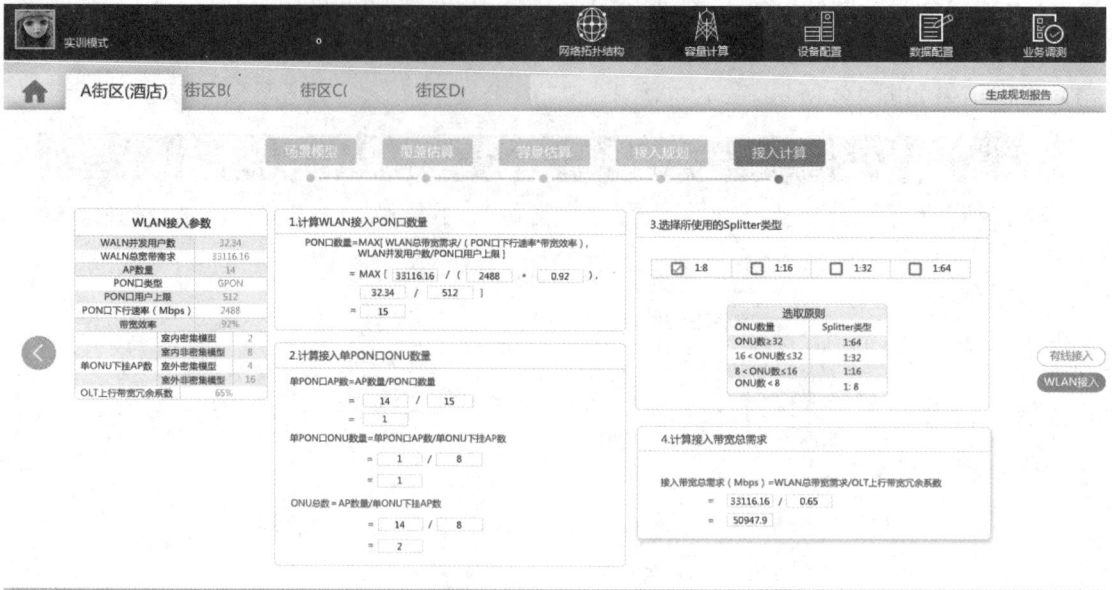

图 4-6　接入计算-WLAN 接入

任务 4.2　无线局域网技术与业务

一、无线局域网的基本概念与标准

（一）无线局域网的概念

无线局域网(WLAN)是无线通信技术与计算机网络相结合的产物，一般来说，凡是采用无线传输媒质的计算机局域网都可称为无线局域网，即使用无线电波或红外线在一个有限地域范围内的工作站之间进行数据传输的通信系统，WLAN 的示意图如图 4-7 所示。

WLAN 的概念与标准

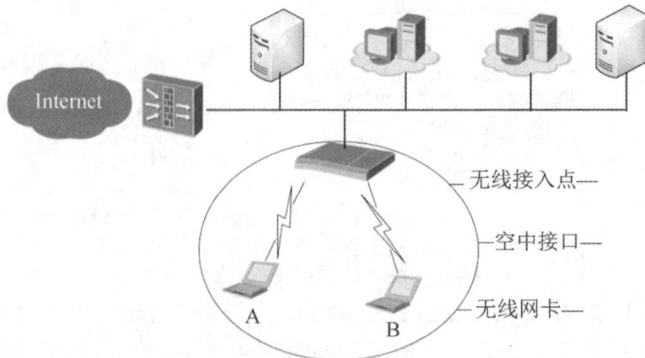

图 4-7　WLAN 的示意图

Wi-Fi 全称为 Wireless Fidelity，中文名称为无线保真，实际上 Wi-Fi 是无线局域网联盟 (WLANA)的一个商标，该商标仅保障使用该商标的商品互相之间可以合作，而与标准本身没有关系，它只是一种无线局域网的产品认证标准。因为人们见得多了，所以后来逐渐习惯用 Wi-Fi 来称呼 WLAN。

(二) WLAN 的标准

目前国际上有三大标准家族，分别是美国 IEEE 的 802.11 家族、欧洲 ETSI 高性能局域网 HIPER LAN 和日本 ARIB 移动多媒体接入通信 MMAC。目前，IEEE802.11 协议簇为主流标准。

就像以太网中有许多规范一样，WLAN 也有许多对应的接入规范，它们均在 IEEE 802.11 协议簇之中，目前该系列有 a/b/g/n/ac/ad/ax 等。IEEE802.11 协议簇是许多协议的集合，主要包含的协议如表 4-1 所示。

OFDM(Orthogonal Frequency Division Multiplexing)即正交频分复用技术，是多载波 (Multi Carrier Modulation，MCM)调制的一种。

表 4-1　IEEE 802.11 协议簇表

规范	发布时间	工作频段	非重叠信道	最高速率	频带	调制方式	兼容性
802.11	1997 年 7 月	2.4 GHz	3	1 Mb/s	20 MHz	DBPSK、DQPSK	
802.116	1999 年 9 月	2.4 GHz	3	11 Mb/s	20 MHz	CCK/DSSS	802.11b
802.11a	1999 年 9 月	5 GHz	12/24	54 Mb/s	20 MHz	OFDM	802.11a
802.11g	2003 年 6 月	2.4 GHz	3	54 Mb/s	20 MHz	CCK/DSSS/OFDM	802.11b/g
802.11n	2009 年 9 月	2.4/5 GHz	15	600 Mb/s	20/40 MHz	4×4MIMO-OFDM/DSSS/CCK	802.11a/b/g/n
802.11ac	2012 年 2 月	5 GHz	8	3.2 Gb/s	20/40/80/160 MHz	8×8MIMO.OFDM/16-256QAM	802.11a/b/g/n
80211ad	未知	60 GHz	未知	7 Gb/s	未知	未知	未知
802.11ax	2019 年	2.4/5 GHz	未知	10 Gb/s	20/40/80/160MHz	1024QAM	802.11a/b/q/n/ac

通过 IEEE802.11 协议簇可以看到，标准也在与时俱进地进行不断发展和演进，随着互联网应用的普及以及人们对于带宽需求的不断提高，标准支持的最高速率也在不断提高，目前最高可以达到 10 Gb/s。

二、WLAN 的拓扑结构

(一) 无中心拓扑

在无线局域网中，无中心拓扑又称为自组网拓扑。自组网拓扑网络由无线客户端设备组成，它覆盖的服务区称为独立基本服务集(Independent Basic Service

WLAN 的拓扑结构

Set，IBSS)。IBSS 是一个独立 BSS，网络中没有中心节点。自组网拓扑结构网络又叫作对等网或者非结构组网，网络结构如图 4-8 所示。

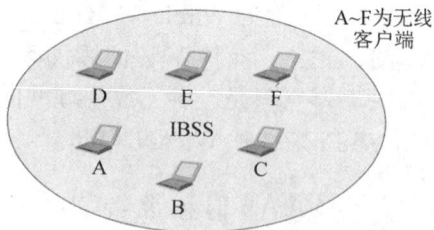

A~F为无线客户端

图 4-8　无中心拓扑(自组网拓扑)示意图

在自组网拓扑结构网络中，设备互相之间直接通信，一般无法接入有线局域网。在特殊的情况下，可以将其中一个无线客户端配置成服务器，实现接入有线局域网的功能。在自组网拓扑结构网络中，只有一个公用广播信道，各站点都可竞争公用信道，为了保证通信正常进行，采用 CSMA/CA(Carrier Sense Multiple Access with Collision Avoid，CSMA/CA)协议。

自组网拓扑结构的优点是建网容易、费用较低，且网络抗毁性好。但为了能使网络中任意两个站点间可直接通信，站点布局受环境限制较大。另外，当网络中的用户数(站点数)过多时，信道竞争将成为限制网络性能的因素。因此，自组网拓扑结构网络适用于不需要访问有线网络中的资源，只需要实现无线设备之间互通且用户数量比较少的网络。

(二) 有中心拓扑

在无线局域网中，有中心拓扑又称为基础结构拓扑。该网络由无线基站、无线客户端组成，覆盖的区域分为基本服务集(Basic Service Set，BSS)和扩展服务集(Extended Service Set，ESS)。

这种拓扑结构要求一个无线基站充当中心站，网络中所有站点对网络的访问和通信均由它控制。每个站点在中心站的覆盖范围之内可与其他站点通信，所以该类型网络的站点布局受环境限制相对较小。

位于中心的无线基站称为无线接入点(Access Point，AP)，它是实现无线局域网接入有线局域网的一个逻辑接入点，其主要作用是将无线局域网的数据帧转化为有线局域网的数据帧，比如以太网帧。这种基础结构拓扑网络的弱点是抗毁性差，中心点的故障容易导致整个网络瘫痪，并且中心站点的引入增加了网络成本。

当一个无线基站连接到一个有线局域网或一些无线客户端的时候，这个网络称为基本服务集(BSS)。一个基本服务集仅包含 1 个无线基站和 1 个或多个无线客户端，如图 4-9 所示。每一个无线客户端必须都通过无线基站与网络上的其他无线客户端或有线网络的主机进行通信，不允许无线客户端与无线客户端直接通信。

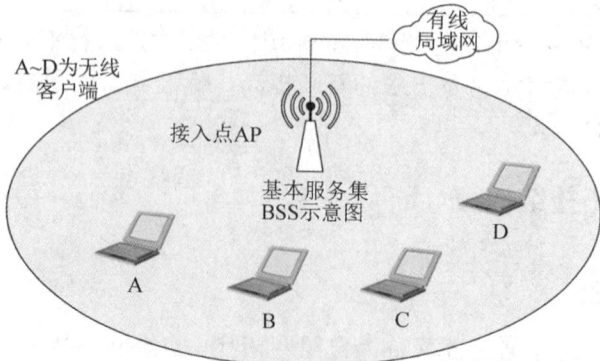

有线局域网

A~D为无线客户端

接入点AP

基本服务集 BSS示意图

图 4-9　基本服务集 BSS 示意图

扩展服务集(ESS)是通过一个分布式系统(DS)连接的两个或多个基本服务集，这个分布系统可能是有线的、无线的、局域网、广域网或任何其他网络连接方式。扩展服务集网络的规模可以很大，技术也可以比较复杂。图 4-10 展示了一个扩展服务集的结构。

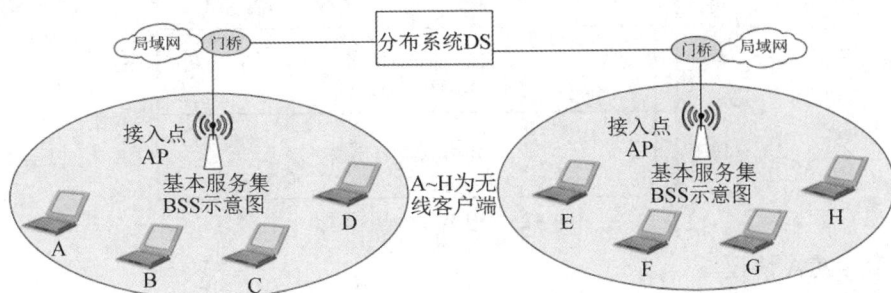

图 4-10　扩展服务集 ESS 示意图

在图 4-10 中，一个扩展服务集内的几个基本服务集可能有相重叠的部分。扩展服务集可以为无线用户提供到有线局域网或互联网的接入，这种接入服务通常叫门桥实现，门桥的作用类似于网桥。

另外，可以使用无线方式组成扩展服务集，如图 4-11 所示。这种方式与有线方式的扩展服务集网络相似，由多个基本服务集网络组成。它们的不同点在于网络中不是所有接入点(AP)都连接在有线网络上，没有连接在有线网络上的 AP 和距离最近的连接在有线网络上的 AP 通信，进而连接在有线网络上。

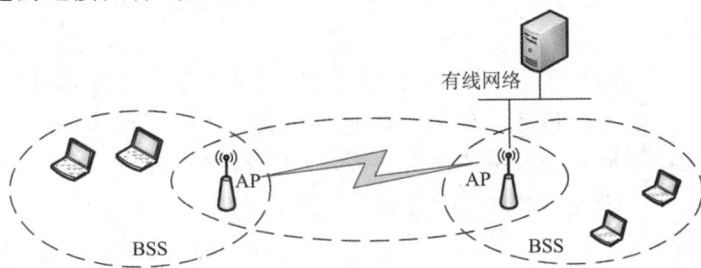

图 4-11　无线方式 ESS 结构

(三) WLAN 分层模型与 CSMA/CA 协议

1. WLAN 分层模型

WLAN 分层模型如图 4-12 所示。WLAN 协议分层包括物理层和 MAC 层。物理层使用 IEEE 802.11 协议。MAC 层分为点协调功能(Point Coordination Function，PCF)和分布协调功能(Distributed Coordination Function，DCF)两个子层。

分布协调功能 DCF 子层向上提供争用服务，其功能是在每一个站点使用 CSMA 机制的分布式接入算法，让各个站通过争用信道来获取发送权。即 MAC 层通过该功能确定在基本服务集 BSS 中的站点什么时间能发送数据或接收数据。

点协调功能 PCF 子层使用集中控制(通常由接入节点 AP 完成集中控制)的接入算法将发送数据权轮流交给各个站点，从而避免了碰撞的产生。PCF 是可选项，自组网结构网络没有 PCF 子层。

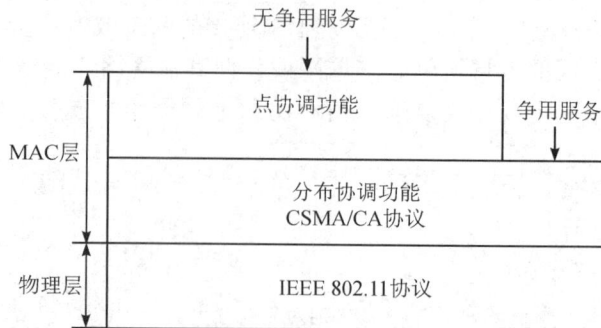

图 4-12　WLAN 分层模型

2. CSMA/CA 协议

CSMA/CA(载波监听多路访问/冲突避免)协议运行要点如下:

1) 先听后发

若某个站点要发送信息,首先要对传输媒质进行监听,即先听后发。如果监听到媒质忙,该站点就延迟发送。如果监听到媒质空闲(即在某特定时间是可用的,这称之为分布的帧间隔(Distributed Inter-Frame Space,DIFS)),则该站点就可发送信息。

2) 避免冲突的影响

因为有可能几个站点都监听到媒质空闲,会几乎同时发送信息。为了避免冲突影响到接收站点不能正确接收信息,IEEE 802.11 标准规定如下:

(1) 接收站点必须检验接收的信号以判断是否有冲突。若发现没有冲突,则发送确认消息(ACK)通知发送站点。

(2) 发送站点若没收到确认信息,将进行重发,直到它收到一个确认信息或是重发次数达到规定的值。对于后一种情况,如果发送站点在尝试了一个固定的重复次数后仍未收到确认,将放弃发送。数据无法发送的情况由较高的层次负责处理。

由上述内容可见,CSMA/CA 协议避免了冲突。

3) 冲突最小化

发生冲突的原因主要有两点,一是可能会出现两个站点同时侦听到媒质空闲后发送信息(即隐蔽站问题);二是两个站点没有互相侦听就发送信息。

冲突是不可避免的,为降低发生冲突的概率,IEEE 802.11 标准还采用了一种称为虚拟载波侦听(Virtual Carrier Sense,VCS)的机制。

VCS 就是让源站将它要占用信道的时间(包括目的站发回确认帧所需的时间)通知给所有其他站,使其他所有站在这一段时间都停止发送数据。这样做可以减少碰撞的可能性。之所以称为虚拟载波监听,是因为其他站并没有真正监听信道,只是因为收到了源站的通知才不发送数据,起到的效果就好像是其他站也都监听了信道。需要指出的是,采用 VCS 技术虽然减少了发生碰撞的可能性, 但碰撞还是存在的。

三、WLAN 的频段与信道

(一) WLAN 的频段

ISM 频段:此频段主要是开放给工业、科学、医学三个主要机

WLAN 的频段和信道

构使用，该频段是由美国联邦通讯委员会(FCC)定义，并没有所谓使用授权的限制。

工业频段：美国频段为 902～928 MHz，欧洲 900 MHz 的频段则有部分用于 GSM 通信。工业频段的引入避免了 2.4GHz 附近各种无线通信设备的相互干扰。

科学频段：2.4 GHz 为各国共同的 ISM 频段。因此，无线局域网、蓝牙、ZigBee 等无线网络，均可工作在 2.4 GHz 频段上，2.4 GHz 频段的范围为 2.4～2.4835 GHz。

医疗频段：频段的范围为 5.725～5.875 GHz，与频段 5.15～5.35 GHz 一起为 802.11(工作在 2.4 GHz 和 5 GHz 频段)5 GHz 工作频段。

根据 IEEE802.11 协议簇定义，绝大部分标准都是工作在 2.4 GHz 和 5.8 GHz 这两个频段。

2.4 GHz 无线技术，是一种短距离无线传输技术，2.4 GHz 是全世界公开通用的无线频段，在 2.4 GHz 频段下工作，可以获得更大的使用范围和更强的抗干扰能力，目前广泛应用于家用及商用领域。它整体的频宽优于其他 ISM 频段，这就提高了整体的数据传输速率。随着越来越多的技术选择了 2.4GHz 频段，逐渐使得该频段日益拥挤。

由于 2.4 GHz 频段已经被广泛使用，采用 5 GHz 的频带使 802.11a 具有更少冲突的优点。不过高载波频率也带来了负面效果，5 GHz 频段几乎被限制在直线范围内使用，这导致必须使用更多的接入点，同样还意味着 5 GHz 频段不能传输得像 2.4 GHz 频段那么远，因为它更容易被吸收。

(二) WLAN 的信道

WLAN 信道在不同国家的使用规则有所不同。

在美国，FCC 法规仅允许信道 1 到 11 被使用；在欧洲，允许信道 1 到 13 被使用；在日本，1 到 14 信道被允许使用；在中国，1 到 13 信道被允许使用。

1. 2.4 GHz 频段

支持 802.11b/g/n 等标准，802.11b 每个信道需要占用 22 MHz，802.11g、802.11n 每个信道需要占用 20 MHz，802.11n 完全兼容 802.11b 和 802.11g，如表 4-2 所示。

表 4-2　2.4GHz 各国允许工作频率

信道	频率/MHz	中国	美国	欧洲	日本	澳大利亚
1	2412	是	是	是	是	是
2	2417	是	是	是	是	是
3	2422	是	是	是	是	是
4	2427	是	是	是	是	是
5	2432	是	是	是	是	是
6	2437	是	是	是	是	是
7	2442	是	是	是	是	是
8	2447	是	是	是	是	是
9	2452	是	是	是	是	是
10	2457	是	是	是	是	是

续表

信道	频率/MHz	中国	美国	欧洲	日本	澳大利亚
11	2462	是	是	是	是	是
12	2467	是	否	是	是	是
13	2472	是	否	是	是	是
14	2484	否	否	否	802.11b only	是

2. 5 GHz 频段

支持 802.11a/n 等标准,802.11a/n 每个信道需要占用 20 MHz,802.11n 完全兼容 802.11a,在中国,5.8 GHz 频段从 5735 MHz 到 5835 MHz 共 100 MHz 的频宽,按照每个信道 20 MHz 的带宽分为 5 个互不重叠的信道,如表 4-3 所示。

表 4-3　5 GHz 各国允许工作频率

信道	频段/GHz	中心频率/MHz	美国	中国
36		5180	是	否
40	5.15～5.25	5200	是	否
44	UNII 低频段	5220	是	否
48		5240	是	否
52		5260	是	否
56	5.25～5.35	5280	是	否
60	UNII 中频段	5300	是	否
64		5320	是	否
149		5745	是	是
153	5.725～5.825	5765	是	是
157	UNII 高频段	5685	是	是
161		5805	是	是
165	～5.85	5825	是	是

2.4 GHz 频段为 ISM 开放频段,使用此频段的设备有无绳电话、婴儿监视器、微波炉、无线摄像头、蓝牙等。相对于 2.4 GHz 频段,5 GHz 频段干扰较少,越来越多的设备开始使用 5 GHz 频段。

四、 WLAN 的硬件设备

(一) 无线接入点(AP)

AP 是 Access Point 的缩写,即无线访问接入点。无线接入点是一个无线网络的接入点,俗称"热点"。常见无线接入点设备如图 4-13 所示。

WLAN 设备

图 4-13   常见无线接入点设备

1. 功能

一个无线接入点实际上就是一个二端口网桥，这种网桥能把数据从有线网络中继转发到无线网络，也能从无线网络中继转发到有线网络。因此，一个接入点为在地理覆盖范围内的无线设备和有线局域网之间提供了双向中继能力，即无线接入点的作用是提供无线局域网中无线工作站对有线局域网的访问，以及其覆盖范围内各无线工作站之间的互通，其具体功能如下：

(1) 管理其覆盖范围内的移动终端，实现终端的连接、认证等处理。

(2) 实现有线局域网和无线局域网之间帧格式的转换。

(3) 调制、解调功能。

(4) 对信息进行加密和解密。

(5) 对移动终端在各小区间的漫游实现切换管理，并具有操作和性能的透明性。

2. 特点

无线接入点的特点如下：

(1) 提供的连接带宽。无线接入点可以提供 10 Mb/s / 100 Mb/s / 1000 Mb/s 的连接。

(2) 客户端支持。接入点实际可支持的客户端数与该接入点所服务的客户端的具体要求有关，如果客户端要求较高水平的有线局域网接入，那么一个接入点一般可容纳 10～20 个客户端站点；如果客户端要求低水平的有线局域网接入，则一个接入点有可能支持多达 50 个的客户端站点。

(3) 传输距离。因为无线局域网的传输功率显著低于移动通信基站的传输功率，所以一个无线局域网站点的传输距离只是一个移动通信基站可达传输距离的一小部分。实际的传输距离与所采用的传输方法，客户与接入点间的障碍有关。在一个典型的办公室或家庭环境中，大部分接入点的传输距离为 30～60 m(室内)。

3. AP 与无线路由器的区别

无线 AP 与无线路由器的区别如下：

1) 功能不同

(1) AP：全称是 Access Point，其功能是把有线网络转换为无线网络。形象地说，AP 是无线网和有线网之间沟通的桥梁，相当于一个无线交换机接入到有线交换机或路由器上。

（2）无线路由器：无线路由器是一个带路由功能的 AP，终端设备通过它接入到宽带网络，再通过无线功能，建立一个独立的小型无线局域网。

2）应用不同

AP 比较多地应用于大型网络，大型网络需要大量的 AP 以实现大面积的网络覆盖，同时所有接入终端都属于同一个网络，也方便网络管理员便捷地实现网络的控制和管理。

无线路由器一般应用于家庭和小型无线网络，一般覆盖面积和用户数量都不大，只需要一个无线 AP 就够用了。无线路由器可以实现有线网络的接入，同时转换为无线信号，比起买一个路由器加一个 AP，无线路由器是一个更为实惠和方便的选择。

3）连接方式不同

AP 不能与宽带调制解器直接相连，要用一个交换机、集线器或者路由器作为媒介。而无线路由器带有宽带拨号功能，可以直接和宽带调制解器直接相连拨号上网，实现无线覆盖。

（二）无线控制器

无线控制器(Wireless Access Point Controller，AC)是一种网络设备，用来集中化控制 AP，它是一个无线网络的核心，负责管理无线网络中的所有 AP，其对 AP 的管理包括下发配置、修改相关配置参数、射频智能管理、接入安全控制等。无线控制器 AC 的外观如图 4-14 所示。

图 4-14   无线控制器 AC

传统的无线局域网由于存在着局限性，已经不能满足那些无线网络规模比较大，而且非常依赖无线业务的高级用户。这些高级的企业用户对新一代的无线网络提出了新的特性要求。首先，无线网络需要的是整体解决方案，是能够统一管理的系统；其次，无线网络实施要简单，比如，能够通过工具自动地得出在什么位置放置 AP 最好，使用哪个频段最佳等；再次，无线网络一定是安全的无线网络，这是最重要的；另外，无线网络要能够支持宽带和多媒体业务。基于这些需求，诞生了新一代基于无线控制器的解决方案。

在传统的无线网络里面，没有集中管理的控制器设备，所有的 AP 都通过交换机连接起来，每个 AP 单独负担射频管理、通信、身份验证、加密等工作，因此需要对每一个 AP 进行独立配置，这就难以实现全局的统一管理和集中的射频、接入和安全策略设置。而在基于无线控制器的新型解决方案中，无线控制器能够出色地解决这些问题，在该方案中，所有的 AP 都缩减了功能，每个 AP 只单独负责射频和通信的工作，其作用就是一个简单的、基于硬件的射频底层传感设备，所有 Fit AP 接收到的射频信号，在经过 802.11 的编码之后，随即通过不同厂商制定的加密隧道协议穿过以太网络并传送到无线控制器，进而由无线控制器集中对编码流进行加密、验证、安全控制等更高层次的工作。因此，基于 Fit AP 和无线控制器的无线网络解决方案，不但具有统一管理的特性，而且能够出色地完成自动 RF 规划、接入和安全控制策略等工作。

无线控制器通常具备以下功能：

(1) AP 管理：负责管理、配置无线网络中的所有无线 AP，统一下发配置参数、策略。

(2) 智能射频管理：自动调节无线网络中所有瘦 AP 的信道与功率参数，实时监测无线 AP 工作状态和故障诊断，并及时做出调整策略，以达到一个最优性能的运行状态。

(3) 接入认证和安全策略管理：集中完成接入身份认证，并提供多种安全加密策略，确保用户接入、上网安全。

(4) 漫游管理：同一个 AC 下的 AP 之间漫游，不需要进行重新认证及重新初始化加密进程，实现安全的无缝漫游。

(5) 流控管理：基于终端、IP 等多种策略的网络流量控制和带宽分配，并均衡各个无线 AP 上的接入终端数量，确保每个无线终端的上网连接质量。

(6) QoS 管理：Qos 优化，当网络过载或拥塞时，确保重要业务和关键应用不受延迟影响或被丢弃，同时保证网络的高效运行。

(三) 其他 WLAN 设备

1. 无线网卡

无线网卡是一种无线网络终端设备。用户终端如计算机、工作站、服务器等，通过无线网卡接入到 AP。无线网卡的外观如图 4-15 所示。

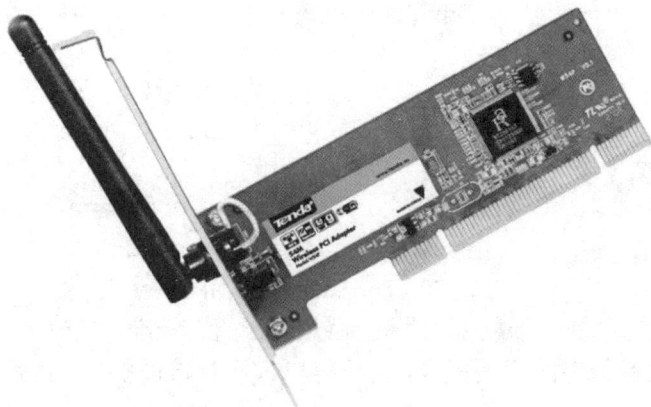

图 4-15　无线网卡

2. 无线网桥

无线网桥顾名思义就是无线网络的桥接，它利用无线传输方式实现在两个或多个网络之间的无线通信。无线网桥从通信机制上分为电路型网桥和数据型网桥。

无线网桥具备有线网桥的基本特点，工作在 2.4 GHz 或 5 GHz 频段，比其他有线网络设备更方便部署。无线网桥的外观如图 4-16 所示。

点对点可传输10公里
带宽可达到90 Mbs

发射端　　　　　　　接收端

图 4-16　无线网桥

3. PoE 交换机

PoE(Power over Ethernet)指的是在现有的以太网布线架构不作任何改动的情况下,在为一些基于 IP 的终端(如 IP 电话机、无线局域网接入点 AP、网络摄像机等)传输数据信号的同时,还能为此类设备提供直流供电的技术。PoE 技术能在确保现有结构化布线安全的同时保证现有网络的正常运作,最大限度地降低成本。

PoE 交换机端口支持的输出功率达 15.4 W 或 30 W,符合 IEEE802.3af/802.3at 标准,通过网线供电的方式为标准的 PoE 终端设备供电,免去额外的电源布线。符合 IEEE 802.3at PoE 交换机,端口输出功率可以达到 30 W,受电设备可获得的功率为 25.4 W。 通俗地说,PoE 交换机就是支持网线供电的交换机,其不但可以实现普通交换机的数据传输功能,还能同时对网络终端进行供电。PoE 连线示意图如图 4-17 所示。

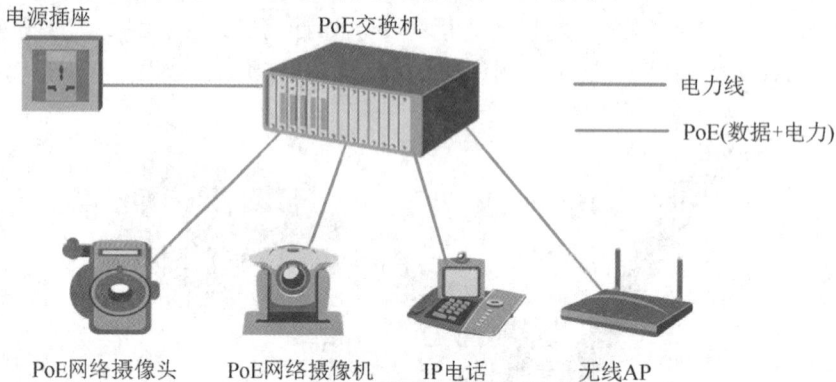

电源插座　　　　　　PoE交换机

　　　　　　　　　　　　　　　　电力线
　　　　　　　　　　　　　　　　PoE(数据+电力)

PoE网络摄像头　　PoE网络摄像机　　IP电话　　无线AP
图 4-17　PoE 交换机连线示意图

IEEE 802.3af 标准是基于以太网供电系统 PoE 的新标准,它在 IEEE 802.3 的基础上增加了通过网线直接供电的相关标准,是现有以太网标准的扩展,也是第一个关于电源分配的国际标准。

五、WLAN 组网应用与信号转发方式

(一) 覆盖场景下的组网方式

WLAN 信号转发方式

1. 基础架构

在基础网络架构模式中,网络中任意一台无线网络终端均可以通过 AP 接入有线网络。

此模式可作为有线网络的延伸和补充。由于无线带宽为共享带宽，通常建议一个 AP 可以接入 20～30 个无线客户端。基础架构示意图如图 4-18 所示。

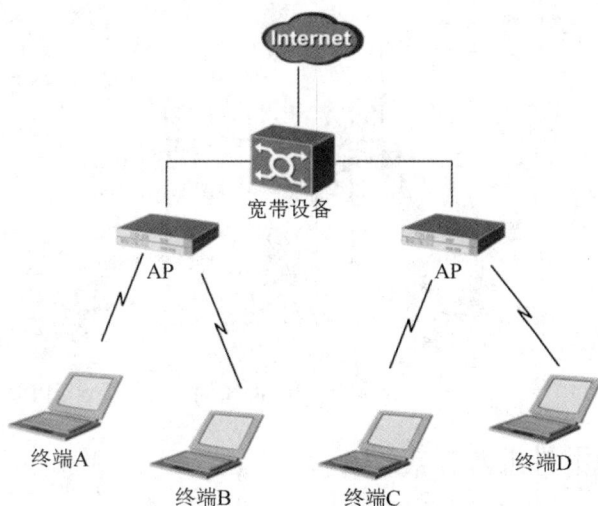

图 4-18　基础架构

2. 对等组网

对等组网又称 Ad-Hoc，是指具备无线网卡的多台终端自行组建的网络，该网络不需要 AP，各终端工作在同一信道。对等组网示意图如图 4-19 所示。

图 4-19　对等组网

3. 无线分布式系统(WDS)

WDS 把有线网络的资源通过无线网络当中继架构来传送，以此可将网络资料传送到另外一个无线网络环境，或者是另外一个有线网络。因为通过无线网络形成虚拟的网路线，所以有人称之为无线网络桥接功能。严格说来，无线网络桥接功能通常指一对一连接，但 WDS 架构可以做到一对多连接，并且桥接的对象可以是无线网卡或者是有线系统。所以 WDS 最少要有两台同功能的 AP。简单地说，就是 WDS 可以让 AP 之间通过无线信号进行桥接(中继)，但同时并不影响其 AP 覆盖的功能。WDS 组网示意图如图 4-20 所示。

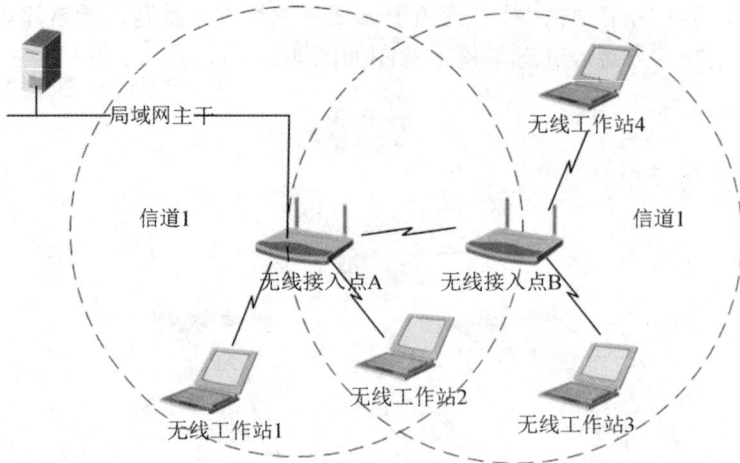

图 4-20　WDS 组网

（二）桥接场景下的组网方式

1. 点对点无线桥接方式

点对点型无线网桥可以用来连接分别位于不同地点的网络，一般由一对网桥和一对天线组成。在相距较远的两点间，为了取得更好的桥接效果，在网桥和天线之间安装双向功率放大器。点对点桥接模式如图 4-21 所示。

图 4-21　点对点桥接模式

2. 点对多点桥接模式

点对多点桥接模式可以把多个离散的远程网络连成一体，其结构相对于点对点桥接模式来说更复杂。点对多点无线网桥通常以一个网桥为中心点发送无线信号，其他接收点进行信号接收。点对多点桥接模式如图 4-22 所示。

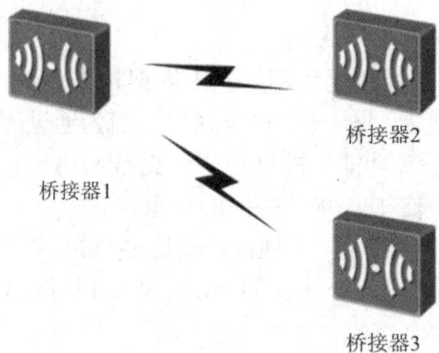

图 4-22　点对多点桥接模式

3. 中继模式

当需要连接的两个局域网之间有障碍物遮挡而不可视时，可以考虑使用无线中继的方法绕开障碍物来完成两点之间的无线桥接。无线中继点的位置可以选在同时看到网络 A 和网络 B 的位置，中继无线网桥的定向天线分别对准两个网络。中继模式如图 4-23 所示。

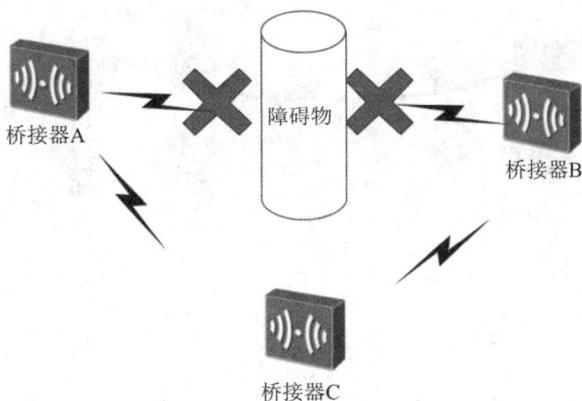

图 4-23   中继模式

（三）胖 AP 和瘦 AP 的概念

所谓 FAT AP(胖 AP)，是指 AP(Access Point)实现自我管理，可以独立提供 SSID(服务集标识符)、认证、DHCP 功能，可以给连接到该 AP 的主机提供 IP 地址等上网参数，实现 802.11 协议与 802.3 协议的转换，

WLAN 组网方式

其网管接口和普通交换机没有任何区别，可以通过 console 进行本地管理或通过 SSH 进行远程管理。FIT AP(瘦 AP)只能充当一个被管理者的角色，首先通过 DHCP 动态获得 IP 地址等参数，然后通过广播、组播、单播等方式发现其管理者 AC(AP Controller)，发现之后，自动从 AC 下载配置文件，完成自我配置，与 AC 动态建立一个二层或三层隧道。广播配置中的 SSID 和客户端的所有流量都被 FIT AP 通过隧道中继(Relay)到 AC，AC 解封装(decapsulate)，提取出客户端的流量，AC 完成相应的转发。这一切都是自动完成的，无须人工干预，非常利于管理。如果没有 AC，对于部署了成百上千 FAT AP 的场景，每个设备都需要手工配置，工作量非常大。相对于胖 AP 而言，AC 加瘦 AP 的组网方式还可以在漫游、认证、抗干扰、负载均衡等方面提升用户体验。胖 AP 组网架构如图 4-24 所示，瘦 AP 组网架构如图 4-25 所示。

（四）本地转发和集中转发

AC 加瘦 AP 的组网方案已经成为主流的无线局域网组网模式，而所谓的集中转发和本地转发就是基于这种方案提出的两种流量转发模型。集中转发，就是所有的数据都要发到 AC 集中处理后由 AC 再转发出去；本地转发，则是数据不需要经过 AC，而是由 AP 就近转发出去。接下来我们来看看集中转发的过程。

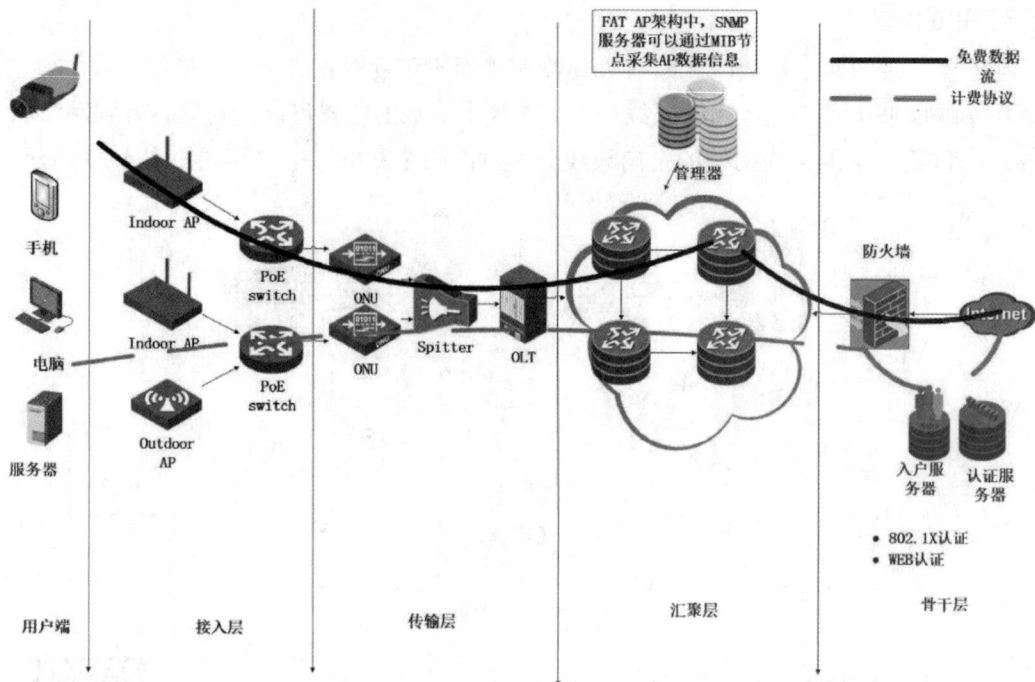

图 4-24　胖 AP 组网架构

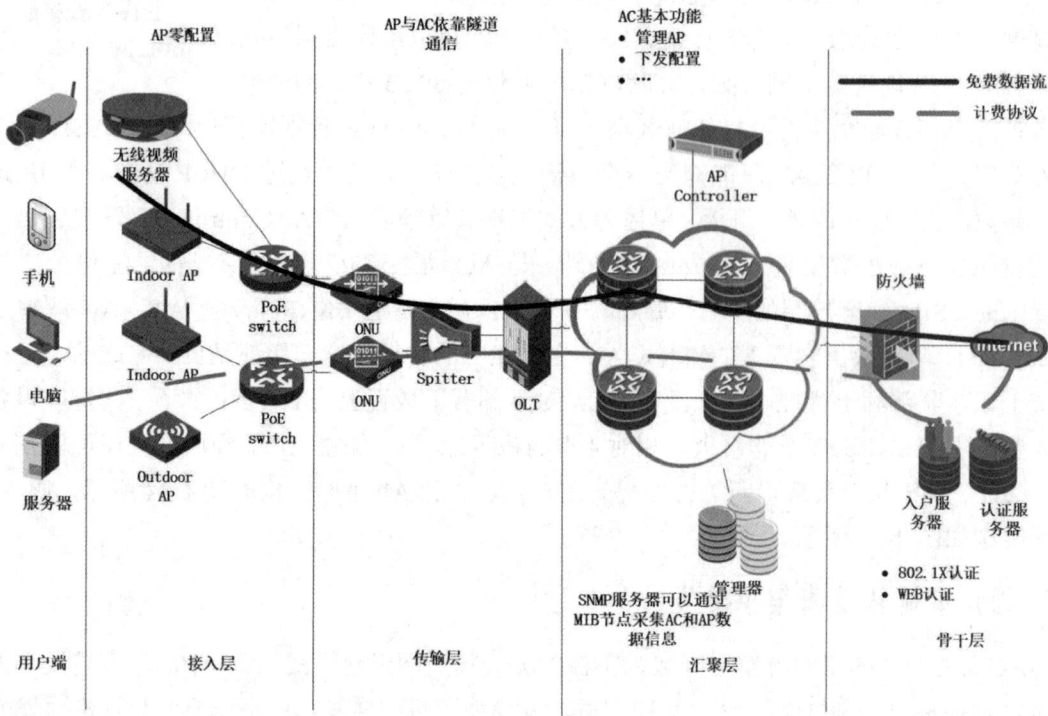

图 4-25　瘦 AP 组网架构

集中转发数据流程如图 4-26 所示。集中转发的特点如下：

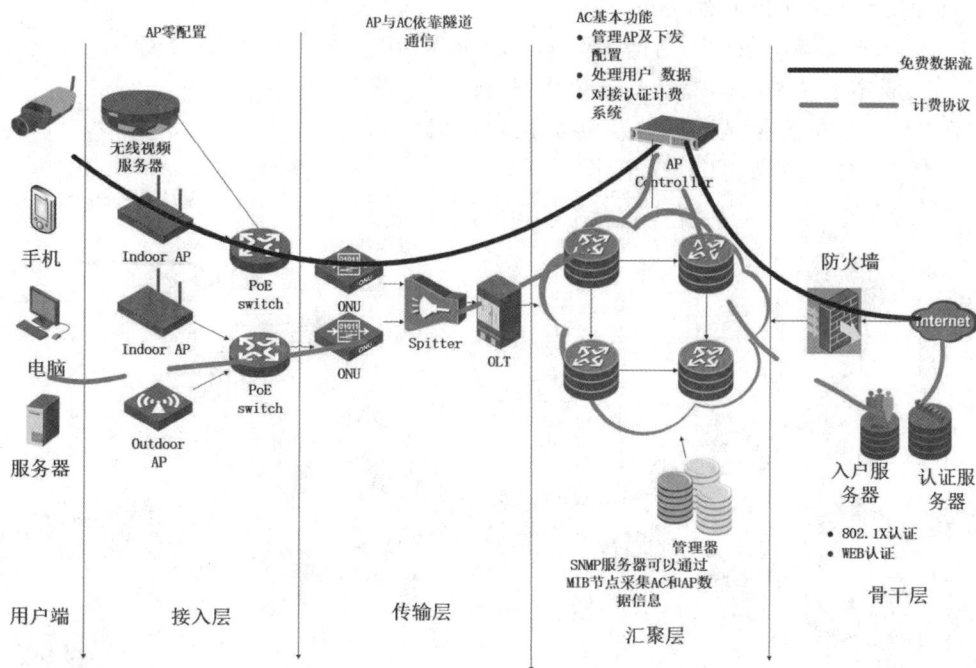

图 4-26　集中转发数据流程

(1) 简化部署方式，实现即插即用。

因为数据集中由 AC 处理，网络中的交换机只需要负责把数据转发到 AC 就可以，所以配置更改和网络扩容的时候，交换机都不需要做任何操作，只需在 AC 上做配置。

举例来讲，如果无线业务增加了一个 SSID，在集中转发模式下只需在 AC 上做操作，而在本地转发模式下，则需要在每一台接入交换机上做相应的配置修改。对于已经部署有线网络的用户来讲，如果想增加无线网络，采用集中转发方式对原有网络没有任何影响，不需要改变网络结构。

(2) 可三层漫游，提升上网体验。

因为数据集中由 AC 处理，当用户在多个 AP 间漫游时，可以由 AC 统一协调，从而保证用户漫游后的数据转发正常进行，而在本地转发模式下，如果漫游后用户到了另外一个 WLAN 中，势必要改变 IP 地址，造成用户的应用中断，从而影响无线上网体验。

(3) 对数据进行集中分析，使数据可监控，提高网络利用效率，并增加网络安全性。

在集中转发模式下，AC 可以通过安全防护模块对数据集中进行检测，并及时通知 AP 阻断非法终端的接入。同时，AC 可以对无线网络中的 ARP 广播进行代答，以减少广播数据对空口资源的消耗。

既然集中转发优点多多，为何还要本地转发？原因如下：

(1) 集中转发对 AC 的数据转发能力要求很高。

在涉及上千个 AP 的组网规模中，因为 AC 的数据转发压力较大，很多厂商的设备不能胜任。未来无线接入都是千兆级别的，在大型园区网络中，若集中转发则要求非常高，设备吞吐量容易成为瓶颈，容易出现丢包、断网、延迟大的现象。

(2) 从网络的可靠性看，集中转发存在 AC 的单点故障。通常通过部署多台 AC 来进行保障，即 AC 1+1/N+1 的冗余备份。

随着技术的发展，很多厂商都实现了 AC 逃生功能，即 AC 故障宕机由原来的集中转发智能切换成本地转发，前提是要求旁路部署模式。

(3) 本地转发的好处是数据转发可以走最短的路径。

本地转发数据流程如图 4-27 所示。

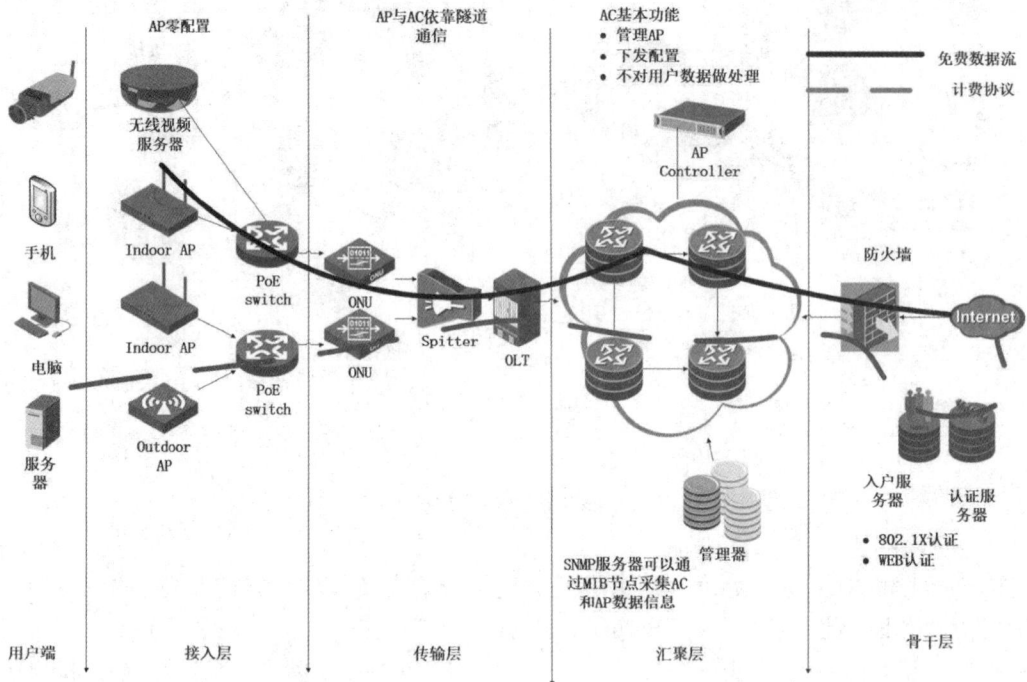

图 4-27　本地转发数据流程

这在某些应用场景是最合理的转发模式，比如总部-分支机构型企业，由总部进行集中管控，而数据在分支机构直接转发出去，就是合理的方式。

六、实训：WLAN 业务的开通

【实训目的】

掌握 WLAN 业务配置步骤。

【实训要求】

基于承载 IP 数据已完成的情况下，利用 IUV-TPS 仿真实训平台规划 WLAN 业务，完成业务配置。

WLAN 接入业务开通
(IUV 实训)

【实训内容】

(1) 完成 AC 的配置。

(2) 完成 WLAN 业务 BARS 的数据配置。

(3) 完成 WLAN 业务 OLT 的数据配置。

(4) 完成服务器的配置。

(5) 完成业务验证。

（一）WLAN 业务接入配置规划

在整体拓扑规划中涉及核心网、承载网和接入部分。核心网包含 AAA 服务器、Portal 服务器和交换机；承载网包含路由器、OTN；接入部分包含 AC、OLT、ONU 和分光器。

AC/BRAS 组网方式如图 4-28 所示。

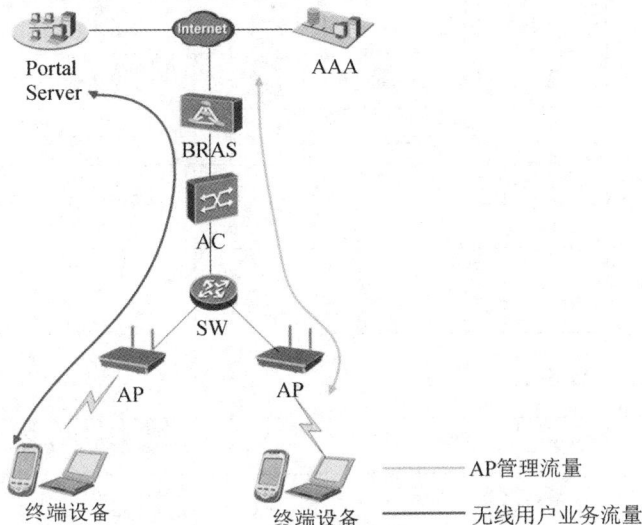

图 4-28　AC/BRAS 组网方式

网络拓扑如图 4-29 所示。

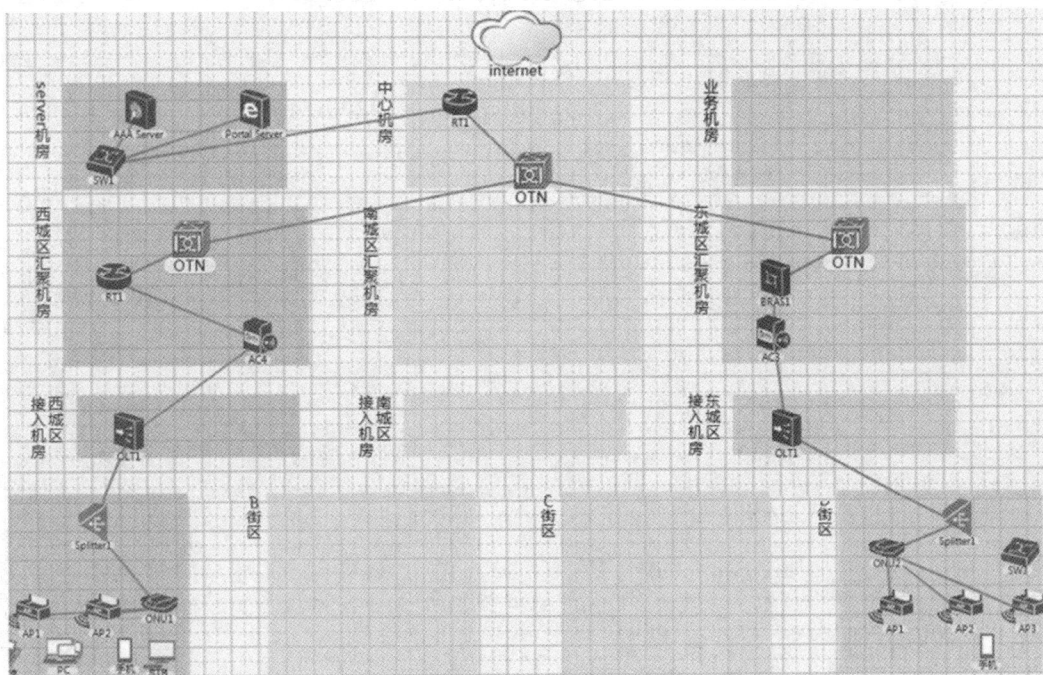

图 4-29　WLAN 业务网络拓扑图

数据规划如表 4-4 所示。

表 4-4　WLAN 业务数据规划

机房	设备名称	板块端口	VLAN 类型	VLAN 号	IP 地址	对端信息
Server 机房	AAA	1/1			2.2.2.1/30	SW2
	Portal	1/1			2.2.2.5/30	SW2
	SW1	2/1	access	11	2.2.2.1/30	AAA
		2/2	access	10	2.2.2.6/30	Portal
		1/2	access	12	3.3.3.1/30	中心机房 RT1
中心机房	中型 RT1	6/1			3.3.3.2/30	Server 机房 SW2
		7/1			5.5.5.1/30	西城汇聚机房 RT1
		8/1			9.9.9.1/30	东城汇聚机房 RT1
东城区汇聚机房	大型 BRAS2	1/1			192.168.1.14/30	中心机房 RT1
		宽带业务虚接口			8.7.7.1/24	
	AC3	1/1	trunk	110	无	AP
		1/2	trunk	11	无	OLT
		宽带业务虚接口			10.1.1.1/30	
东城区接入机房	OLT	2/1	trunk	11	无	BRAS
		3/1			无	A 街区 SW2
D 街区	splitter1	IN		172	无	西街区 SW1
		1		172	无	ONU
	ONU	PON				splitter1
		LAN1				AP1
		LAN2				AP2
		LAN3				AP3

（二）WLAN 业务接入设备配置

　　首先根据网络规划和数据规划，在设备配置页面进行设备部署和连线，分别对 Server 机房、中心机房、汇聚机房和街区 D 进行设备部署及连线，如图 4-30 至图 4-33 所示。

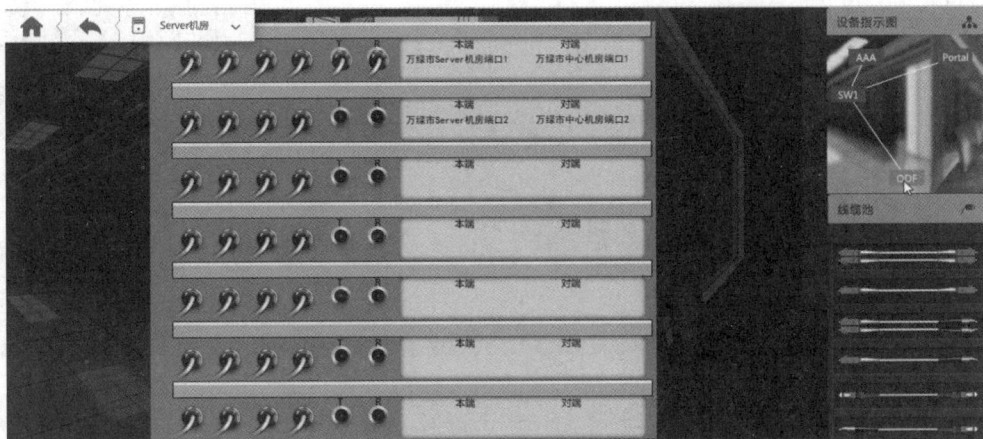

图 4-30　Server 机房设备连线

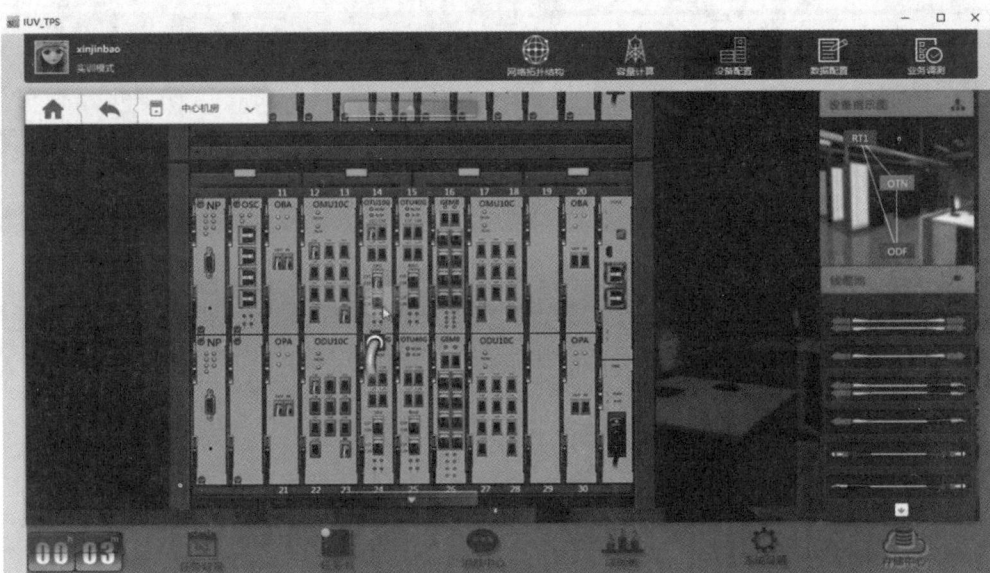

图 4-31　中心机房设备连线

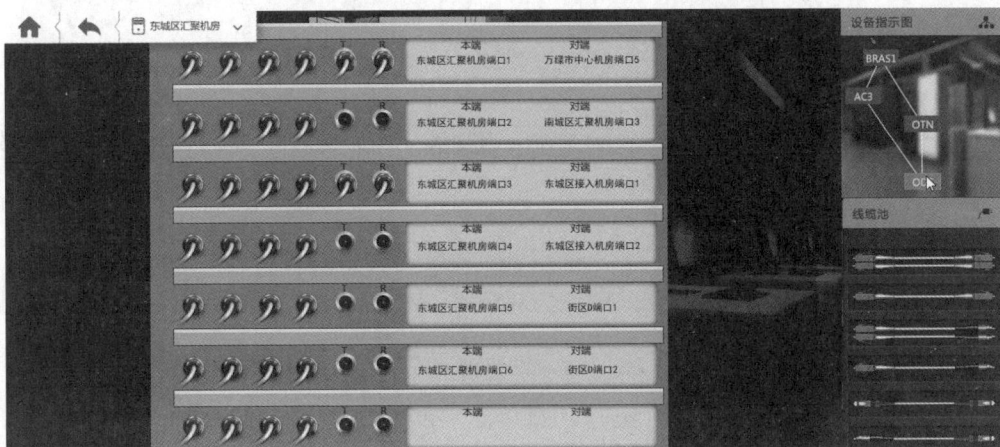

图 4-32　汇聚机房设备连线

图 4-33　街区 D 设备连线

然后分别针对 GPON 部分、AC 部分、AAA 服务器部分和 Portal 服务器部分进行数据配置。

(三) WLAN 业务接入数据配置–GPON 配置流程

GPON 的数据配置集中在 OLT 设备上完成，ONU 不需要单独配置。

(1) 对于上联端口，透传用户的业务 VLAN，即 VLAN ID。

(2) 配置 ONU 类型模板。

(3) 进行 GPON ONU 认证，即为 unknow 状态的 ONU 选择类型，使其状态转变为 working。

(4) 配置 T-CONT 带宽模板。

(5) 配置 GEM Port 带宽模板。

(6) 进行 GPON 宽带业务配置，每次配置一个 ONU 的业务通道。注意所有要配置 VLAN ID 的地方，VLAN ID 保持一致。

配置图如图 4-34 至图 4-45 所示。

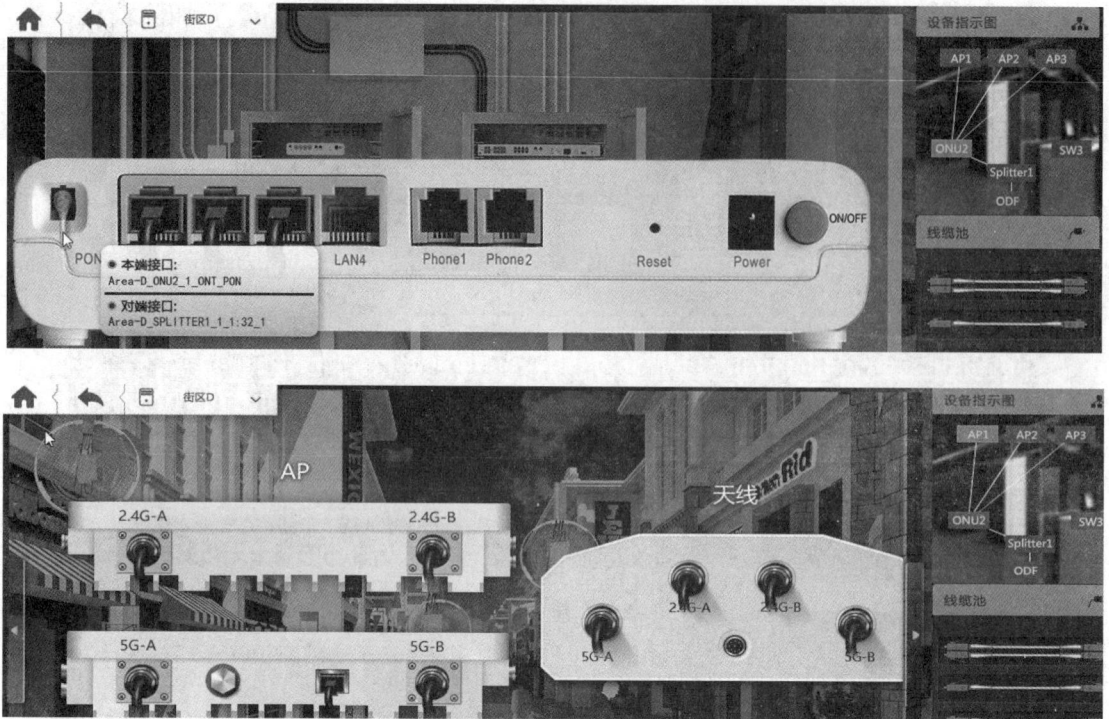

服务器ID	服务器IP地址	认证端口号	密钥	本端IP地址	操作
1	2 . 2 . 2 . 1	1812	1111	9 . 9 . 9 . 2	✕

图 4-34　BRAS1-认证服务器配置

计费服务器   ×

服务器ID	服务器IP地址	计费端口号	密钥	本端IP地址
1	2 . 2 . 2 . 1	1813	1111	9 . 9 . 9 . 2

图 4-35   BRAS1-计费服务器配置

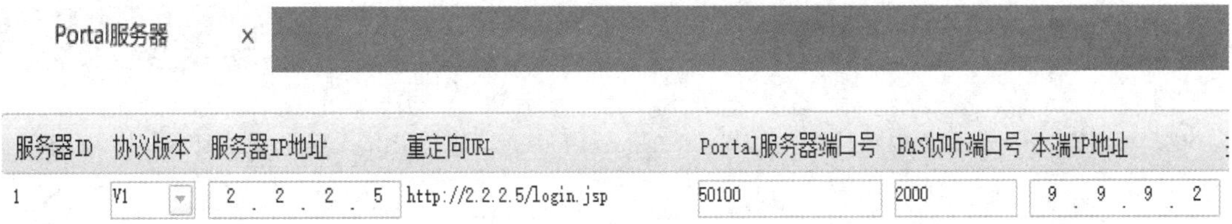

Portal服务器   ×

服务器ID	协议版本	服务器IP地址	重定向URL	Portal服务器端口号	BAS侦听端口号	本端IP地址
1	V1	2 . 2 . 2 . 5	http://2.2.2.5/login.jsp	50100	2000	9 . 9 . 9 . 2

图 4-36   BRAS1-Portal 服务器配置

域配置   ×

域ID	域别名	认证方式	认证服务器ID	计费方式	计费服务器ID	操作
1	123	radius认证	1	radius计费	1	✕

图 4-37   BRAS1-域配置

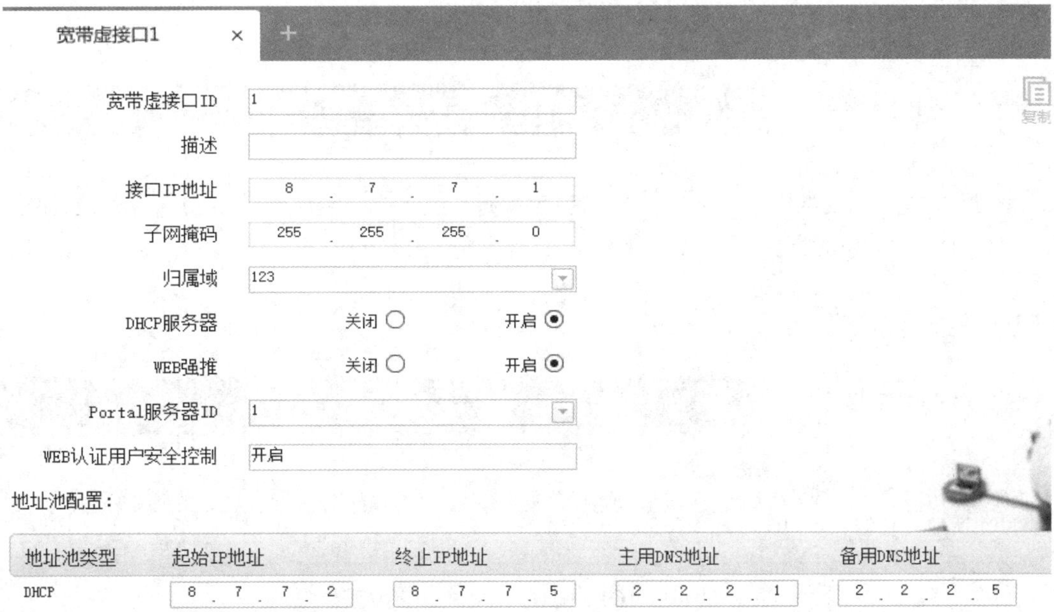

宽带虚接口1   ×   +

宽带虚接口ID	1
描述	
接口IP地址	8 . 7 . 7 . 1
子网掩码	255 . 255 . 255 . 0
归属域	123
DHCP服务器	关闭 ○ 开启 ◉
WEB强推	关闭 ○ 开启 ◉
Portal服务器ID	1
WEB认证用户安全控制	开启

地址池配置:

地址池类型	起始IP地址	终止IP地址	主用DNS地址	备用DNS地址
DHCP	8 . 7 . 7 . 2	8 . 7 . 7 . 5	2 . 2 . 2 . 1	2 . 2 . 2 . 5

图 4-38   BRAS1-宽带虚接口 1 配置

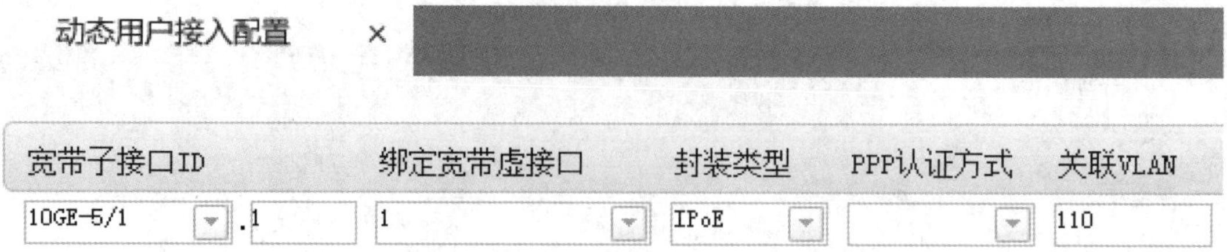

动态用户接入配置 ×

宽带子接口ID	绑定宽带虚接口	封装类型	PPP认证方式	关联VLAN
10GE-5/1 ▼ .1	1 ▼	IPoE ▼	▼	110

图 4-39　BRAS1-动态用户接入配置

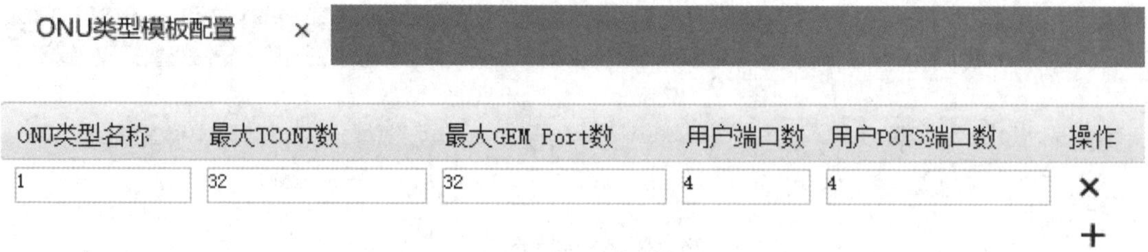

ONU类型模板配置 ×

ONU类型名称	最大TCONT数	最大GEM Port数	用户端口数	用户POTS端口数	操作
1	32	32	4	4	×
					＋

图 4-40　OLT-ONU 类型模板配置

GPON ONU认证 ×

ONU ID	ONU类型	ONU状态	SN	关联GPON接口
1	1 ▼	working	IUVA00000001	GPON-3/1

图 4-41　OLT-GPON ONU 认证配置

配置T-CONT带宽模板 ×

模板名称	带宽类型	固定带宽(kbps)	保证带宽(kbps)	最大带宽(kbps)
1	1 固定带宽 ▼	11111	N/A	N/A

图 4-42　OLT-配置 T-CONT 宽带模板

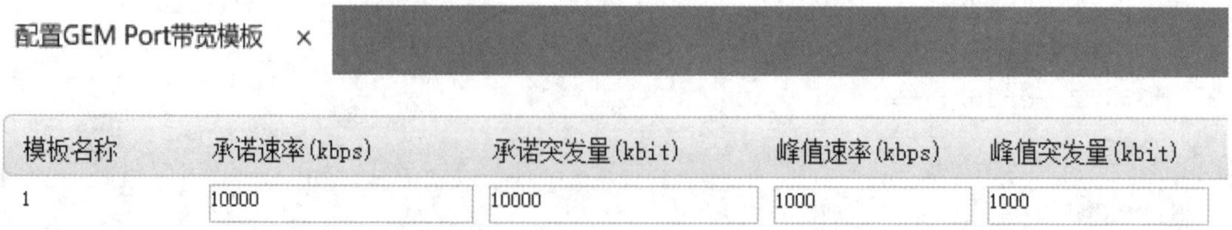

配置GEM Port带宽模板 ×

模板名称	承诺速率(kbps)	承诺突发量(kbit)	峰值速率(kbps)	峰值突发量(kbit)
1	10000	10000	1000	1000

图 4-43　OLT-配置 GEM Port 带宽模板

GPON宽带业务配置　×

ONU ID	ONU类型	ONU状态	SN	关联GPON接口
1	1	working	IUVD00000002	GPON-3/1

GPON ONU接口配置

ONU远程配置

配置 T-CONT

T-CONT索引	T-CONT名称	T-CONT带宽模板	操作
1	1	1	✕
			＋

配置业务通道

名称	业务类型	Gem Port索引	优先级	VLAN ID	操作
1	internet	1	0	11	✕
					＋

配置 Gem Port

Gem Port索引	Gem Port名称	GEM Port带宽模板	T-CONT索引	操作
1	1	UP	1	✕
				＋

配置ONU用户端口

Port ID	端口模式	VLAN ID	优先级	操作
eth_0/1	tag	11	0	✕
eth_0/2	tag	11	0	✕
eth_0/3	tag	11	0	✕
				＋

图 4-44　OLT-GPON 宽带业务配置 1

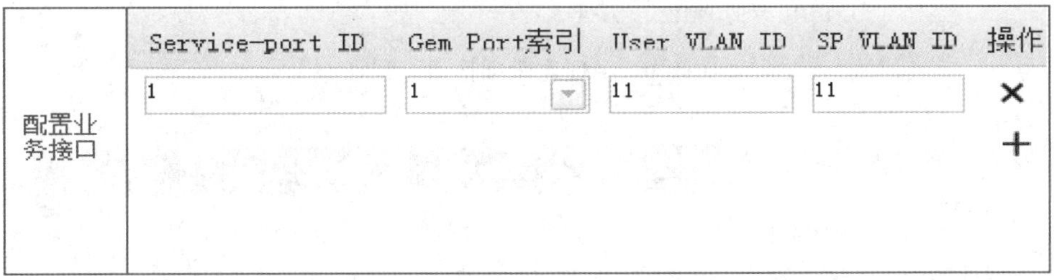

配置业务接口

Service-port ID	Gem Port索引	User VLAN ID	SP VLAN ID	操作
1	1	11	11	✕
				＋

图 4-45　OLT-GPON 宽带业务配置 2

(四) WLAN 业务接入数据配置-AC 配置流程

AC 主要配置 AP 管理和终端用户业务控制。

(1) 配置互联 IP 地址和路由。

(2) 配置认证计费服务器的通信参数，端号和密钥必须与服务器端保持一致。

(3) 进行域配置。域是用户属性的集合，域配置的主要目的是实现网络的集中管理和权限控制。通过域管理，可以简化网络设备的配置和管理，提高其安全性，并方便地进行权限分配和审计。

(4) 进行宽带虚接口配置。配置两个宽带虚接口，一个配置类型为 AP，作为 AP 的网关；另一个配置类型为终端，作为终端手机的网关，并打开 Web 强推功能。两个虚接口需要启用 DHCP 服务器，管理终端的虚接口会自动启用安全控制。

(5) 进行 AP 服务配置。配置用户 VLAN 和 AP 的 SSID。

(6) 进行 AP 射频配置。多个 AP 时要注意信道的干扰。

(7) 进行 AP 组配置。1 个 AP 组可管理多个 AP，每个 AP 可应用不同的服务模板和射频模板，AP 的 MAC 地址在设备配置中选中 AP 查看。

配置如图 4-46 至图 4-52 所示。

宽带虚接口1 ✕ ＋

宽带虚接口ID	1
描述	
接口IP地址	10 . 1 . 1 . 1
子网掩码	255 . 255 . 255 . 0
归属域	▼
DHCP服务器	关闭 ○　开启 ◉
配置类型	AP ▼
WEB强推	关闭 ◉　开启 ○
Portal服务器ID	▼
WEB认证用户安全控制	关闭
DHCP Option	43
数据格式	IP
AC的IP地址	10 . 1 . 1 . 1

图 4-46　AC-宽带虚接口 1 配置 1

宽带虚接口1 ✕ ＋

Portal服务器ID	▼
WEB认证用户安全控制	关闭
DHCP Option	43
数据格式	IP
AC的IP地址	10 . 1 . 1 . 1

地址池配置:

起始地址	末尾地址	主用DNS地址	备用DNS地址
10 . 1 . 1 . 2	10 . 1 . 1 . 5	. . .	. . .

图 4-47　AC-宽带虚接口 1 配置 2

AP服务配置 ✕

服务模板ID	业务VLAN	转发模式	SSID	终端网关设备	终端归属宽带虚接口	终端接入方式
1	110	集中转发	110	其他BRAS ▼	▼	

图 4-48　AC-AP 管理-AP 服务配置

| AP射频1 | × | + |

射频模板ID	1
wifi模式	802.11b/g
频段	2.4GHz
频段带宽	20MHz
信道	1
发射功率(dbm)	12

图 4-49　AC-AP 射频配置-AP 射频 1

| AP射频1 | AP射频2 | × | + |

射频模板ID	2
wifi模式	802.11b/g
频段	2.4GHz
频段带宽	20MHz
信道	6
发射功率(dbm)	12

图 4-50　AC-AP 射频配置-AP 射频 2

| AP射频1 | AP射频2 | AP射频3 | × |

射频模板ID	3
wifi模式	802.11b/g
频段	2.4GHz
频段带宽	20MHz
信道	11
发射功率(dbm)	12

图 4-51　AC-AP 射频配置-AP 射频 3

图 4-52　AP 组配置-AP 组 1

(五) WLAN 业务接入数据配置 – AAA 服务器配置流程

AAA 服务器配置用户的认证、计费、授权信息。

(1) 配置互联地址和路由。

(2) 进行系统设置，与 BRAS 的认证、计费端口及密钥保持一致。

(3) 进行账号设置，为每个账号设置认证、计费、授权参数，AC 不支持限速。

(4) 进行 DNS 设置，本软件不设置单独的 DNS 服务器，而是集成在 AAA 和 Portal 服务器中，在 DNS 开启后，验证时才可以进行 IE 和速率测试。

配置图如图 4-53 至图 4-55 所示。

图 4-53　AAA 服务器的系统设置 1

图 4-54　AAA 服务器的账号设置

图 4-55　AAA 服务器的 DNS 配置

（六）WLAN 业务接入数据配置–Portal 服务器配置流程

Portal 服务器用于推送 Web 认证页面并转发用户认证信息。

(1) 配置互联 IP 地址和路由。

(2) 添加 BRAS，与 AC 的端口配置保持一致。

(3) DNS 设置，本软件不设置单独的 DNS 服务器，集成在 AAA 和 Portal 服务器中，DNS 开启后，验证时才可以进行 IE 和速率测试。

配置图如图 4-56 和图 4-57 所示。

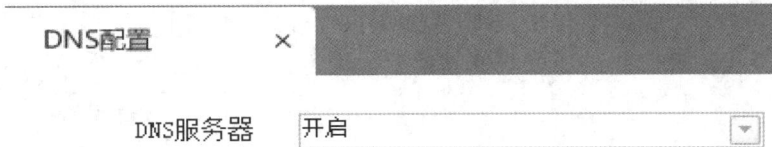

图 4-56　Portal 服务器添加 BRAS 配置

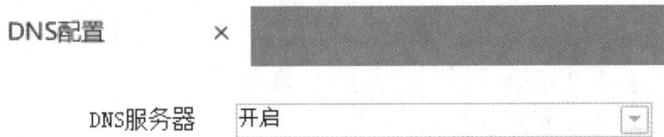

图 4-57　Portal 服务器的 DNS 配置

（七）WLAN 业务验证

(1) 在软件的业务调试功能区，在 D 街区，设置测试点，选择业务验证，如图 4-58 所示。

图 4-58　Portal 服务器 DNS 配置

(2) 选择浏览器，输入宽带账号 1、密码 1111，如图 4-59 所示。

(3) 选择无线测速，通过宽度测速器，测出上行速率和下行速率，如图 4-60 所示。

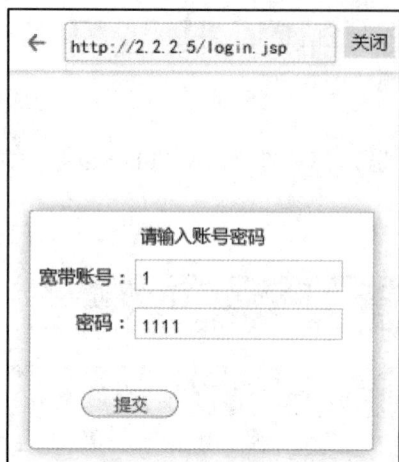

图 4-59　WLAN 业务验证账号和密码

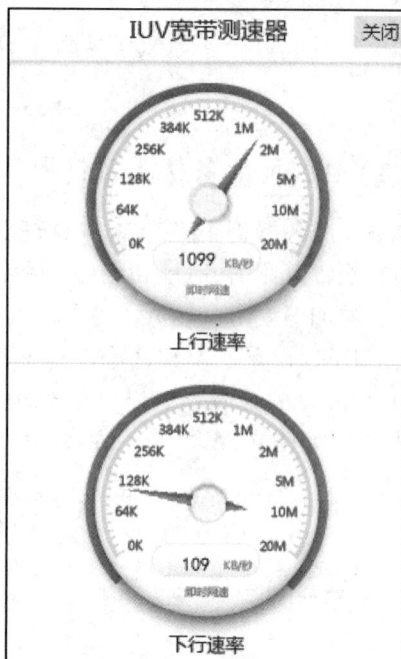

图 4-60　WLAN 业务测速结果

习　题

1. 简述无线接入网的优点和缺点。
2. 简述容量计算的操作要点。
3. 简述 WLAN 两种拓扑结构的特点。
4. 简述 CSMA/CA 的工作过程。
5. 列举 AP 的功能。
6. 列举 AC 的功能。
7. 简述胖 AP 和瘦 AP 的区别。
8. 简述本地转发流程。
9. 简述集中转发流程。

模块 5　混合光纤/同轴电缆接入技术

知识目标

- 理解 HFC 网络的基本定义和其在通信和广播领域中的重要性。
- 掌握 HFC 网络的基本结构，包括光纤和同轴电缆的组合应用方式以及关键组件。
- 了解 HFC 网络中的频谱划分原理，包括上行频段和下行频段的用途和配置。
- 理解 HFC 网络的基本工作原理，包括数据传输流程和信号调制解调技术。
- 了解 Cable Modem、CMTS 和机顶盒在 HFC 网络中的作用和功能。
- 掌握 HFC 网络在不同应用场景下的组网应用，如电视广播和宽带互联网接入。

能力目标

- 能够解释 HFC 网络的核心概念，包括其混合结构和应用领域。
- 具备分析 HFC 网络结构的能力，以进行故障排除和维护。
- 能够评估 HFC 网络中的频谱配置，以满足不同的业务需求。
- 能够设计适用于不同场景的 HFC 网络架构，并解决相关问题和需求。

任务　混合光纤/同轴电缆接入原理与规划

一、HFC 的定义

混合光纤同轴电缆网(Hybrid Fiber-Coax，HFC)是一种复合网络架构，通常用于提供广播电视、互联网和电话等多种通信服务。这一技术结合了光纤(Fiber)和同轴电缆(Coax)两种不同的传输媒介，以实现高速数据传输、广播信号传输和多媒体通信的目标。

HFC 的基本概念

在 HFC 网络中，数据传输通常分为两个阶段。

(1) 光纤阶段：数据从中心点或头端通过光纤传输。光纤是一种高带宽、低损耗的传输媒介，能够快速传送大量数据。

(2) 同轴电缆阶段：光纤传送的数据在适当的地点被转换为同轴电缆信号，然后通过同轴电缆传送到用户终端。同轴电缆是一种电信号传输的标准媒介，用于广播电视、互联网和电话业务的传输。

HFC 的核心优点在于它能够提供高质量的视频和音频信号以及高速互联网连接，同时具备较大的覆盖范围。这使得 HFC 网络成为有线电视运营商和互联网服务提供商的可选项，能够为用户提供多样化的通信和娱乐体验。

二、HFC 的网络结构

在学习 HFC 网络结构之前，我们需要先行了解一下 CATV(Cable Television)网络结构，它是 HFC 网络的前身和基础，具体结构如图 5-1 所示。

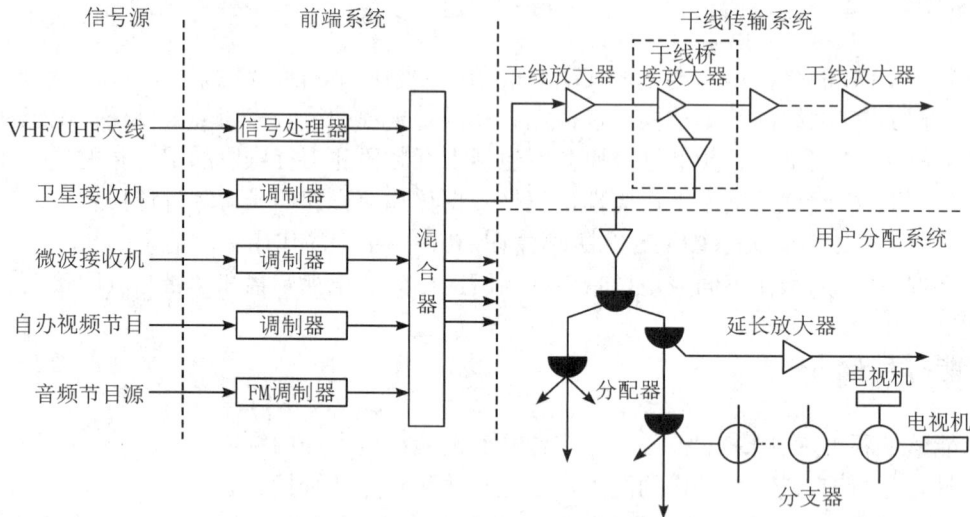

图 5-1   CATV 网络结构图

CATV 网络结构的关键组件如下：

(1) 信号源(Signal Source)：信号源是 CATV 网络的起始点，通常位于电视广播站。这是信号的生成和编码点，包括不同的电视频道，比如 VHF(甚高频)以及 UHF(特高频)无线电波、自办视频节目、音频节目等。另外，卫星接收机、微波接收机也可用作为信号源。

(2) 同轴电缆(Coaxial Cable)：CATV 网络使用同轴电缆作为主要的传输媒介，将电视频道信号从信号源传输到用户家庭。

(3) 分布设备(Distribution Equipment)：分布设备位于网络中，用于将信号分配到不同的地区或用户群体。它包括放大器、分配器和分支。

(4) 用户终端设备(Customer Premises Equipment，CPE)：用户终端设备是用户家庭中的电视机，它用于接收和解码来自 CATV 网络的电视频道信号。

CATV 网络的工作原理是：信号源生成电视频道信号，并通过同轴电缆传输到用户终端设备，用户终端设备接收和解码这些信号，最终在电视上显示不同的电视频道内容。

HFC 网络是 CATV 网络的进化版本，它在 CATV 网络的基础上引入了光纤技术，从而提高了性能和服务的多样性。以下是 HFC 网络与 CATV 网络的主要区别。

(1) 传输媒介：CATV 网络主要使用同轴电缆进行信号传输，而 HFC 网络则将光纤引入，光纤用于长距离传输，同轴电缆用于终端连接。这使得 HFC 网络能够提供更高的带宽和更稳定的信号传输。

(2) 数据传输：HFC 网络不仅支持电视频道传输，还支持高速互联网的数据传输。CATV 网络主要用于广播电视信号传输。

(3) 带宽和服务：HFC 网络提供更大的带宽，可用于提供高清电视、视频点播、互联网接入等多种服务。CATV 网络的主要业务是电视广播。

总之，HFC 网络在 CATV 网络的基础上引入了光纤技术，提供了更广泛的通信服务，一般来说，主要替换的是干线传输系统所用的缆线。由于将同轴电缆替换成了光缆，同时将电缆设施替换成了光缆设施，因此 CATV 网络也就成为 HFC 网络。

三、HFC 的频谱划分

HFC 网络是一种混合网络，它提供多种通信服务，包括电视广播、互联网和电话，即便是电视广播业务，也有上百个不同的电视节目，而每个电视节目，我们一般称之为一个特定的"频道"。

我们希望一根缆线上可以传输多个"频道"，即多种业务。想要解决问题，就必须采用频分复用技术，那么自然而然，就要进行频谱划分，让不同的服务和数据类型用不同的频段和带宽来传输。频谱划分可以确保这些不同的信号协调传输，避免干扰和冲突，提高网络的效率和性能。

HFC 网络的频谱划分通常包括上行频段和下行频段，每个频段有其独特的用途和范围，如图 5-2 所示。

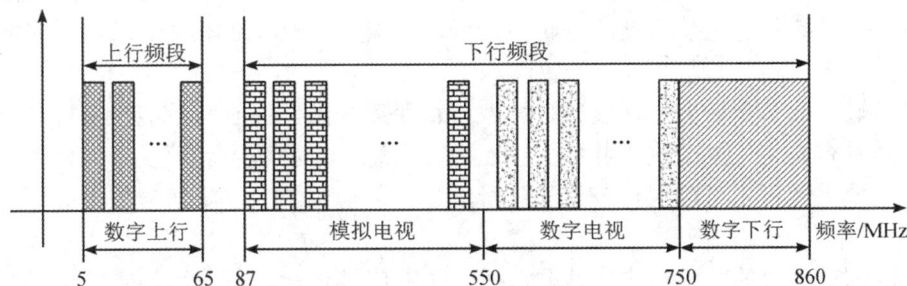

图 5-2　HFC 频谱划分

(一) 上 行 频 段

上行频段(Upstream)的典型频率范围为 5～65 MHz，也可以根据网络需求进行调整。

上行频段主要用于用户终端设备向网络发送数据。这包括用户通过互联网上传数据，传输 VoIP 电话信号和其他数据。用户在上行频段中发送各种数据，例如上传文件、发送电子邮件、进行在线游戏等。

(二) 下 行 频 段

下行频段(Downstream)的典型频率范围为 87～1002 MHz，也可以根据服务提供商的要求进行配置。

下行频段主要用于传送电视节目、进行视频点播、互联网下载和传送其他广播信号。用户通过下行频段接收各种服务,包括观看电视节目、在线观看视频、浏览互联网等。

在实际运用中,87~550 MHz 之间主要用来传输模拟电视信号,而 550~750 MHz 之间用来传输数字电视信号,750~860 MHz 用来传输数字下行信号,860~1002 MHz 这个频段范围具有较高的带宽,适合传输大量数据,通常用于 HFC 网络中的高速数据传输业务,具体的运用会根据运营商自身的业务来灵活安排。

随着技术的不断发展,HFC 网络的频谱划分策略也可能发生变化,以满足新的通信需求和服务提供。将来的用途可能包括更高速的互联网、更多高清电视频道、增强的互动媒体体验等。频谱划分将继续发挥关键作用,以确保网络能够适应不断变化的通信环境。

四、HFC 的关键技术

(一)同轴电缆接入技术

HFC 网络中的同轴电缆是网络的最后一段传输媒介,它负责将信号从区域的分配节点传输到用户家庭。

HFC 关键技术

同轴电缆由中心导体、绝缘体、屏蔽层和外部绝缘层组成。中心导体用于传输信号,绝缘体用于隔离中心导体,屏蔽层用于抵御外部干扰,外部绝缘层用于保护电缆。这种结构使同轴电缆能够有效地传输信号并抵御干扰。

HFC 网络利用同轴电缆,采用频分复用技术,将不同的频段分配给不同的通信信号,以便它们在同一同轴电缆上共存。

在 HFC 网络中,同轴电缆的信号由分配节点分配到各个用户家庭。分配节点是网络的关键部分,它将来自光纤的光信号转换为同轴电缆下行传输的信号,以供用户终端设备使用。

信号经过分配节点后会出现衰减,导致传输距离受限。由于双绞线没有屏蔽层,因此在放大信号时容易将外界干扰一并放大;而同轴电缆具有屏蔽层,可以有效减少干扰,所以在信号的放大过程中可以保持较好的信号质量,并通过放大器将信号放大后分配给不同的用户。

因此,同轴电缆的同心结构使其非常适合传输信号,它具备的优点如下:

(1) 屏蔽性能。金属屏蔽层能有效地抵御外部干扰,确保信号稳定传输,特别适用于高频信号传输。

(2) 低信号损耗。绝缘体的存在减少了信号传输时的电阻,降低了信号损耗,使电缆适合于长距离传输信号。

(3) 抗干扰性。由于其屏蔽性能,同轴电缆对于电磁干扰和噪声具有较高的抗干扰性,这在数据传输和通信中非常重要。

(4) 多用途。同轴电缆可用于传输各种类型的信号,包括电视广播信号、互联网数据、电话信号和无线通信信号等。

(二)频分复用技术

频分复用(Frequency Division Multiplexing,FDM)是一种多路复用技术,通常用于将多

个独立的信号合并到一个传输媒介中，以实现同时传输多个信号。这个技术将频谱划分为不同的频段，每个频段分配一个独立的信号。

频分复用的工作原理如下：

(1) 频谱划分：将可用的频谱范围划分成多个不重叠的频段或频道，每个频段用于传输一个独立的信号或数据流。

(2) 信号输入：独立的信号源将各自的信号输入频分复用器。这些信号可以是不同的通信信号，如语音、数据、视频等。

(3) 信号调制：每个信号源的信号被调制成特定频段内的信号。这一过程通常涉及改变信号的频率或将其调制成载波波形。

(4) 合并信号：所有独立信号被合并到同一个传输媒介(如电缆、光纤或无线信道)中。在合并之前，它们经过特定的频率变换，以确保它们不会相互干扰。

(5) 传输：合并的信号在传输媒介中共存并通过传输媒介传播到目的地。在目的地，信号经过解复用以恢复原始的独立信号。

(6) 解复用：解复用器将合并的信号分离，并将它们还原为原始的独立信号。这一过程通常涉及将信号的频率或波形还原到原始状态。

频分复用技术广泛应用于各种通信系统和传输媒质中，有如下应用场景。

(1) 有线通信系统：在有线通信中，频分复用允许多个通信信号共享同一物理传输媒介。

(2) 移动通信：在移动通信领域，FDM 用于将多个移动电话信号合并到无线信道中，以便在同一频段上同时传输多个通话。

(3) 广播和电视：在广播和电视中，不同的广播电台或电视频道可以使用 FDM 在同一频谱范围内传输它们的节目。

(4) 互联网传输：在互联网传输中，FDM 用于将多个数据流合并到一个传输通道中，以便在同一物理媒介上同时传输多个数据源。

频分复用的优势如下：

(1) 多路复用：FDM 允许多个信号共享同一传输媒介，从而提高了传输效率和资源利用率。

(2) 隔离：各个信号频段之间通常是相互隔离的，因此它们不会相互干扰。

(3) 适用于不同速率：不同速率的信号可以同时传输，因为它们使用不同的频段。

(三) DOCSIS 技术

DOCSIS(Data Over Cable Service Interface Specification)技术是一种用于在同轴电缆网络中传输数据的标准。它最初是为了支持有线电视网络上的高速互联网服务而开发的，后来也用于传输数字电视信号和电话服务。

当 DOCSIS 技术用于信号传输时，它涉及一系列复杂的步骤以确保数据从服务提供商到用户的计算机或设备的安全且高效传输。

首先，数字数据源被创建，可以是互联网上的数据、电视信号或电话信号。

然后，这些数字数据被转换成能够在同轴电缆上传输的模拟信号，这是通过调制技术实现的，将数字数据转换为模拟射频(Radio Frequency, RF)信号。调制过程是将数字信息编码为模拟波形的过程，以便它可以被传输。

接下来利用频分复用技术，将多个信号合并到同一电缆上，但每个信号源被分配到不同的频段或频道中，以防止它们之间的干扰。一旦信号准备好，它们通过同轴电缆传输到用户的位置。这些信号在电缆内传播，同时保持它们在不同频段上的隔离，这防止了信号之间的混叠和干扰。虽然在传输过程中可能会发生一些信号衰减和噪声，但 DOCSIS 网络的目标是尽可能保持信号的质量。

用户的设备通常是调制解调器(Cable Modem，CM)，它负责将模拟信号解调为数字信号，以便用户的计算机或其他设备可以处理和使用这些数据。

最后，解调后的数字信号被传递给用户设备(如计算机或路由器)，这些设备将数据还原为原始的数字信息，供用户使用，如浏览互联网、观看数字电视、进行互联网电话通话等。

DOCSIS 的工作原理如下：

(1) 信号传输：DOCSIS 技术使用同轴电缆传输数据。在 DOCSIS 网络中，数据以数字格式传输，然后通过同轴电缆发送到用户的 DOCSIS 调制解调器。

(2) 频分复用：DOCSIS 采用 FDM 技术，允许多个数据信道在同一电缆上共存。这意味着不同的数据流可以使用不同的频段来传输，从而实现多路复用。

(3) 上行和下行信道：DOCSIS 网络通常分为上行信道和下行信道。上行信道用于从用户端传输数据到网络，而下行信道用于从网络传输数据到用户端。这使得双向通信成为可能。

(4) 信号调制解调：在用户端，Cable Modem 负责将数字数据转换为电信号以便在同轴电缆上传输，同时将从电缆接收的电信号还原为数字数据。这种调制解调器通常与用户的计算机或路由器连接，以实现互联网访问。

(5) QoS 支持：DOCSIS 标准还支持服务质量(Quality of Service，QoS)功能，允许网络运营商为不同类型的数据流分配优先级，以确保实时应用(如语音通话和视频流)的高质量传输。

DOCSIS 技术主要用于以下服务：

(1) 高速互联网服务。最常见的应用是提供高速互联网服务，允许用户通过有线电视网络访问互联网。DOCSIS 网络可以提供高的下载和上传速度，支持多个用户同时访问互联网。

(2) 数字电视传输。DOCSIS 网络也用于传输数字电视信号，包括高清频道和标清频道，以及交互性的电视服务。

(3) 电话服务。一些运营商使用 DOCSIS 网络提供电话服务(VoIP)，允许用户通过同轴电缆拨打电话。

DOCSIS 标准已经经历了多个版本的演化，每个版本都引入了新的功能和性能。一些常见的 DOCSIS 版本包括 DOCSIS 1.0、DOCSIS 2.0、DOCSIS 3.0 和 DOCSIS 3.1。DOCSIS 3.1 是最新版本，引入了更高的数据传输速度和更好的性能。

(四) 信号放大和分配技术

信号放大和分配技术在有线电视和宽带网络中扮演着至关重要的角色，它们的目标是确保信号在长距离传输和多用户环境下能够保持良好的质量和强度。信号放大技术通过增加信号的强度来对抗信号衰减,这在信号从源到目的地的传输过程中是至关重要的。例如,在有线电视网络中,信号需要在数百或数千千米的电缆中传输到用户家中,而信号的衰减会导致信号质量的下降。为了克服这个问题,信号放大器被放置在网络中的关键位置,以确保信号的强度不会下降到让人无法接受的水平。这些放大器可以是模拟信号放大器,用于传统的有线电视信号;也可以是数字信号放大器,用于数字信号,如互联网数据。放大器需要经常校准和管理,以确保它们的输出在适当的范围内,不至于引起信号失真或干扰。此外,放大器还需要防止引入噪声或干扰,因为过度放大信号可能会同时放大不希望的干扰。

信号分配技术涉及将信号从一个源分发到多个用户或终端设备。在多用户网络中,多个用户通常共享同一信号源,因此需要一种方法来分配信号,以确保每个用户都能获得良好的信号质量。这通常通过使用分配器和分配网络来实现。分配器负责将信号从源分发到多个接收设备,而分配网络则是一组物理媒介或拓扑结构,用于将信号传输到用户或终端设备。有分配网络不同类型,包括树状网络、星形网络和总线网络,根据网络需求和拓扑结构的不同,可以选择适用的网络类型。在信号分配中,保证每个用户或终端设备获得良好的信号质量非常重要。这可能需要使用均衡器或增益控制器来调整信号的强度和质量,以适应不同的距离和连接条件。

由此可见,信号放大技术的要点如下:

(1) 信号放大技术用于增加信号的强度,以对抗信号在传输过程中的衰减。

(2) 信号放大器的类型包括模拟信号放大器和数字信号放大器,可以根据需要选择合适的类型。

(3) 放大器通常放置在关键位置,以确保信号不会因距离过长而丧失质量。

(4) 放大器需要定期调整和管理,以维持信号的质量,同时防止引入噪声或受到干扰。

信号分配技术的要点如下:

(1) 信号分配技术用于将信号从一个源分发到多个用户或终端设备。

(2) 分配器和分配网络是分配技术的关键组成部分,用于确保信号的有效分发。

(3) 分配网络可以采用不同的拓扑结构,如树状网络、星形网络和总线网络,根据网络需求选择合适的网络类型。

(4) 信号分配需要保持良好的信号质量和强度,可能需要使用均衡器或增益控制器来调整信号。

(5) 隔离和互联是关键问题,既可以确保信号不会干扰彼此,同时也可以保持网络中的信号流畅传输。

这些要点突出了信号放大和分配技术的关键概念,帮助和确保其在有线电视和宽带网络中提供高质量和可靠的通信服务。

(五) 数字信号处理技术

在 HFC 网络使用的数字信号处理技术中,MPEG 技术和 QAM 技术起着至关重要的作用。

动态图像专家组(Moving Picture Experts Group，MPEG)技术是一组用于数字媒体编解码的国际标准，主要应用于数字电视信号的处理。这项技术的首要任务是将高质量的音频和视频数据进行高效压缩，以减小传输和存储的开销。通过 MPEG 编码算法，视频信号和音频信号可以被精确地压缩，并以更小的数据流的形式传输。这对于 HFC 网络非常重要，因为它使得多个数字电视频道可以在有限的频谱内传输，从而提供更多的选择和服务。

正交幅度调制(Quadrature Amplitude Modulation，QAM)技术是一种调制技术，用于将数字数据转换为模拟射频(RF)信号在同轴电缆上传输。QAM 允许通过改变信号的振幅和相位来表示数字数据。不同阶数的 QAM(如 16-QAM、64-QAM、256-QAM)允许在有限的频谱内传输不同速度的数据。例如，64-QAM 可以传输比 16-QAM 更多的数据，但也更容易受到噪声和干扰的影响。这种灵活性使 QAM 技术成为 HFC 网络中数字电视信号和高速互联网数据传输的理想选择。

在用户端，数字电视信号需要通过 MPEG 解码器进行解码，以还原成可视的视频和可听的音频。同时，QAM 解调器用于将接收到的模拟信号还原为数字数据。这两种技术共同确保 HFC 网络能够提供高质量的数字电视、高速互联网和电话服务，同时有效地利用了频谱资源，为用户提供了多样化的媒体体验。

总之，MPEG 技术和 QAM 技术在 HFC 网络中扮演着关键的角色，前者用于媒体数据的压缩、传输和解码，后者用于数字数据的调制和解调。它们的协同作用使 HFC 网络能够实现高效的媒体传输和多样化的服务提供，满足了现代通信需求。

下面来具体看一下这两种技术的实现过程。

1. MPEG 技术

编码(Compression)：MPEG 编码算法可以将视频和音频信号压缩到更小的数据流，同时尽量保持高质量的视听效果。这有助于减小传输带宽，使更多的数字电视频道能够在同一电缆上传输。

传输(Transport)：MPEG 技术还定义了数据包的传输和多路复用标准，以便多个视频信号和音频信号可以在同一频道上传输，而不会互相干扰。这种多路复用通常使用基于时间片的方法，以确保每个信号都有分配的时间片。

解码(Decoding)：在用户端，HFC 网络接收到的数字电视信号需要进行解码，以还原成可视的视频和可听的音频。MPEG 解码器是常见的设备，用于执行这一过程。

2. QAM 技术

调制(Modulation)：QAM 是一种用于数字通信系统的信号调制技术，它通过同时改变载波信号的幅度和相位来编码信息，从而在给定带宽内传输更多的数据。

解调(Demodulation)：在用户端，接收到的 QAM 信号需要进行解调，以还原成基带信号。QAM 解调器是用于执行这一过程的设备。

频谱利用率(Spectrum Efficiency)：QAM 技术的一个重要优势是其高频谱利用率。它允许在同一频段上传输多个数据流，从而提高了 HFC 网络的数据传输容量。

五、HFC 的常用设备

CATV 网络是一种传统的有线电视网络,单向传输和有限的交互性是其主要的劣势,这些劣势为 HFC 网络的发展提供了机会。

HFC 设备认知

CATV 网络的劣势如下:

(1) 单向传输:CATV 网络主要用于单向传输,即从信号源到用户终端设备的单向广播。这意味着用户只能被动地接收电视信号,而无法主动地参与或请求其他服务。

(2) 互动性受限:由于 CATV 网络的单向性质,用户在交互性方面受到限制。他们无法进行点播、在线游戏、视频会议或其他需要双向通信的互动活动。

(3) 互联网速度受限:CATV 网络虽然可以用于传输数字电视信号,但其互联网速度受到制约。因为它的主要设计是用于广播电视信号而不是双向数据传输。

为了弥补 CATV 网络的劣势,HFC 网络应运而生,它提供了更多的双向业务机会和更高的互动性。在 HFC 网络中,引入了 CMTS(Cable Modem Termination System)+CM 建设模式,它允许双向数据传输并支持高速互联网服务,如图 5-3 所示。

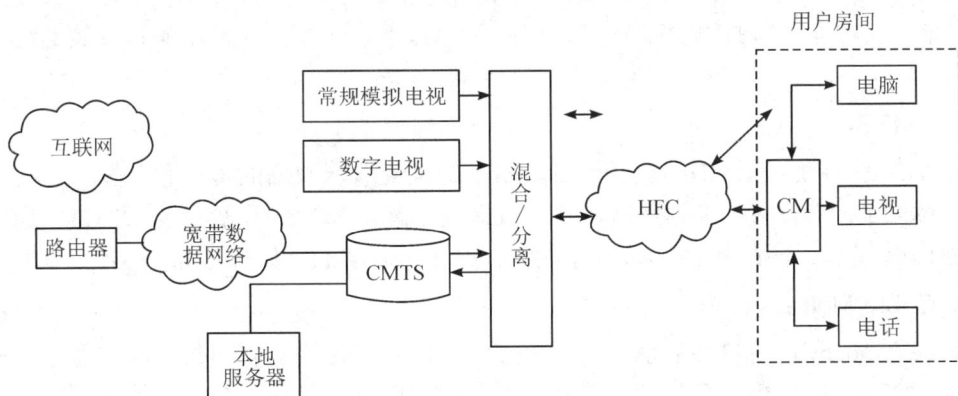

图 5-3　CMTS+CM 网络建设模式

CTMS+CM 建设模式的优势如下:

(1) 双向数据传输:CMTS+CM 建设模式允许数据在用户和信号源之间进行双向传输,这意味着用户可以请求互联网数据、上传文件、进行在线互动等。

(2) 高速互联网:HFC 网络中的 CTMS+CM 建设模式支持更高速的互联网服务,使用户能够以更快的速度下载和上传数据。

为了进一步提高 HFC 网络的效率,引入了 EoC+PON 的建设模式。EoC(Ethernet over Coax)通过同轴电缆传输数据信号,而 PON(Passive Optical Network)使用光纤传输数据信号,如图 5-4 所示。

这种结合使 HFC 网络更具竞争力,具有以下优势:

(1) 更快的数据传输:光纤具有更高的传输带宽,能够支持更快的数据传输速度。

(2) 更大的容量:PON 技术支持多个用户之间的数据共享,提供更大的网络容量。

(3) 更稳定的信号:光纤传输不易受到电磁干扰,因此具有更稳定的信号质量。

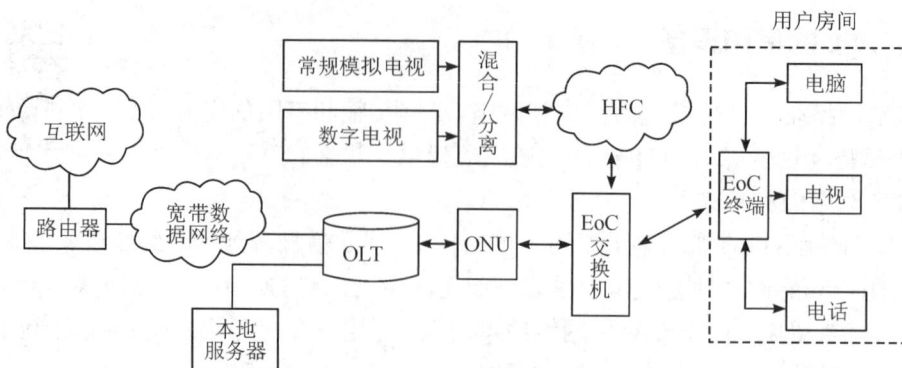

图 5-4　EoC+PON 网络建设模式

由此可见，满足双向传输业务能力的 HFC 网络，有 CMTS+CM 的建设模式，也有 EoC+PON 的建设模式。这两种建设模式在设备的选用上是不同的。

（一）CMTS+CM 模 式

CMTS+CM 模式是 HFC 网络中用于提供高速互联网服务的一种建设模式。该模式涉及多种设备，以实现数据的传输和分发。以下是 CMTS+CM 模式中常用的设备及其功能的详细介绍。

1. CMTS

CMTS 是 HFC 网络中的核心设备，用于管理互联网数据的传输和分发。它允许多个 Cable Modem(CM)设备连接到网络，并负责调度、路由和管理数据流量。CMTS 通常位于网络的中央位置，是互联网数据的关键接入点。Cisco CMTS 的外形如图 5-5 所示。

2. Cable Modem(CM)

Cable Modem 是用户终端设备，用于接收、解码和传输互联网数据。它通过同轴电缆连接到 CMTS，并将数字数据信号转换为模拟(RF)信号，然后再在用户的终端设备上解码为可用的数据。CM 通常位于用户家庭或办公室，是连接互联网的关键设备，其外形如图 5-6 所示。

图 5-5　Cisco CMTS 产品

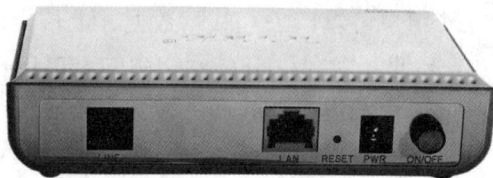

图 5-6　CM 终端

3. 同轴电缆

同轴电缆是 HFC 网络中的传输介质之一，用于将互联网数据从 CMTS 传输到用户的终端设备。它具有足够的带宽和抗干扰特性，可以支持高速数据的传输。

4. 分支分配器和放大器(Splitters and Amplifiers)

分支分配器用于将射频信号分配到不同的用户终端，而放大器用于增强信号，以弥补信号在传输过程中的损耗。这些设备有助于确保信号到达用户端的质量，图 5-7 所示为放大器及分支分配器的外形。

图 5-7　分支放大器(左)和分支分配器(右)

(二) EoC+PON 模式

EoC+PON 模式是 HFC 网络的另一种建设模式，它结合了 Ethernet over Coax(EoC)和 PON 技术，可提供高速互联网、数字电视和电话等通信服务。以下是 EoC+PON 模式中常用的设备及其功能的详细介绍。

1. EoC 设备

EoC 设备用于在同轴电缆上传输数字数据信号。它们将以太网信号转换为 RF 信号，以便通过同轴电缆传输。EoC 设备分为两种，一种称为 EoC 交换机，另一种称为 EoC 终端，通常位于用户配线网络(即用户侧同轴电缆网络)的两端。

2. PON 设备

PON 设备是 HFC 网络中的关键组成部分，用于传输数据信号。PON 技术使用光纤作为传输介质，将数据信号从中心办公室传输到用户的终端。PON 设备包括 OLT 和 ONU，详见本书任务 3.2 章节。

在实际工程建设中，由于网络相对复杂，因此会将部分功能集成在同一台设备上，通常来说，会选择将 PON 网络末端的 ONU 和 EoC 交换机集成，形成一个全新的设备，名为光工作站，如图 5-8 所示。

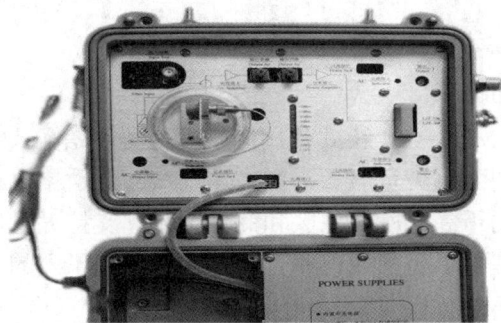

图 5-8　光工作站

(三) 机 顶 盒

机顶盒(Set-Top Box，STB)是一种用于接收和解码数字电视信号或互联网视频流的设备。

它通常位于用户的电视机顶部或附近，用于提供各种多媒体内容和服务，如电视节目、电影、音乐、应用程序等，并且通常有用户界面，以方便用户浏览和选择内容。

机顶盒的主要作用如下：

(1) 数字电视接收和解码：机顶盒的最基本作用是接收数字电视信号，将其解码并显示在连接的电视上。通过机顶盒用户就可以观看数字电视节目，享受高清晰度(HD)或超高清(4K)的视觉体验。

(2) 互联网视频流服务：许多机顶盒还具备互联网连接功能，可以访问各种流媒体服务。用户可以通过机顶盒观看在线视频内容，并根据自己的兴趣进行选择。

(3) 应用程序和游戏：一些机顶盒具备应用程序平台，允许用户安装和运行各种应用程序，如社交媒体、新闻、天气、游戏、音乐等。机顶盒成为了娱乐中心。

(4) 数字音频输出：机顶盒通常支持数字音频输出，如光纤或同轴数字音频输出。这意味着用户可以连接外部音响系统，享受更高质量的音响效果。

(5) 录制和回放功能：一些高级机顶盒具备录制和回放功能，允许用户录制他们喜欢的节目，并随后观看。这个功能通常需要额外的硬盘或存储介质。

(6) 用户界面和远程控制：机顶盒通常具有图形用户界面(GUI)，用户可以使用遥控器或语音命令来浏览和选择内容。

(7) 家庭网络连接：一些机顶盒还具有家庭网络连接功能，可以与其他智能设备互联，如智能家居设备、监控摄像头等。

总的来说，机顶盒是一种多媒体设备，其主要作用是接收、解码和提供数字电视信号和互联网视频流，以满足用户的娱乐和信息需求。它已成为现代家庭娱乐系统的重要组成部分，为用户提供了广泛的内容选择和互动体验。

六、HFC 的组网应用

在前面，我们提到了两种 HFC 网络建设模式，它们利用不同的技术手段，自然也适用于不同的建设场景。

HFC 组网应用

（一）CMTS+CM 模式的优劣势

CMTS+CM 模式的特点以及优劣势如下：

1. CMTS+CM 模式的特点

(1) 采用同轴电缆：CMTS+CM 模式使用同轴电缆传输信号。

(2) 大带宽支持：适用于高带宽服务，如高速互联网、数字电视等。

(3) 多用户支持：适用于高密度住宅区和商业区域，支持大量用户同时在线。

(4) 网络管理灵活：提供了多种配置和管理选项，适应不同的网络需求。

2. CMTS+CM 模式的优势

(1) 高带宽和性能：CMTS+CM 提供了高性能的网络连接，适合满足大量用户的高速互联网和视频需求。

(2) 稳定性：同轴电缆提供了稳定的信号传输，适用于要求稳定性的应用。

(3) 多用户管理：能够有效地管理大规模用户群体。

3. CMTS+CM 模式的劣势

(1) 布线复杂：需要大量的同轴电缆布线，成本较高。

(2) 地理限制：不适合地理条件复杂的区域。

(二) EoC+PON 模式的优劣势

EoC+PON 模式的特点以及优劣势如下：

1. EoC+PON 模式的特点

(1) 使用光纤传输：EoC+PON 模式使用光纤传输信号，光纤可以覆盖较大的地理区域。

(2) 降低布线复杂性：适用于低密度住宅区和地理条件复杂的区域，减少了布线成本和复杂性。

(3) 较适合农村地区：可覆盖农村地区和山区。

2. EoC+PON 模式的优势

(1) 覆盖范围广泛：光纤传输信号，覆盖范围更广，适用于低密度分散区域。

(2) 降低成本：降低了同轴电缆的布线成本。

(3) 适用地理条件：适用于地理条件复杂的区域。

3. EoC+PON 模式的劣势

(1) 带宽受限：相对于 CMTS+CM，带宽可能受到一些限制。

(2) 适用性有限：对于高密度区域，可能不如 CMTS+CM 模式灵活。

(三) HFC 组网应用

由上述讨论可见，HFC 网络两种模式之所以有这样的差异，其本质原因在于 PON 网络的出现，其末端 ONU 本身的特点导致了这样的差异。所以当选择 HFC 网络的建设模式时，需要根据不同的场景和需求来进行选择。

CMTS+CM 建设模式适用的场景如下：

(1) 成建制小区(高密度住宅区)：CMTS+CM 模式非常适合高密度住宅区，例如大型公寓楼或住宅小区。在这种场景下，用户数量众多，需要提供高带宽和高速互联网服务。CMTS+CM 可以满足大量用户同时在线的需求，并能提供可靠的连接速度。

(2) 政企大客户：对于政府机构、大型企业、学校和医院等大客户，他们通常需要高速、稳定和专线级的互联网连接。CMTS+CM 模式提供了更多的灵活性和带宽选择，可满足客户的高级网络需求，同时允许定制化的网络配置。

(3) 商业区域：商业区域通常需要更高带宽和网络性能，以支持大量用户同时访问互联网、进行视频会议、在线交易等高带宽的应用。CMTS+CM 模式在这些需求方面表现出色。

EoC+PON 建设模式适用的场景如下：

(1) 零散小区和村落：EoC+PON 模式适用于分散的住宅小区和农村地区，特别是在人口密度较低且地理条件较复杂的地方。在这种场景下，EoC+PON 可以通过光纤传输信号，覆盖较大的地理区域，减少了同轴电缆布线的复杂性。

(2) 地理条件复杂的区域：对于地理条件复杂、不适合敷设同轴电缆的区域，如山区或森林地带，EoC+PON 模式可以更容易地进行网络建设，减少了地形和环境对网络的限制。

(3) 低密度住宅区：在低人口密度的住宅区域，使用 EoC+PON 模式可能更经济实惠，因为它可以减少同轴电缆的布线成本。这对于提供基本的互联网服务是一个有效的解决方案。

(4) 光纤网络升级：如果已经部署了光纤网络的地区，EoC+PON 模式可以更容易地整合到现有网络中，提供更高带宽的互联网和视频服务，同时可利用现有的光纤基础设施。

七、HFC 的网络规划与设计

在 HFC 的网络规划与设计中，前端也就是机房部分的规划与设计，通常被认为相对较简单，其规划重点主要集中在设备的布置、光纤传输、信号处理和管理系统等方面，这些通常是相对标准化和技术成熟的任务。

HFC 网络规划与设计

真正考验网络规划与设计专家的技能和判断力的地方在于配线网络的规划与设计。配线网络是 HFC 网络中连接到用户终端的关键部分，因其靠近用户，涉及的业务类别众多，因此其规划与设计需要更加精细和细致考虑。在这个层面上，需要综合考虑用户需求、带宽分配、频谱管理、设备选型、安全性、故障恢复和未来扩展等多个因素，以确保网络能够高效稳定地提供各种服务。

本节将重点探讨 HFC 网络规划与设计中的配线网络部分，详细介绍如何有效地规划和设计这一关键环节，以满足不断增长的用户需求和不断发展的技术要求。

(一) 规划设计要求

在 HFC 网络的配线网络中，电平分配有一些规划和设计要求，以确保信号的质量和性能。以下是一些常见的要求和考虑因素。

1. 电平均衡

为了避免信号衰减或增益过大，需要在整个配线网络中进行电平均衡。这意味着在信号传输过程中尽量保持电平的稳定，避免远近两端的电平值相差过大。这可以通过信号放大器、衰减器和均衡器等设备来实现。通常要求的电平值范围为 15～20 dB/μV。

2. 末端电平

需要确保末端用户的电平值在合适的范围内。通常情况下，电平不得低于一定的门槛值，以确保用户能够获得稳定的信号质量。这个门槛值通常由网络运营商或有关标准规定。通常规划设计要求的电平值范围为 (70 ± 2) dB/μV。

3. 干扰和防护

配线网络中的电平分配需要考虑干扰问题。防止不同信号之间的干扰以及外部干扰进入网络是重要的。这可能需要使用滤波器、屏蔽设备和其他技术来保持信号的纯净性。此类问题一般依靠光工作站本身的设备能力来解决，光工作站的输出光功率一般为 (102 ± 2) dB/μV。

4. 频段划分

配线网络中的频段划分也是重要的。不同服务(如互联网、电视、电话)可能需要不同的频段。因此，需要精确规划哪些频段分配给哪种服务，以避免干扰和冲突。只不过此类问题一般在前端规划设计中进行，在配线网络的规划中无须考虑此类问题。

5. 设备调整和维护

配线网络的电平分配通常需要不断地调整和维护设备。信号放大器和均衡器可能需要定期校准，以适应网络的变化和增长。

（二）配线网络材料

1. 同轴电缆

同轴电缆常用的型号一般为 SYV23-75-5，其中各部分代表含义如下：

SYV：表示该电缆属于同轴电缆家族。

23：表示电缆的外径尺寸。在这种情况下，电缆的外径为 2.3 mm。

75：这个数字表示电缆的特性阻抗，通常为 75 Ω。75 Ω 的同轴电缆常用于视频和音频传输以及一些数据通信应用。

5：这个数字可能表示电缆的版本或变种，具体含义可能因制造商而异。下面罗列常用的三种同轴电缆类型以及其对应的百米损耗，如表 5-1 所示。

表 5-1　同轴电缆的百米损耗值

同轴电缆	百米长度损耗/dB
SYV23-75-5	16
SYV23-75-9	8
SYV23-75-12	6

2. 分支分配器

在分支分配器中，分配器通常用 P 来表示。例如，P2 表示二分配，即一个 IN 口和两个 OUT 口，且 OUT 口的电平大小完全一致。

Z108 表示一分支，即一个 IN 口、一个 OUT 口和一个 TAP 口，其中 OUT 的损耗极低，但是 TAP 口的损耗很高，Z108 便代表 TAP 口损耗掉 8 dB。

下面罗列一下常用分配器件的损耗值，如表 5-2 所示。

表 5-2　常用分配器件的损耗值

分配器	分配损耗/dB
P2	4
P3	6
P4	8
P5	10
P6	11
P8	12
P10	13
P12	14
P14	14.5
P16	15

（三）规划设计案例

　　某公寓式酒店需要开通有线电视业务，要求在四个走廊天花板的角落提供检修口，用来安装必要的设施。该酒店一共6层，每层有32个房间，弱电间位于步行梯的东北角，空间足够安装光工作站，具体布局如图5-9所示。下面需要根据该公寓的现状设计有线电视网络。

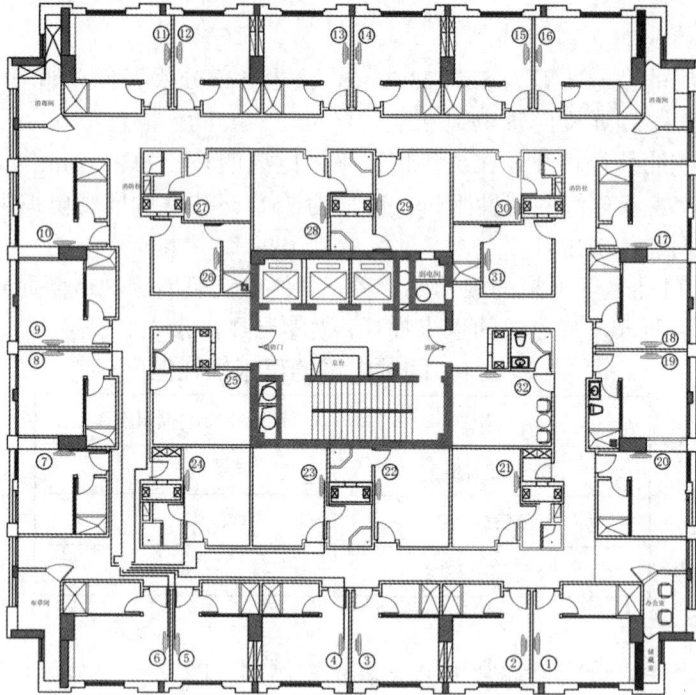

图 5-9　规划设计案例布局

　　本案例是在密集型建筑中建设网络，用户数量又不多，因此可以采用CMTS+CM模式，也可以采用 EoC+PON 模式，它们在配线网络部分区别不大，只是光工作站中的设备不一样而已，后面的配线设计完全相同。

　　已知的楼宇布局中四角均有检修孔，这代表此处可以安装分支分配器件便于日后的维护。由于一层共有32户，那我们就可以考虑利用2个P16来携带用户，也可以用4个P8来携带，8个P4来携带亦可，下面我们可以通过两张图(如图5-10和图5-11所示)来对比一下，利用2个P16来携带和利用4个P8来携带会有什么样的区别。

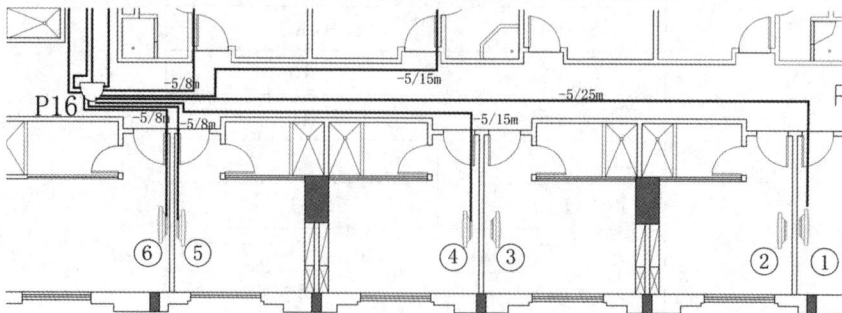

图 5-10　P16 分配器携带用户

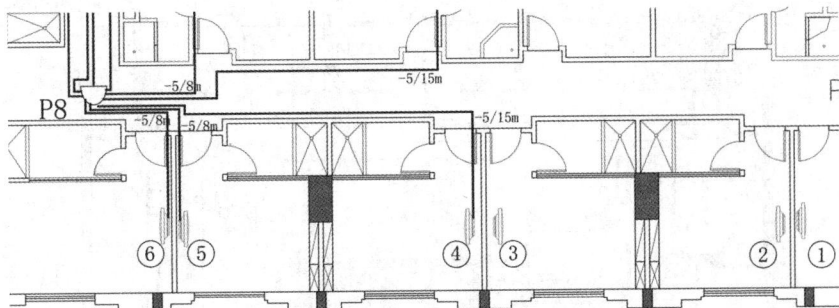

图 5-11　P8 分配器携带用户

利用 P16 来携带用户时，会发现末端电缆线长达 25 米，而利用 P8 来携带用户时，末端电缆线只有 15 m，若是采用 SYV23-75-5 电缆同时利用 P16，会多出 1.6 dB 的损耗，要尽量避免出现此类情况，所以可以选择末端采用 P8 分配器。

此时，问题就会变成这个 P8 分配器的信号从何处来了，如图 5-12 所示。

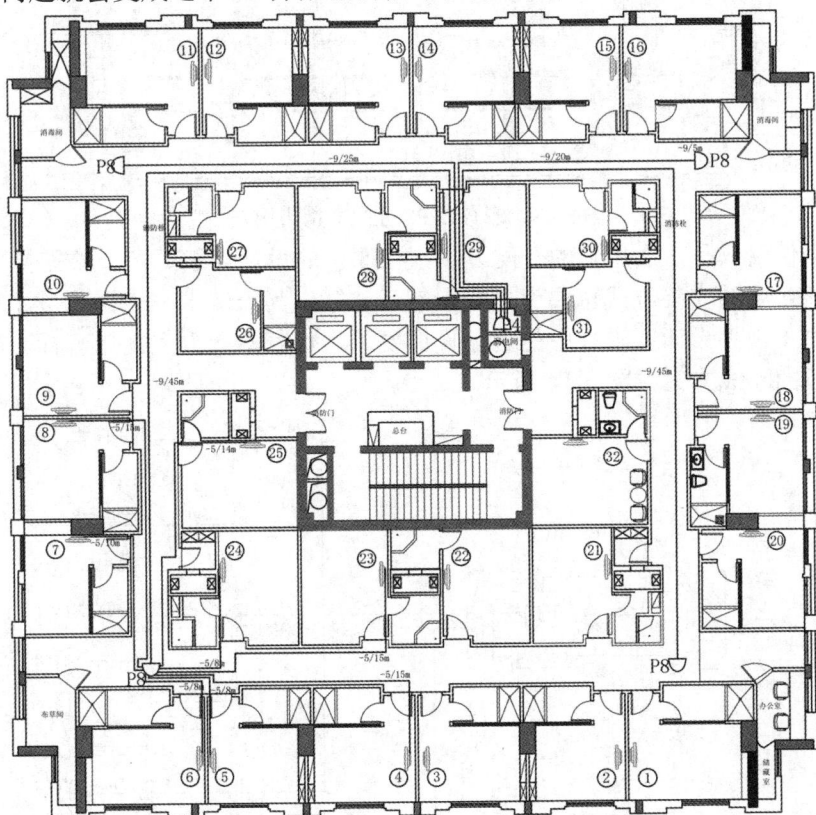

图 5-12　P4+P8 分配器携带用户

如图 5-12 所示，31 号房间左侧的弱电间中安装了一个 P4，然后分出 4 根同轴电缆线通往四个检修孔中的 P8，最后利用 P8 接同轴电缆至用户终端。

在图 5-13 中，31 号房间左侧的弱电间内安装的则是 P2，然后分出两根电缆线分别引接至左上角和右上角的两个 P2，这两个 P2 又分别连出 2 根电缆线通往 4 个 P8。该种方式和图 5-12 的差异不大，只是在缆线耗材上图 5-12 的略贵而已，所以本次可以采用图 5-13 的设计方案。

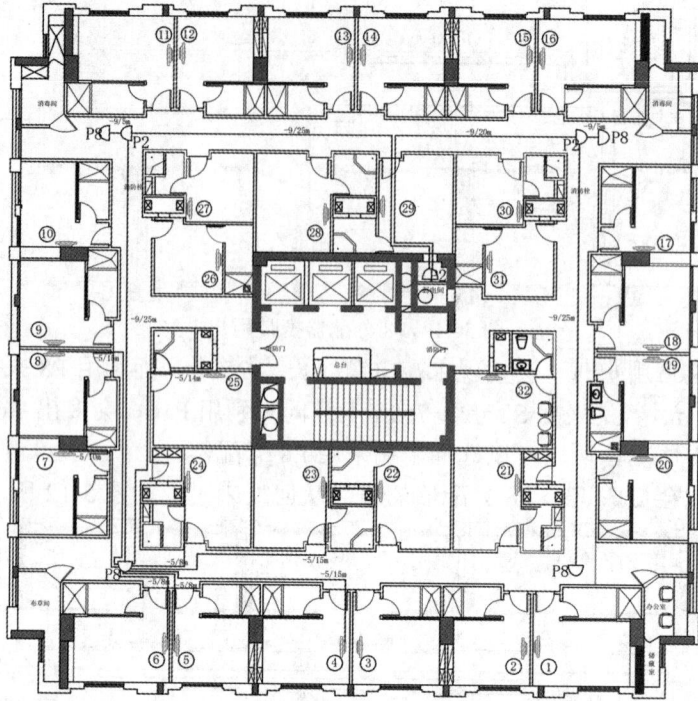

图 5-13　P2+P2+P8 分配器携带用户

　　然而这个仅仅只是一层用户的分配方案，在原本的设计需求中，一共需要覆盖 6 层用户，所以其他楼层的安装方式也要考虑好，然后计算出其末端电平值，若是计算完毕，发现符合本模块"规划设计要求"中的规划设计要求，代表本次方案规划可行，可以进行设计出图。具体的配线方案如图 5-14 所示。

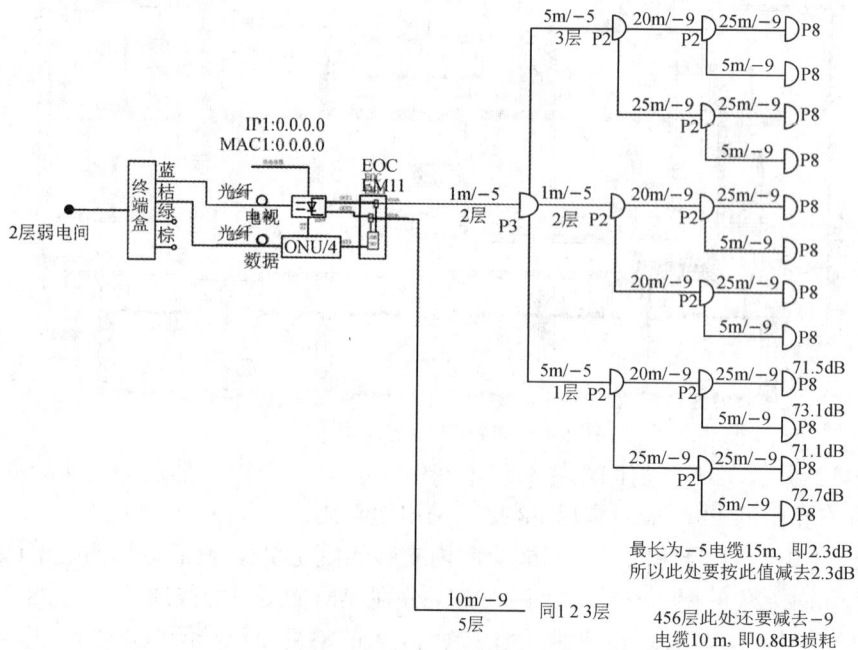

图 5-14　分配系统图

通过图 5-14 可见,1~3 层的 P8 处最低电平值为 71.1 dB,由于连接至终端的缆线为 SYV23-75-5 电缆 15 m,计 2.3 dB,因此再减去 2.3 dB,可得 1~3 层用户的最差电平值为 68.8,满足(一)中的末端电平(70±2) dB/μV。

至于 4~6 层的用户分配模式和 1~3 层一致,但是由于多出部分缆线,因此要把此部分缆线的损耗计入,而此部分缆线为 SYV23-75-9 电缆 10 米,计 0.8 dB。最终在 4~6 层用户中,最差电平值为 68 dB,恰好满足本模块"规划设计要求"中的末端电平 70±2 dB/μV。

至此便完成了本次 HFC 网络规划与设计,但是其中可能存在一个问题,在(一)的规划设计要求中,明确提出过电平均衡要求,要求最强信号与最弱信号相差不得超过 15~20 dB/μV。但是此类问题在利用分配器而非分支器的情况下出现概率较低,若是出现,利用功率衰减器即可解决此类问题,功率衰减器如图 5-15 所示。

图 5-15 功率衰减器

在 HFC 网络项目的建设与规划时,需要深入了解不同模式、材料和技术。从同轴电缆的使用到分配器和电平分配要求,这些知识点为项目的成功提供了坚实的基础。

无论选择 CMTS+CM 模式还是 EoC+PON 模式,都充分考虑具体的场景和需求。不同的模式有不同的优势和劣势,因此在项目规划和设计中需要充分权衡各种因素,以确保网络能够高效、稳定地提供所需的服务。

同时,在配线网络的规划与设计中,电平分配、信号质量、干扰和频段划分等因素都需要仔细考虑,以满足用户需求并确保网络的可靠性和性能。此外,了解不同的电缆类型和分配器性能也是项目成功的关键。

综上所述,通过合理的规划和设计,可以确保网络在不同的场景中提供高质量的服务,满足用户的需求,同时也为未来的扩展和升级提供了可持续性的基础。

习 题

1. 什么是 HFC 网络?
2. CMTS 和 CM 在 HFC 网络中的作用是什么?
3. 什么是 PON 网络?
4. HFC 网络的两种建设模式是什么?
5. CMTS+CM 模式适用于哪些场景?
6. EoC+PON 模式适用于哪些场景?
7. 为什么电平均衡在 HFC 网络中很重要?
8. 什么是分支分配器,它在 HFC 网络中的作用是什么?
9. 为什么要考虑干扰和防护在 HFC 网络中?
10. 为什么配线网络的规划和设计在 HFC 项目中如此关键?

参 考 文 献

[1] 毛京丽，胡怡红，张勖. 宽带接入技术[M]. 北京：人民邮电出版社，2012.

[2] 方国涛. 宽带接入技术[M]. 北京：人民邮电出版社，2013.

[3] 张庆海. 宽带接入技术与应用[M]. 西安：西安电子科技大学出版社，2019.

[4] 马敏，阴法明，李洁. 光纤通信工程[M]. 北京：高等教育出版社，2019.

[5] 谢钧，谢希仁. 计算机网络教程(微课版) [M]. 6 版. 北京：人民邮电出版社，2021.

[6] 孙秀英. WLAN 技术与应用[M]. 北京：机械工业出版社，2022.

[7] 易培林，杨广宇. 有线电视技术[M]. 3 版. 北京：机械工业出版社，2022.

[8] 王庆，胡卫，程博雅，等. 光纤接入网规划设计手册[M]. 2 版. 北京：人民邮电出版社，2017.